Niclas Feldkamp

Wissensentdeckung im Kontext der Produktionssimulation

Wissensentdeckung im Kontext der Produktionssimulation

Niclas Feldkamp

Universitätsverlag Ilmenau
2020

Impressum

Bibliografische Information der Deutschen Nationalbibliothek
Die Deutsche Nationalbibliothek verzeichnet diese Publikation in der Deutschen Nationalbibliografie; detaillierte bibliografische Angaben sind im Internet über http://dnb.d-nb.de abrufbar.

Diese Arbeit hat der Fakultät für Wirtschaftswissenschaften und Medien der Technischen Universität Ilmenau als Dissertation vorgelegen

Tag der Einreichung:	17. April 2019
1. Gutachter:	Univ.-Prof. Dr.-Ing. Steffen Straßburger (Technische Universität Ilmenau)
2. Gutachter:	Prof. Dr.-Ing. habil. Thomas Schulze (Otto-von-Guericke-Universität Magdeburg)
Tag der Verteidigung:	10. September 2019

Technische Universität Ilmenau/Universitätsbibliothek
Universitätsverlag Ilmenau
Postfach 10 05 65
98684 Ilmenau
www.tu-ilmenau.de/universitaetsverlag

ISBN 978-3-86360-210-9 (Druckausgabe)
URN urn:nbn:de:gbv:ilm1-2019000331

Titelphoto: photocase.com | Nortys

Inhaltsverzeichnis

Abkürzungsverzeichnis

(AIC)	Akaike Information Criterion
(BIC)	Bayesan Information Criterion
(BI)	Business Intelligence
(CART)	Classification and Regression Trees
(cLHS)	Constrained Latin Hypercube
(CSV)	Comma-separated values
(DES)	Diskret ereignisgesteuerte Simulation
(DoE)	Design of Experiments
(EM)	Expectation Maximization
(GMM)	Gaussian Mixture Modelle
(HDFS)	Hadoop Distributed Filesystem
(JSON)	JavaScript Object Notation
(KDD)	Knowledge Discovery in Databases
(NOLHS)	Nearly Orthogonal Latin Hypercube Sampling
(OFAT)	One-Factor-at-a-Time
(OLHS)	Orthogonal Latin Hypercube Sampling
(REST)	Representational State Transfer
(SDA)	Skewed Distribution Analysis
(VA)	Visual Analytics

Tabellenverzeichnis

Abbildungsverzeichnis

1 Einleitung

1.1 Motivation und Problemstellung

Im Kontext der Planung von Produktionssystemen spielt Simulation in vielen Branchen eine wichtige Rolle, beispielsweise in der Automobilindustrie oder der Halbleiterfertigung. Insbesondere die diskret-ereignisgesteuerte Simulation ist eine etablierte Methode zur Untersuchung des dynamischen Verhaltens von komplexen Fertigungsanlagen.

Simulationsstudien zielen üblicherweise darauf ab, typische, im Vorfeld definierte Fragestellungen zu beantworten, wie etwa „Was ist das beste Layout für die Fertigung?“ oder „Welche Steuerungsregel ist optimal?“. Das eigentliche Experimentieren, das heißt das Durchspielen verschiedener Szenarios zur Beantwortung der gestellten Fragestellung, geschieht dann in der Regel durch das Variieren der als relevant erachteten Eingangsparameter, entweder manuell oder durch die Anwendung von Optimierungsalgorithmen [La2014]. Insbesondere im zweiten Fall muss die zu untersuchende Fragestellung im Vorfeld klar definiert und in einer Zielfunktion abgebildet werden [Mä+2011]. Diese Vorgehensweise ist stark abhängig vom Expertenwissen des Modellierers bzw. Simulationsexperten. Die relevanten Einflussgrößen sind zwar oft naheliegend, müssen aber trotzdem zunächst erst geschätzt werden. Ein Defizit hierbei ist, dass durch diese Herangehensweise möglicherweise bestimmte Wirkzusammenhänge, Problemstellungen oder sogar Handlungsalternativen verborgen bleiben. Das Durchführen von Sensitivitätsanalysen beweist, dass dies durchaus der Fall sein kann [RSW2008]. Allerdings bezieht sich die Sensitivitätsanalyse auf die schon vorhandenen Simulationsexperimente. Wirkzusammenhänge, die erst durch Hinzunahme weiterer oder anderer Eingangsparameter auftreten, können hierdurch nicht aufgezeigt werden. Die Beantwortung konkreter Fragestellungen ist zwar notwendig für die Durchführung gezielter Simulationsstudien, auf der anderen Seite könnte durch eine tiefergehende Analyse des Simulationsmodells viel mehr Wissen über das modellierte System generiert und dessen Verhalten gelernt werden. Einen ähnlichen Ansatz verfolgt die Metamodellierung. Hierbei wird versucht, alle Wirkzusammenhänge im Modell durch mathematische Approximationen abzubilden [Ba1998b]. Diese stellen aber zum einen eine starke Abstraktion des eigentlichen Modells dar und sind zum anderen weit entfernt von einer einfachen, in der Praxis ohne Simulationsexperten benutzbaren Anwendung.

Anstatt aber das Model und dessen Verhalten zu abstrahieren, sollte vielmehr das durch das Simulationsmodel gegebene Analysepotential besser ausgenutzt werden. Will man das Verhalten des Systems in seiner Gesamtheit verstehen und inhärente Wechselwirkungen zwischen Eingangsparametern aufdecken, muss hier schon beim Experimentdesign angesetzt werden. Je mehr Experimente durchgeführt werden, desto größer ist der abgedeckte Raum des möglichen Systemverhaltens durch eine wachsende Datenmenge und deren Analysemöglichkeiten [Kl+2005].

Damit ergibt sich eine neuartige Anwendungsmöglichkeit von Simulationsmodellen, deren Potenzial bisher kaum genutzt wurde: Die Nutzung der Simulation als Datenerzeugerin für anschließende Datenanalyseverfahren. Diese Vorgehensweise wird Data Farming genannt [HM2005; Sa2014]. Ziel ist hierbei das gezielte Kultivieren und Ernten von Daten mit Hilfe des Simulationsmodells. Dazu müssen ein umfassender Wertebereich der Eingangsparameter sowie viele verschiedene Kombinationen dieser im Experimentdesign berücksichtigt werden. In der Literatur zur Erstellung von Simulationsexperimenten oder simulationsbasierter Optimierung wird grundsätzlich nach einer Minimierung der Simulationsläufe gestrebt, da Rechenzeit traditionell teuer ist. Diese Prämisse ist in der heutigen Zeit nicht mehr zwangsläufig zutreffend. Rechenkapazitäten sind allgemeines Verfügungsgut [Ca2003]. Auch große Datenmengen sind mittlerweile beherrschbar, beispielsweise durch verteilte Datenbanken in auf Standardhardware basierenden Rechenclustern, die teure Supercomputer auf diesem Gebiet weitestgehend abgelöst haben. Dennoch zeigt die Forschung im Bereich Data Farming auf, dass es durch geschicktes Experimentdesign möglich ist, einen großen Ergebnisraum abzudecken, ohne die rechnerisch maximale Anzahl an Simulationsläufen durchführen zu müssen.

Die durch das Data Farming gewonnene Datenbasis spiegelt das Verhalten des Modells durch das Verhältnis zwischen Eingangs- und Ergebnisdaten wider. Dies kann genutzt werden, um sowohl im Vorfeld definierte Fragen zu beantworten als auch unbekannte Zusammenhänge und Wechselwirkungen aufzudecken, aus welchen sich dann vorher nicht berücksichtigte Problemstellen oder sogar Handlungsalternativen ableiten lassen. Eine dahingehende Analyse kann nicht manuell erfolgen, sondern muss maschinell unterstützt werden. Das hierfür allgemein anerkannte Vorgehensmodell zur Wissensentdeckung in großen Datenmengen nennt sich Knowledge Discovery in Databases (KDD) [Fa+1996]. Die statistischen und algorithmischen Methoden des KDD werden unter dem Begriff Data Mining zusammengefasst. Diese Methoden finden generell in der betrieblichen Datenanalyse bereits vielfältig Anwendung. Für die Analyse von Simulationsdaten wurden diese bis jetzt jedoch kaum genutzt. Insbesondere für die Anwendung im Kontext der Produktionssimulation besteht hier Forschungsbedarf. Durch Nutzung von Data Farming und Data Mining entstehen völlig neuartige Möglichkeiten zur Entscheidungsunterstützung bei der Planung und Verbesserung von Produktionssystemen.

Um Simulationsergebnisse auch ohne Simulationsexperten verständlich zu machen, spielen Visualisierungen eine wichtige Rolle. Das Forschungsgebiet Visual Analytics ist eng verzahnt mit den Methoden des Data Mining und strebt danach, Visualisierungen bereitzustellen, die mit Hilfe der menschlichen Fähigkeit zur Mustererkennung interpretiert werden können [Ke+2008a]. Auch das Konzept von Visual Analytics wurden bisher nicht auf die Analyse von Simulationsdaten im Kontext der Produktionssimulation übertragen. Hier besteht also ebenfalls Forschungsbedarf, denn geeignete Visualisierungen können in diesem Zusammenhang genutzt werden, um Simulationsdaten visuell interpretierbar zu machen und entscheidungsunterstützende Informationen abzuleiten.

1.2 Zielsetzung

Ziel dieser Arbeit ist die Entwicklung und Implementierung eines Konzeptes zur Wissensentdeckung in Produktionssimulationen. Wie bereits im vorherigen Abschnitt beschrieben, bedeutet Wissensentdeckung in diesem Kontext, versteckte, potenziell interessante Zusammenhänge im System aufzudecken, die bei Durchführung von Simulationsstudien bzw. simulationsbasierter Optimierung von Einzelparametern unentdeckt geblieben wären. Dies soll sowohl konzeptionell als auch prototypisch umgesetzt werden und auf Modelle im Kontext der Produktionssimulation anwendbar sein.

Zur Erreichung dieser Zielstellung ergeben sich daher Teilzielstellungen aus drei Bereichen, die im Folgenden erläutert werden sollen.

Datenerzeugung

Um das gesamte Spektrum des möglichen Modellverhaltens abzubilden, müssen Ergebnisdaten entsprechend des Data-Farming-Konzepts mithilfe des Simulationsmodells erzeugt werden. Hierbei fallen vielfältige Problemstellungen an.

Zunächst ist konzeptionell zu untersuchen, welche in Materialfluss- und Produktionssimulationen auftretenden Modellelemente welche Art von Daten erzeugen und in welchem Umfang diese anfallen. Auf Grundlage dieser Klassifizierungen können diese Daten dann weiterverarbeitet werden.

Wie bereits dargestellt, ist es für eine umfassende Analyse des Simulationsmodells notwendig, das Systemverhalten in seiner Gesamtheit abzubilden, was bei komplexeren Systemen unweigerlich zu Problemen hinsichtlich der Datenmenge führt. Um die Menge an erzeugten Ergebnisdaten unter Kontrolle zu halten, ist ein effizientes Experimentdesign notwendig. Hierzu sind geeignete Methoden aus den Bereichen Statistik und Versuchsplanung zu überprüfen und für den für diese Arbeit speziellen Kontext von Produktionssimulationen auszuwählen oder anzupassen.

Auswertung

Schwerpunkt dieser Teilzielstellung ist die Auswertung der erzeugten Daten. Auch hieraus ergeben sich mehrere Teilaufgaben. Der wichtigste Schritt für die Entdeckung von neuem Wissen ist die Aufbereitung und Verarbeitung der erzeugten Simulationsdaten. Hierzu ist es notwendig, einen Prozess zu wählen, der möglichst allgemein gültig auf beliebige Simulationsmodelle im Produktionskontext anwendbar ist. Fayyad formulierte bereits 1992 einen allgemeinen Prozess für die Wissensentdeckung in Datenbanken. Hierbei ist jedoch zu überprüfen, inwiefern dieser auf sehr große Datenmengen und insbesondere auf die speziellen Eigenschaften von Simulationsdaten im Kontext der Produktionssimulation anwendbar ist.

Für die rechnergestützte Verarbeitung und Untersuchung der Daten auf Muster und interessante Zusammenhänge werden sowohl im KDD als auch im Business Intelligence (BI) die Algorithmen des Data Mining genutzt. Data Mining ist der Analyseschritt im Wissensentdeckungsprozess und gleichzeitig ein Oberbegriff für eine Sammlung von Methoden und Algorithmen aus den Bereichen der künstlichen Intelligenz, des maschinellen Lernens, Statistik sowie Datenbanksystemen [AC2006]. Auch in dieser Arbeit sollen die Methoden des Data Mining für die Analyse der Daten genutzt werden. Hierzu ist zunächst zu untersuchen, welche Methoden für die Verwendung auf Simulationsdaten geeignet sind, sowohl im Hinblick auf die Anwendbarkeit bezüglich Struktur, Art und Umfang von Simulationsdaten als auch hinsichtlich der Nützlichkeit des zu erwartenden Informationsgewinns im Kontext von Produktionssystemen. Somit soll eine Menge von Methoden ausgewählt werden, die in der Summe ein qualifiziertes Instrumentarium und eine Basis für einen Wissensentdeckungsprozess in Simulationsdaten bilden können.

Darüber hinaus ist die Untersuchung geeigneter Visualisierungsmöglichkeiten für die Präsentation der Ergebnisse der algorithmischen Analyse der Daten notwendig. Hierbei soll der Nutzer nicht nur Konsument der Ergebnisse sein, sondern sich mit seinen kognitiven Fähigkeiten als Teil der Datenanalyse einbringen können.

Technische Umsetzung

Diese Teilzielstellung befasst sich mit der technischen Umsetzung der Datenerzeugung, Datenhaltung, Analyse und Visualisierung. Hierzu müssen geeignete Technologien, Bibliotheken, Schnittstellen etc. recherchiert, angepasst und in ein einheitliches Framework zur Abbildung des Workflows zur Wissensentdeckung in Simulationsdaten eingebettet werden. Im Rahmen einer prototypischen Implementierung soll die Machbarkeit des ausgearbeiteten Konzeptes unter Beweis gestellt werden.

1.3 Methodik

Forschungsgegenstand der Wirtschaftsinformatik sind Informationssysteme. Informationssysteme sind soziotechnische Systeme, das heißt, es wird neben der maschinellen auch die menschliche Komponente des Systems betrachtet. Ein Informationssystem trägt zur Koordination, Steuerung und Kontrolle von Wertschöpfungsprozessen bei [Sc+2011]. Die Simulation von Produktionssystemen lässt sich somit als Informationssystem im Sinne des Forschungsgegenstands der Wirtschaftsinformatik einordnen. Des Weiteren lässt sich die Wirtschaftsinformatik als wissenschaftliche Disziplin in zwei Strategien zur Erkenntnisgewinnung unterteilen, und zwar die verhaltenswissenschaftliche sowie die gestaltungs- und konstruktionsorientierte. Je nach Strategie ergeben sich verschiedene wissenschaftliche Methoden [Ös+2010; WH2007]. Diese Arbeit wird im gestaltungsorientieren Ansatz eingeordnet, da sich diese Arbeit und deren zu erzielende Ergebnisse als relevanz- und anwendungsorientiert verstehen. Das bedeutet, dass Erkenntnisziele „Handlungsanleitungen [...] zur Konstruktion und zum Betrieb von Informationssystemen sowie Innovationen in den Informationssystemen [...] selbst sind" [Ös+2010, S. 666]. Vor diesem Hintergrund und dem in der Zielstellung beschriebenen Vorhaben werden drei Forschungsmethoden aus dem Portfolio der gestaltungsorientieren Wirtschaftsinformatik angewandt, die im Folgenden näher erläutert werden.

Konzeptionell- und argumentativ-deduktive Analyse

Durch diese konstruktivistisch orientierten Arbeitstechniken werden argumentativ Konzepte entwickelt und diskutiert. Da sie in der Analysephase stark deduktiv geprägt sind, werden sie als Teil der Deduktion angesehen [WH2006, S. 7]. Logisch-deduktives Schließen kann als Forschungsmethode auf verschiedenen Formalisierungsstufen stattfinden, und zwar entweder im Rahmen mathematisch-formaler Modelle, in semi-formalen Modellen wie z. B. Petri-Netzen oder rein sprachlich argumentativ [WH2007, S. 282].

Prototyping

Fokus dieser Forschungsmethode ist der Proof-of-Concept, das heißt, durch die Entwicklung eines prototypischen Anwendungssystems wird die Machbarkeit der theoretischen Überlegungen analysiert und evaluiert [WH2006, S. 6].

Labor- und Feldexperimente

Im Kontext des wissenschaftlichen Methodenspektrums der Wirtschaftsinformatik sind Labor- und Feldexperimente definiert als Methoden „zur verhaltenswissenschaftlichen Untersuchung von Kausalzusammenhängen, bei der in kontrollierter Umgebung eine Experimentalvariable auf wiederholbare Weise manipuliert (Stimulus) und die Wirkung der Manipulation (Response) gemessen wird. Der Untersuchungsgegenstand wird entweder in seiner natürlichen Umgebung (im „Feld“) oder in künstlicher Umgebung (im „Labor“) untersucht, was wesentlich die Möglichkeiten der Umgebungskontrolle beeinflusst“ [WH2006, S. 9].

Das Vorgehen zur Erreichung der Zielstellung und der damit verbundene Aufbau der Arbeit richten sich nach dem in der gestaltungsorientierten Wirtschaftsinformatik üblichen Prozess: Identifizierung der Problemstellung sowie Ableitung der Zielstellung, Analyse bereits existierender Ansätze aus Wissenschaft und Praxis, Entwurf und prototypische Konstruktion der Artefakte sowie Evaluation selbiger durch Pilotierung in Labor- oder Feldexperimenten [Ös+2010, S. 667].

1.4 Aufbau der Arbeit

Der Aufbau der Arbeit gliedert sich wie folgt. Nach dem einleitenden Hauptkapitel schließt sich die Definition und Ausarbeitung von notwendigen Grundbegriffen an. In Kapitel 3 wird dann der Stand der Forschung im relevanten Betrachtungsbereich ausgearbeitet sowie die eigene Arbeit durch Aufzeigen des Forschungsbedarfs und Ableitung von Forschungsfragen abgegrenzt.

Die Konzepterstellung für die Wissensentdeckung im Kontext von Produktionssimulation findet dann im vierten Hauptkapitel statt. Hierbei wird zunächst in Kapitel 4.1 das allgemeine Konzept und Vorgehen erarbeitet. Dann werden im Anschluss jeweils die einzelnen Teilbereiche des Konzeptes ausgearbeitet. Dies gliedert sich in Teilkapitel für Datenerzeugung (Kapitel 4.2), sowie Datenverarbeitung und -analyse (Kapitel 4.3).

In Kapitel 4.2 werden zunächst für Produktionssimulationen relevante Eingangsdaten analysiert. Anschließend folgt eine ausführliche Literaturrecherche zum Thema Experimentdesign, gefolgt von einem Vorgehensmodell für die Auswahl passender Experimentdesignmethoden für die Wissensentdeckung. Anschließend werden für Produktionssimulation typische Ergebnisdaten ermittelt.

In Kapitel 4.3 wird zunächst der allgemeine Analyseprozess für die Wissensentdeckung näher ausgearbeitet. Anschließend werden eine ausführliche Klassifizierung von Data-Mining-Methoden durchgeführt, zum Analyseprozess passende Methoden ausgewählt und eingeordnet. Daran schließt sich die Ausarbeitung der konkreten Ausgestaltung der ausgewählten Methoden an. Aufbauend auf den ausgewählten Data-Mining-Verfahren werden dann passende Visualisierungs- und Interaktionsmöglichkeiten besprochen, gefolgt von einer abschließenden Zusammenfassung und Einordnung des vierten Hauptkapitels.

In Kapitel 5 wird das zuvor ausgearbeitete Konzept dann anhand von vier Fallstudien validiert. Diese unterteilen sich in jeweils zwei Laborstudien und zwei praktische Feldstudien. Auf Grundlage der in den Fallstudien gewonnenen Erkenntnisse wird dann in Kapitel 6 die Integration des Konzepts in ein Softwareframework ausgearbeitet. Dies gliedert sich in die konzeptionelle Architektur in Kapitel 6.1 sowie die tatsächliche, prototypische Implementierung und Kapitel 6.2

Kapitel 7 schließt die Arbeit mit einer Zusammenfassung und kritischen Würdigung der Ergebnisse sowie einem Ausblick auf weiteren Forschungsbedarf und sich anschließende Forschungsfragen ab. Der konzeptionelle Aufbau der Arbeit wird in Abbildung 1 nochmals zusammengefasst.

1 Einleitung

2 Grundlagen

2.1 Simulation von Produktionssystemen
2.2 Grundlagen von Experimentdesign
2.3 Daten, Informationen und Wissen
2.4 Data Mining und Knowledge Discovery
2.5 Visual Analytics

3 Stand der Forschung und Abgrenzung der eigenen Arbeit

3.1 Data Farming
3.2 Anwendung von Data Mining auf Simulationsdaten
3.3 Visualisierung von Simulationsdaten

3.4 Zusammenfassung und Ableitung der Forschungsfragen

4 Konzept für die Wissensentdeckung im Kontext von Produktionssimulation

4.1 Allgemeines Konzept- und Vorgehensmodell

4.2 Datenerzeugung

4.2.1 Eingangsdaten
4.2.2 Experimentdesign
4.2.3 Ergebnisdaten

4.3 Datenverarbeitung und -Analyse

4.3.1 Reihenfolge und Ablauf der Analyseschritte
4.3.2 Klassifikation von Data-Mining-Verfahren
4.3.3 Auswahl der Verfahren und Zuordnung zum Prozess
4.3.4 Ausgestaltung und Anwendung der Verfahren
4.3.5 Zusammenfassung der Data-Mining-Verfahren
4.3.6 Visualisierung und Interaktion

5 Anwendung und Validierung des Konzeptes

5.1 Laborstudie 1 – Einführendes Single-Server-Modell
5.2 Laborstudie 2 – Automatisierte Fließfertigung mit variablem Produktmix
5.3 Feldstudie 1 – Intralogistik im Untertagebergbau
5.4 Feldstudie 2 – Endmontage einer Nutzfahrzeugfertigung
5.5 Zusammenfassung der Erkenntnisse aus Labor- und Feldstudien

6 Implementierung des Gesamtkonzeptes in einem integrierten Framework

6.1 Konzeptionelle Architektur

6.2 Prototypische Implementierung

7 Zusammenfassung und Ausblick

Abbildung 1: Aufbau der Arbeit.

2 Definitionen und Grundbegriffe

2.1 Simulation von Produktionssystemen

Wie bereits im vorherigen Kapitel beschrieben, ist ein zentraler Forschungsgegenstand dieser Arbeit die Simulation von Produktionssystemen. Aus diesem Grund werden im Folgenden wichtige Grundbegriffe aus diesem Kontext definiert.

Grundsätzlich stellt ein **System** eine abgegrenzte Anordnung von miteinander in Beziehung stehenden Komponenten dar und wird u. a. durch die Festlegung einer Aufbau- sowie Ablaufstruktur gekennzeichnet [VDI3633-1]. In der betriebswirtschaftlichen Literatur werden Unternehmungen bzw. Teile davon – wie etwa Fabriken, Fertigungslinien, Werkstätten oder Arbeitsplätze – als betriebliches **Produktionssystem** bzw. Subsystem dessen bezeichnet, sofern sie den wertschaffenden Teil des Betriebs bilden und die allgemeinen Eigenschaften eines Systems aufweisen [Dy1994, S. 11; Dy2006, S. 4]. Das in Simulationsmodellen oft abgebildete Materialflusssystem wird als Teilsystem des betrieblichen Produktionssystems angesehen [Dy1994, S. 11].

In dieser Arbeit werden Produktionssysteme als soziotechnische Systeme aufgefasst, d. h. sie beinhalten sowohl die technische Teilkomponente, wie etwa Maschinen, Material und Betriebsmittel, als auch die soziale Teilkomponente, etwa Mitarbeiter, Aufgaben und Prozesse [Cl2012].

In Anlehnung an [VDI3633-1] wird in dieser Arbeit als Zusammenfassung aus den Begriffen Produktions-, Materialfluss- und Logistiksystem vereinfachend der Begriff Produktionssystem als Synonym verwendet. Unter dem Begriff Logistik sind im Kontext dieser Arbeit hauptsächlich intralogistische Prozesse zu verstehen. Für die Simulation im Kontext von Produktion und Logistik wird im Folgenden subsumierend auch der Begriff Produktionssimulation verwendet.

Simulation ist definiert als „das Nachbilden eines Systems mit seinen dynamischen Prozessen in einem experimentierbaren Modell, um zu Erkenntnissen zu gelangen, die auf die Wirklichkeit übertragbar sind“ [VDI3633-1, S. 2]. Diese Definition bezieht sich insbesondere auf zeitdynamische Prozesse. Insofern ist die Simulationstechnik insbesondere im Umfeld von Produktionssystemen ein allgemein anerkanntes Hilfsmittel zur Unterstützung von Planung, Realisierung und Betrieb von Produktionssystemen [VDI3633-1].

Ein **Modell** ist in diesem Zusammenhang die Nachbildung eines geplanten oder existierenden Systems mit seinen für die Untersuchung relevanten Eigenschaften. Das gezielte empirische Untersuchen des Modellverhaltens durch wiederholte Simulationsläufe wird weiter als **Simulationsexperiment** bezeichnet. Allgemeingültiger formuliert ist Simulation zu verstehen als das Vorbereiten, Durchführen und Auswerten von Experimenten mit Hilfe eines Simulationsmodells [VDI3633-1].

Es existieren verschiedenste Ausprägungen von Simulation. Im Kontext der Simulation von Produktionssystemen hat sich die **diskret ereignisgesteuerte Simulation** (DES) etabliert [Ba+2005]. Im Gegensatz zur kontinuierlichen Simulation werden hierbei nur die Zeitpunkte abgebildet, an welchen sich Parameter des Systems verändern, sodass die Simulationszeit von einem Ereignis zum nächsten springt. Es handelt sich also hierbei um eine zeitlich geordnete Reihe von Ereignissen, welche eine Zustandsänderung des Systems herbeiführen. Dies kann z. B. das Eintreffen eines Auftrags oder das Ausfallen einer Maschine sein [Ro2004; La2007]. In dieser Arbeit werden daher Simulation und Simulationsmodelle als diskret ereignisgesteuert betrachtet.

2.2 Grundlagen von Experimentdesign

Das Erstellen von strukturierten Experimentdesigns (Design of Experiments, DoE) stellt eine Technik der Informationsbeschaffung dar. Das Aufstellen von Experimenten bedeutet konkret das Definieren von Eingabeparametern mit verschiedenen Ausprägungen. Analog dazu beinhaltet dann das Durchführen von Experimenten das dazu korrespondierende Beobachten und Sammeln von Informationen über die Zielgröße [Vo1996; Mo2013].

Experimentieren trägt einen inhärenten Zielkonflikt in sich. Der Experimentator möchte in der Regel sowohl den Experimentieraufwand minimieren als auch den Informationsgewinn maximieren. Dieser Sachverhalt sowie der sich daraus ergebende Kompromiss ist in Abbildung 2 dargestellt. Auf der Effizienzgeraden liegende Kombinationen von Kosten und Informationen werden als optimales Experimentdesign angesehen [Vo1996].

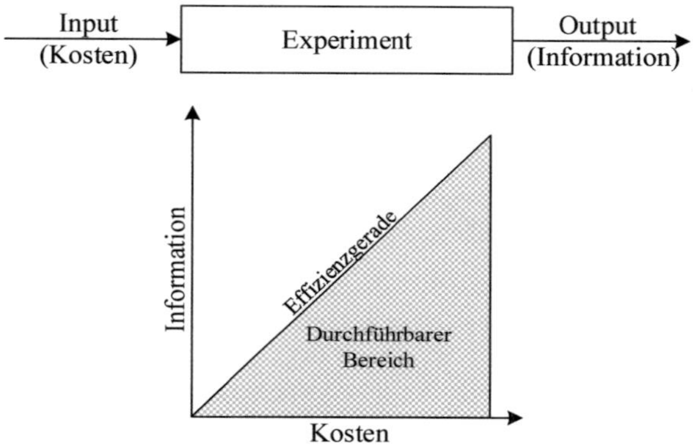

Abbildung 2: Kompromiss zwischen Kosten und Information in Anlehnung an [Vo1996, S. 61].

Box und Hunter bezeichnen das strukturierte Durchführen von Experimenten als iterativen Lernprozess. Nur durch Experimente können demnach Modelle und Hypothesen durch Fakten validiert bzw. falsifiziert werden. Dies entspricht einem iterativen Zyklus von Deduktion und Induktion. Box und Hunter bezeichnen dies auch als „Katalysieren der Wissensentdeckung" [BHH2005, S. 2].

Dean und Voss weisen in diesem Zusammenhang darauf hin, dass nur ein strukturiertes Experimentdesign den oben erläuterten Prozess, d. h. eine Analyse mit der erforderlichen Präzision, ermöglicht. Das willkürliche Sammeln von Daten ohne Struktur würde hingegen eher das Gegenteil bewirken [DV1999, S. 7].

Die Stellgrößen in einem Experiment werden als Faktoren bezeichnet [BHH2005]. Im Kontext der Simulation sind dies jene Elemente des Simulationsmodells, welche durch die Veränderung ihrer Ausprägung einen Einfluss auf das Modellverhalten haben. Die Faktoren stellen somit die Einflussgrößen im Modell dar [VDI3633-3; Ro2004]. Im weiteren Verlauf dieser Arbeit werden Faktoren auch als Eingangsparameter bezeichnet sowie die Gesamtheit aller Faktoren in einem Simulationsmodell als Eingangsdaten. Das Gegenstück zu den Faktoren bilden die Zielgrößen eines Modells. Diese sind direkt oder indirekt abhängig von der Ausprägung der Faktoren und bilden damit das Verhalten des Modells ab. Relevante Zielgrößen sind in der Produktionssimulation oftmals als Leistungskennzahlen des Systems zu verstehen, wie z. B. Durchsatzmengen, Wartezeiten oder Maschinenauslastungen. Die konkrete Ausprägung einer Zielgröße in einem Experiment wird auch als Antwort (Response) oder Wirkung bezeichnet. Die Gesamtheit der möglichen Zielgrößenausprägungen wird durch die Wirkungsfläche (Response Surface) dargestellt. Die Wirkungsfläche spannt hierbei gedanklich einen Raum auf zwischen abhängigen und unabhängigen Variablen, also zwischen Faktoren und Zielgrößen. Für die Analyse von Experimenten und die einhergehende Wissensgewinnung wird immer eine gute Abdeckung der Wirkungsfläche angestrebt [BD1987]. Zielgrößen werden im weiteren Verlauf dieser Arbeit auch als Ergebnisparameter bezeichnet, die Gesamtheit aller Zielgrößen in einem Simulationsmodell auch als Ergebnisdaten.

In der Literatur im Kontext der Simulationsforschung findet sich häufig die Unterscheidung von Faktoren durch die Einteilung in die Kategorien qualitativ und quantitativ [La2007; Kl+2005; Ba+2005; Ro2004]. Qualitative Faktoren sind als rein kategorial anzusehen und können keinen numerischen Wert annehmen. Quantitative Faktoren hingegen sind wiederum unterscheidbar in diskret und kontinuierlich: Während kontinuierliche Faktoren einen beliebigen reellen Wert in einer gegebenen Bandbreite annehmen können, ist bei diskrete Faktoren die Anzahl möglicher Ausprägungen begrenzt. Einige Autoren sehen zudem Binärfaktoren, also Faktoren, die nur zwei Ausprägungen annehmen können, als zusätzliche dritte Kategorie an, da dies gesonderte Anforderungen und Möglichkeiten hinsichtlich des Experimentdesigns mit sich bringt [SWL2005; SWL2009; Bo2006].

Zwar ist die Unterteilung in quantitative und qualitative Faktoren in der Simulationsliteratur gängig, so gilt sie in der Fachliteratur zur Statistik und empirischen Forschung als problematisch, da sie allgemein als zu unscharf erachtet wird. Eine andere Einteilung bietet das von Stevens [St1946] entwickelte Skalenniveausystem. Hierbei werden vier verschiedene Skalenniveaus für Variablen und deren Ausprägungen definiert: Nominal-, Ordinal-, Intervall- und Verhältnisskala. Diese unterscheiden sich in ihren zulässigen mathematischen Operationen (auch Transformation von Skalenwerten genannt) und in ihren messbaren Eigenschaften. Anhang B gibt dazu einen Überblick mit Beispielen.

Die Unterteilung der Skalensystematik ist insofern sinnvoll, als davon der Informationsgehalt und damit auch die Eignung für statistische Verfahren abgeleitet werden kann [FHT1996]. Die tatsächliche Zuordnung einer Variablen zu einer der vier Skalenniveaus kann in der Praxis jedoch manchmal schwierig sein, da kontextabhängige Grauzonen existieren. Teilweise erfolgt eine Einordnung auch einfach willkürlich. Als bekanntestes Beispiel sei hier die Bildung einer Durchschnittsnote mithilfe des arithmetischen Mittels genannt, was per Definition eigentlich auf der Ordinalskala unzulässig ist [BT1994].

Die Intervall- und Verhältnisskala geben jedoch keine Auskunft darüber, ob eine Variable stetig oder diskrete Ausprägungen annehmen kann [FHT1996]. Die vier

Skalen lassen sich jedoch den zuvor genannten Kategorien qualitativ/quantitativ zuordnen. Hierzu sei angemerkt, dass es in der Fachliteratur jedoch keine allgemeingültige Zuordnung hierzu gibt. So herrscht u. a. Uneinigkeit darüber, ob die Ordinalskala den qualitativen oder quantitativen Merkmalen zuzuordnen ist [St1946; Ma2007; Ki2008]. In dieser Arbeit wird die Ordinalskala den qualitativen Merkmalen zugeordnet und entsprechend quantitative Variablen synonym auch als metrisch bezeichnet.

Die Menge der jeweiligen Faktorausprägungen eines Experiments wird als Designpunkt bezeichnet. Somit ist ein Experimentdesign, auch synonym als Experimentplan bezeichnet, definiert als die Menge aller distinkten Designpunkte (Faktorausprägungen). Alle Designpunkte liegen hierbei im sog. Designraum, der den zulässigen Bereich von Faktorausprägungen beschreibt. Ein klassisches Simulationsexperiment beinhaltet nun üblicherweise jeweils eine Menge an Beobachtungen für die betrachteten Zielgrößen für jedes durchgeführte Experiment eines Designpunkts [Vo1996].

Grundsätzlich lassen sich zwei Arten des Experimentierens mit Simulationsmodellen unterscheiden: Die Parametervariation und die Strukturvariation [VDI3633-1]. Diese Unterscheidung ist insofern wichtig, als dass sie maßgeblichen Einfluss auf das Erstellen von Experimenten hat. Das Experimentieren durch Parametervariation ist demnach eine systematische Variation der konkreten Ausprägung (Setting) eines Parameters. Diese wird auch als Faktorlevel bezeichnet, insbesondere bei konstantem Abstand zwischen den einzelnen Ausprägungen. Ein Beispiel hierfür ist etwa die Bearbeitungszeit einer Maschine. Die Bearbeitungszeit stellt einen Faktor dar, dessen konkrete Ausprägung während des Experimentierens einen bestimmten numerischen Wert, zum Beispiel im Intervall zwischen 2 und 3 Stunden, annimmt.

Die Strukturvariation beschreibt ein Vorgehen, bei welchem verschiedene Systeme miteinander verglichen werden, die sich in ihrer Struktur grundsätzlich unterscheiden. Hierbei werden also mehrere alternative Systementwürfe verglichen, die sich strukturell unterscheiden, in ihren gemeinsamen Faktoren jedoch gleiche Ausprägungen haben. Als Beispiel hierfür seien zwei hypothetische Modellvarianten eines Produktionssystems gegeben. In Variante A finden sich zwei parallel arbeitende Maschinen. Variante B ist mit drei Maschinen ausgestattet. Um die Leistungsfähigkeit bzw. die relevanten Zielgrößen der beiden Varianten sinnvoll vergleichen zu können, bleibt die Ausprägung des Faktors Bearbeitungszeit im Gegensatz zur Parametervariation jedoch gleich [Ba1998a]. Die Grenze zwischen der Variation von Faktorausprägungen und der strukturellen Veränderung eines Modells kann jedoch fließend sein und lässt sich nur schwer formalisieren, weil sie stark vom jeweiligen Modell abhängt. So kann man etwa die Kapazität eines Puffers sowohl als einfache numerische Variation der Faktorausprägung Puffergröße betrachten. Auf der anderen Seite kann eine veränderte Puffergröße als ein struktureller Eingriff in das Modell angesehen werden, insbesondere dann, wenn die jeweiligen Pufferplätze explizit modelliert sind und das physikalische Layout des Modells beeinflussen. In der Literatur wird hier üblicherweise zwischen Modellerstellung, -adaption und -initialisierung unterschieden. Eine detaillierte Diskussion über die Abgrenzungsproblematik findet sich in [BS2010; Be2014] und [BFS2016; BFS2017]. Das Erstellen eines Experimentdesigns (im Sinne der Parametervariation) kann unterschiedliche Zielstellungen verfolgen. Im allgemeinen Kontext werden nach [Le+2013] drei Anwendungsfelder bzw. Ziele von Experimentdesign unterschieden:

1. Screening: Hierbei wird untersucht, ob ein Faktor überhaupt einen Effekt auf die Zielgröße hat (Haupteffekt) sowie die Rangfolge jener Faktoren hinsichtlich ihrer Wichtigkeit.
2. Modellierung: In diesem Fall besteht das Ziel in der Abbildung der Input/Output-Beziehung von Faktoren und Zielgröße in einer möglichst fehlerminimalen mathematischen Funktion. Im Kontext von Simulationsmodellen wird dies auch als Metamodellierung bezeichnet [Ba1998b].
3. Optimierung: Dieser Fall beinhaltet die Bestimmung der optimalen Ausprägung von Faktoren für die Optimierung einer Zielgröße.

Im Rahmen der Simulation identifizieren Barton und Kelton zwei weitere Ziele von Experimentdesign: Validierung des Modells sowie das Durchführen von Sensitivitätsanalysen zum Zweck des besseren Modellverständnisses [BK2003]. Zwar existiert sehr viel Literatur und Forschung zum Thema Experimentdesign, im speziellen Kontext der Simulation bezieht sich diese aber zum größten Teil auf das Thema Metamodellierung. Diese hat wiederum in der praktischen Anwendung kaum Relevanz, insbesondere in der Produktionssimulation. In der eher praxis-orientierten Simulationsliteratur, z. B. [Ro2004] oder [Ba2012], spielt das Erstellen von strukturierten Experimentdesigns fast gar keine Rolle. Der Verein Deutscher Ingenieure beschreibt das Durchführen von Simulationen als „im großen Maße von der Erfahrung des Planers abhängig" [VDI3633-1, S. 21] sowie als „systematisches Probieren" [VDI3633-1, S. 21]. Dieses Vorgehen wird jedoch in der statistischen Versuchsplanung allgemein als Best-Guess-Approach bezeichnet und gemeinhin als sehr schlechter Ansatz angesehen [Pa2015]. Theoretisch können auch hier verwertbare Resultate erzielt werden. Bleibt das gewünschte Resultat jedoch aus, müssen neue Faktorausprägungen ausprobiert werden oder bei zufriedenstellenden Resultaten wird das Experimentieren in der Regel gestoppt, obwohl möglicherweise bessere oder dominierende Lösungen existieren. Auch in den etablierten Vorgehensmodellen für Simulationsstudien spielt das strukturierte Experimentieren keine Rolle. Law behandelt in seinem Aufsatz dazu das Erstellen, Durchführen und Analysieren von Experimenten als einen von sieben Teilschritten. Tatsächlich geht es hierbei aber eher um die Länge eines Simulationslaufs und die Anzahl von Replikationen [La2003]. Im Vorgehensmodell nach Sargent ist das Experimentieren ein expliziter Teilschritt, Experimentdesign zählt jedoch nicht dazu [Sa2007b; Sa2011a]. Erst im 2013 erschienenen Journalbeitrag von Sargent findet sich der Hinweis, dass „bei großer Anzahl von Variablen [..] bestimmte Arten von Experimentdesigns genutzt werden könnten" [Sa2013, S. 18]. Kleijnen weist in diesem Zusammenhang darauf hin, dass nur wenige Simulationsanwender die Vorzüge eines strukturierten Experimentdesigns kennen und nutzen, sondern die Mehrheit eher eine Trial-and-Error-Methode anwendet. Ein umfangreicher Literaturüberblick zum Thema Experimentdesignmethoden findet sich in Kapitel 4.2.2.1.

Auffallend ist, dass sowohl die klassische Literatur und Forschung zum Thema Experimentdesign als auch Literatur im Kontext von Simulation zum größten Teil das Ziel der Modellierung bzw. Metamodellierung fokussiert oder sich zumindest mit der Auswertungsqualität von Effekten und Wechselwirkungen befasst. Deshalb sind die Auswertungsmöglichkeiten (bzw. der modellierbare Grad des mathematischen Modells, wie etwa ein lineares oder quadratisches Regressionsmodell) im Verhältnis zum aufzubringenden Ressourcenaufwand (d. h. Anzahl der Experimente) das gängige Vergleichskriterium von Experimentdesigns.

Abbildung 3 zeigt beispielhaft die Hierarchie von Haupt- bzw. Interaktionseffekten und ein dazugehöriges lineares Regressionsmodell, welches dazu angepasst werden könnte.

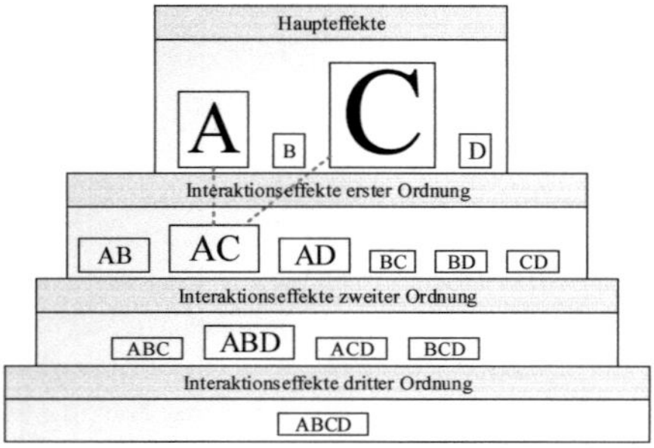

$y = a_0$	Mittelwert
$+\sum_{i=1}^{k} a_i x_i$	Haupteffekte
$+\sum_{i=1}^{k-1} \sum_{j=i+1}^{k} a_i x_i x_j$	Zwei-Wege Interaktion
$+\sum_{i=1}^{k} \sum_{i=i+1}^{k-1} \sum_{l=i+2}^{k-2} a_i x_i x_j x_l$	Drei-Wege Interaktion
$+ \ldots + \varepsilon$	... + Modellfehler

Abbildung 3: Hierarchie und Vererbung von Haupt- und Interaktionseffekten und lineares Regressionsmodell in Anlehnung an [LSF2006; Kl2015; DS1998].

Nach [WP1991] ist das Erstellen eines Experimentdesigns mit vielfältigen Fragestellungen verbunden:

- Welche Faktoren sollen überhaupt berücksichtigt werden?
- Welche Faktorlevels sollen hierbei jeweils untersucht werden?
- Wie sollen sich die Designpunkte unterscheiden bzw. wie kommt man von einem Designpunkt zum nächsten?
- Inwieweit ist die Analyse und der Erkenntnisgewinn möglicherweise durch das Experimentdesign beschränkt?

Experimentieren durch systematische Parametervariation kann insofern nur durch ein strukturiertes Experimentdesign bzw. eine Designmethode gewährleistet werden, die diverse Kriterien erfüllen muss. Je nach Zielstellung und Kontext werden verschiedenste Anforderungen an das Experimentdesign gestellt. Die in der Literatur am häufigsten genannten Anforderungen werden im Folgenden in den vier Kriterien Effizienz, Orthogonalität, Ausgewogenheit und Space Filling zusammengefasst:

- **Effizienz**
  Effizienz bezieht sich auf die Anzahl der durchzuführenden Experimente. In der Metamodellierung wird Effizienz anhand des Standardfehlers der Erwartungswerte bewertet. So beschreibt die sogenannte A-Optimalität die minimale Summe der Standardfehler. Etwaige Bewertungskriterien stellen allerdings gewisse Anforderungen an die Homogenität der Wirkungsfläche, die bei Simulationen häufig verletzt werden und daher eher in den Hintergrund treten. Eine allgemeinere Sichtweise des Begriffs Effizienz beschreibt daher eher das Minimieren der notwendigen Experimentanzahl. Dies bedeutet nicht notwendigerweise, dass Designs mit weniger Designpunkten immer effizienter sind als Designs mit vielen Designpunkten. Vielmehr geht es hierbei um das Erreichen eines gegebenen Erkenntnisgewinns bei minimaler Anzahl von Designpunkten, bzw. die Maximierung des Erkenntnisgewinns bei gegebener Experimentanzahl. Insbesondere bei zeitaufwändigen Simulationsläufen ist die Effizienz sehr wichtig. In Situationen, wo große Datenmengen schnell gesammelt und verarbeitet werden können, ist die Effizienz wiederum von nachrangiger Bedeutung [BD1975; BHH2005; Vo1996; KO1996; BS2006; Kl+2005]. Vieira et al. bezeichnen ein Design als „effizient, wenn die Anzahl der Designpunkte akzeptabel ist“ [Vi+2011, S. 3601].

- **Orthogonalität**
  Schreibt man die Designpunkte eines Designs zeilenweise untereinander und fasst die Faktoren x_n als Spaltenvektoren $f(x_n)$ auf, sodass eine Matrix entsteht, dann ist ein Design orthogonal, wenn das Skalarprodukt von allen Vektoren paarweise null ist:

  $$f(x_i)^T f(x_i j) = 0 \; \forall \; i \neq j$$

  Somit sind die Eingangsfaktoren paarweise unkorreliert, was bei anschließenden Analysen und Ergebnisinterpretation einen enormen Vorteil darstellt. So lässt sich der isolierte Einzeleffekt pro Faktor auf eine Zielgröße bei unkorrelierten Faktoren deutlich besser bestimmen [Vo1994; BHH2005; Kl+2005].

- **Ausgewogenheit**
  Ein Design wird als ausgewogen (balanced) bezeichnet, wenn alle Faktorausprägungen gleichmäßig verteilt sind [Le+2013]. In jeder Spalte soll hierbei also jede Faktorausprägung gleich häufig auftreten. Ein Design wird als nahezu ausgewogen (nearly balanced) bezeichnet, wenn das Verhältnis von tatsächlichem zu rechnerisch idealem Auftreten nahe eins ist [Vi+2013a].

- **Space Filling**
  Diese Anforderung bezieht auf die Abdeckung der Wirkungsfläche und ist besonders bei komplexen Modellen und nicht linear verlaufenden Zielgrößen von Bedeutung. Hierbei wird nicht nur eine Abdeckung am Rand, also an den Extremwerten der Faktoren, sondern auch im mittleren Bereich der Wirkungsfläche angestrebt. Somit müssen bei der Analyse der Ergebnisse auch weniger Vermutungen und Annahmen über den Verlauf der Wirkungsfläche getroffen werden [Kl+2005; Ci2002; SWN2003]. Mathematisch lässt sich diese Eigenschaft mit Hilfe der L_∞-Diskrepanz bzw. bei sehr vielen Faktoren mit Hilfe der L_2-Diskrepanz bewerten. Diese Maßzahl sollte dabei möglichst klein sein [Hi1998; Fa+2000, S. 238].

Die Wurzeln des Experimentdesigns reichen viel weiter zurück als die der Forschung im Bereich Simulation und wurden ursprünglich entwickelt für Experimente im Kontext der Landwirtschaft und Agrarindustrie [Fi1971]. Später wurden jene Methoden auch für die computergestützte Simulation nutzbar gemacht und weiterentwickelt. Zwar könnte man das Simulationsexperiment als konkreten Anwendungsfall von Experimentieren im allgemeinen Sinne betrachten, jedoch gibt es allerdings einige offensichtliche Unterschiede zwischen Simulation und Realweltexperiment. Es lassen sich aufgrund der Eigenschaften von Computersimulationen einige Veränderungen der Anforderungen feststellen, was auch die Designmethoden an sich beeinflusst bzw. das Entwickeln speziell darauf ausgelegter Designmethoden begünstigt:

- **Laufzeit:** Die Laufzeit eines Simulationsexperiments ist in der Regel deutlich kürzer als die eines Experiments in der Realwelt. Insofern kann eine wesentlich größere Anzahl von Experimenten durchgeführt werden [La2007].

- **Kontrollierbarkeit der Zufälligkeit**
  Ein Simulationsexperiment kann beliebig oft repliziert werden. Mögliche Zufallseinflüsse sind mithilfe von Zufallszahlengeneratoren steuerbar [Ke2000; La2007].

- **Randomisierung**
  Randomisierung bezieht sich im klassischen Experimentdesign auf die zufällige Anordnung der Experimentreihenfolge, um das Einschleichen von systematischen Fehlern durch unbekannte Einflussgrößen in den Experimenten bzw. Ergebnisdaten zu vermeiden [BHH2005; DV1999]. Temperaturmessungen in der Atmosphäre könnten z. B. von Autokorrelationseffekten betroffen sein oder die Umgebungstemperatur in einem Labor steigt kontinuierlich während einer Versuchsreihe von biologischen Experimenten. Solche Effekte können in Computersimulationen ausgeschlossen werden, da es hier keine versteckten oder unkontrollierbaren Quellen für Messabweichungen geben kann [Ba1998a; Sa2014; La2007]. Bei der Verwendung von schlechten oder fehlerbehafteten Zufallszahlengeneratoren wäre es jedoch denkbar, dass sich auf diesem Wege durch das Durchführen mehrerer Replikationen ein systemischer Bias einstellt. Dennoch sind auch Zufallszahlenströme kontrollierbar.

- **Blockbildung**
  Blockbildung (Blocking) ist der Überbegriff für eine Reihe von Methoden, welche das Einsortieren der Experimentfaktoren in homogene Gruppen gewährleisten. Ähnlich wie die Randomisierungstechniken verfolgt auch das Blocking das Ziel der Vermeidung von systematischen Fehlern. Durch die Homogenität der einzelnen Gruppen können systematische Fehler und Verzerrungen innerhalb dieser Gruppen isoliert werden [Le+2013; BHH2005; DV1999]. Analog zur Randomisierung können diese in einer Simulation jedoch ausgeschlossen werden, sodass Blocking-Techniken nicht notwendig sind [Ba1998a; SWN2003; LT2015]. Das Kreuzen von Designpunkten, eigentlich eine klassische Blockingtechnik,

kann jedoch auch für das Erstellen von Simulationsexperimenten eingesetzt werden und das Auffinden besonders robuster Lösungen bzw. Konfigurationen unterstützen [Kl+2005; Sa2014].

- **Projektumfang**
  Realweltexperimente, z. B. physikalische Experimente haben oftmals einen stark begrenzen Umfang. So wird auf der einen Seite die Anzahl potenzieller Faktoren aus Aufwandsgründen möglichst gering gehalten, auf der anderen Seite steht auch meist nur eine Zielgröße im Fokus (Single Response of Interest) [MF2007; CXC2009]. Computersimulationen beinhalten hingegen oftmals eine große Anzahl von Faktoren. Auch das Messen einer großen Zahl von Zielgrößen ist hierbei problemlos möglich [Ke2000; Ho+2014d].

- **Unkontrollierbare Faktoren**
  In einer Computersimulation sind grundsätzlich sämtliche Parameter kontrollierbar, auch jene, die in der Realwelt nicht kontrollierbar sind, wie z. B. eine Ankunftsrate von Kunden [La2007].

2.3 Daten, Informationen und Wissen

Aamodt und Nygard beschrieben als erste den hierarchischen Zusammenhang zwischen Daten, Informationen und Wissen in einem Modell [AN1995, S. 198]. Daten sind nach diesem Modell interpretierte Symbole, Zeichen oder Zeichenfolgen. Nach Stahlknecht und Hasenkamp sind Daten die Kombination von Text und / oder Ziffern zum Zweck der Weiterreichung und Weiterverarbeitung [SH1999, S. 9–10]. Informationen sind dann auf der nächsten Hierarchiestufe interpretierte Daten. Insofern sind Informationen Daten, denen eine Bedeutung verliehen wurde. Informationen sind dann wiederum die Eingabe für die Bildung von Wissen, dass für Entscheidungsprozesse herangezogen werden kann [AN1995, S. 197]. Nach Stelzer existieren in der Wirtschaftsinformatik vier gebräuchliche Definitionen des Begriffs Wissen, die er wie folgt einteilt [St2014]: Wissen sind vernetzte Informationen [AN1995; RK1996; HR1998], Wissen ist Voraussetzung für erfolgreiche Handlungs-, Problemlösungs- und Entscheidungsfähigkeit [En2003; SW20014], Wissen als durch den Kontext anerkannte und begründete Aussagen [AL2001], Wissen als Rohstoff zur Bildung von Informationen (Wissens- und Informationsbegriff sind hier im Vergleich zu den oben genannten Definitionen vertauscht) [Ku1995].

Im Kontext des im nächsten Kapitel definierten Begriffs des Knowledge Discovery in Databases (KDD) wird Wissen definiert als die „Extraktion von impliziten, vorher unbekannten und potenziell nützlichen Informationen aus Daten [FPM1992, S. 58]". Sämtliche hier vorgestellten Definitionen von Wissen passen auf den in dieser Arbeit verwendeten Wissensbegriff. Ziel ist die Extraktion bzw. Generierung von Wissen aus Simulationsdaten, das zur Entscheidungsunterstützung beitragen kann und durch die Voraussetzung der Validität des Simulationsmodells begründet ist, wobei allerdings eine Interpretation durch den Anwender notwendig ist. Extrahierte Einzelerkenntnisse können zudem zu vernetzen Komplexaussagen verknüpft werden.

2.4 Data Mining und Knowledge Discovery

Neben Data Mining hat der Begriff des maschinellen Lernens in den letzten Jahren an Bedeutung zugenommen. Während die traditionelle Sichtweise maschinelles Lernen als ausschließlich auf Prädiktion fokussierend ansieht, lassen sich doch viele Überschneidungen zwischen den Methoden des Data Mining und denen des maschinellen Lernens feststellen. Maschinelle Lernverfahren können hierbei auch für Data Mining genutzt werden, also für die Entdeckung und Beschreibung von Eigenschaften in Daten durch algorithmische Methoden [Dh2013].

Mit dem Begriff Data Science wird versucht, einen einheitlichen Oberbegriff für sämtliche Datenanalysemethoden zu schaffen. Der Begriff Data Science umfasst statistische Methoden in einem etwas weiteren Sinne als Data Mining [Ca2017]. Ursprünglich schon 1998 eingeführt, beschreibt der Begriff Data Science die Vereinigung von Statistik und andern Datenanalysemethoden [Ha1998] Hierbei werden nicht nur ausschließlich algorithmische Verfahren, sondern auch die Anwendung von deskriptiver Statistik (auf großen Datenmengen) einbezogen [Mo2014]. Cao sieht Data Science als ganzheitliche Wissenschaftsdisziplin und zählt zu den Forschungsherausforderungen im Bereich Data Science nicht nur Data Mining und maschinelles Lernen, sondern unter anderem auch Modellierung, Simulation und Experimentdesign [Ca2016]. Eine Literaturübersicht über die wichtigsten Verfahren wird in Kapitel 4.3.2 erstellt.

Aufbauend auf den Methoden des Data Mining entwickelten Fayyad et al. einen ganzheitlichen Prozess für die Wissensentdeckung in großen Datenbanken, genannt Knowledge Discovery in Databases, der in Abbildung 4 dargestellt ist.

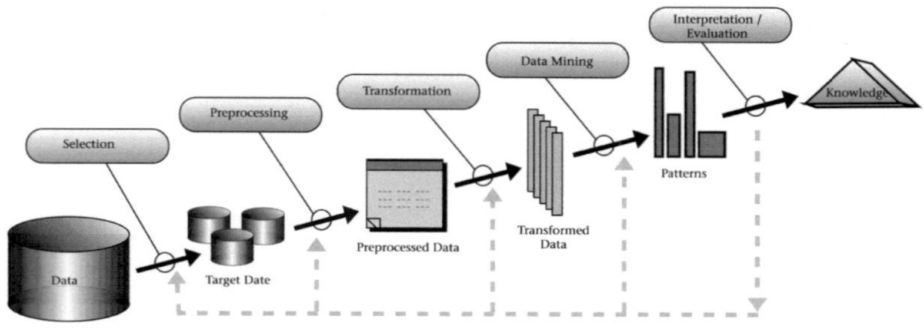

Abbildung 4: Übersicht KDD-Prozess [FPS1996a, S. 41].

Data Mining ist nur ein Teilschritt dieses Prozesses. Vorher müssen die sog. Zieldaten aus eventuell heterogenen Quellen selektiert werden, auf fehlende oder fehlerhafte Daten hin überprüft werden (Data Cleaning) und anschließend in ein für Data-Mining-Algorithmen passendes Format transformiert werden. Data-Mining-Algorithmen liefern Muster zurück, es obliegt dabei dem menschlichen Anwender, diese zu überprüfen und zu interpretieren, um daraus eventuell neues Wissen abzuleiten. Zudem ist der Prozess iterativ angelegt, d. h. die Ergebnisse und Erkenntnisse eines Teilschrittes führen eventuell zu einem erneuten Ausführen der vorherigen Teilschritte unter veränderten Rahmenparametern [FPM1992; FPS1996c; Fa+1996; FPS1996a; FPS1996b].

2.5 Visual Analytics

Allgemein bedeutet der Begriff der Informationsvisualisierung das Überführen abstrakter Daten durch eine geeignete visuelle Darstellung in eine gegenständliche Betrachtungsmöglichkeit [RJ2013]. Die explorative Datenanalyse auf der anderen Seite beschreibt die Entdeckung von unbekannten Mustern und Zusammenhängen in Daten und damit einhergehender Hypothesenbildung und -validierung [Tu1977].

Visual Analytics (VA) versucht, die beiden genannten Disziplinen zu vereinen. Nach Keim et al. ist Visual Analytics die Kombination von automatischen Analysetechniken und interaktive Visualisierung für ein effektives Verstehen, Schlussfolgern und Entscheiden [Ke+2008b]. Konkret vereint Visual Analytics hierzu Methoden aus den Bereichen statistischer Analyse, Wissensentdeckung in Datenbanken, Datenmanagement, Wissensrepräsentation und Interaktion [Ke+2008a].

Methoden der automatischen Datenanalyse sind für solche Probleme geeignet, die sich gut algorithmisch beschreiben lassen. Insbesondere bei großen Datenmengen können Analyseprobleme allerdings so komplex sein, dass zusätzliches Experten- bzw. Hintergrundwissen benötigt wird, vor allem dann, wenn das Analyseziel zu Beginn nicht exakt definiert werden kann. Hier begründet sich der Ansatzpunkt für Visual Analytics, der die menschliche Fähigkeit zur Mustererkennung und -interpretation in den Mittelpunkt der Analyse rückt [Ke+2008a; KMT2009; Ma+2010]. Insofern wird VA auch als Visuelles Schlussfolgern bezeichnet, d. h. analytisches Schlussfolgern unterstützt durch visuelle Schnittstellen [CT2005].

Im Kontext der Informationsvisualisierung galt lange Zeit das von Shneiderman definierte Mantra der Informationsvisualisierung: „Overview first – zoom and filter, then details-on-demand" [Sh1996, S. 337]. In der Anwendung auf große Datenmengen ist dieses Prinzip allerdings nicht mehr haltbar aufgrund beschränkter Rechenkapazitäten, Beschränkungen in der darstellbaren Fläche (z. B. Pixel auf einem Display) und nicht zuletzt auch durch Überforderung der menschlichen Kognition. Keim et al. leiteten daraus ein weiterentwickeltes Prinzip ab, welches den Umgang der Informationsvisualisierung mit großen Datenmengen beschreibt: „Analyze first – show the important – Zoom, Filter and analyze further" [Ke+2006, S. 16]. Der Anwender soll sich also, unterstützt durch Methoden der automatischen Datenanalyse, in die Daten einarbeiten, sodass dann nur der für ihn relevante Ausschnitt gezeigt werden muss. Durch weitere, darauf aufbauende Analysen entsteht so ein iterativer Prozess [CC2005]. Darauf aufbauend entwickelten Keim et al. ein Vorgehensmodell für VA, welches Abbildung 5 in gezeigt wird.

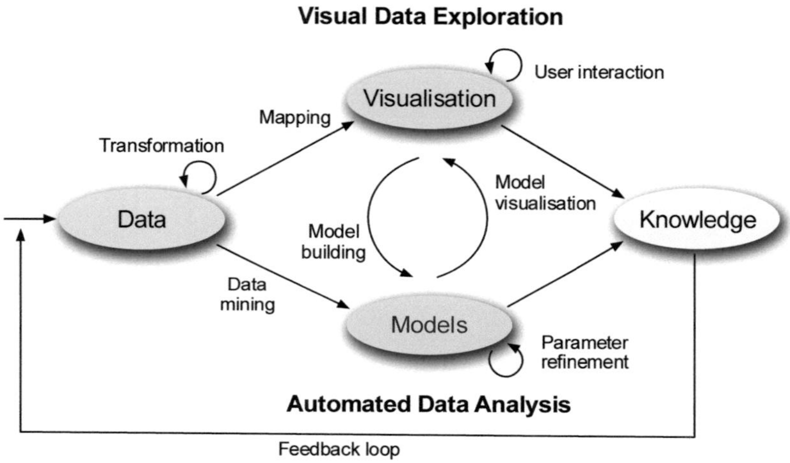

Abbildung 5: Visual Analytics Process [Ke+2010, S. 10].

In diesem Prozess sind zwei Ebenen vorgesehen: Auf der einen Ebene ist die Modellbildung durch automatische Analysetechniken (Data Mining) zu finden, auf der anderen die visuelle Datenexploration. Die Zuordnung von Daten zu visuellen Objekten wird dabei als Mapping bezeichnet. Beide Ebenen können während des Prozesses weiter angepasst werden, abhängig von Interpretation und Analysezielen des Anwenders, und zwar durch Interaktion auf der Visualisierungsseite bzw. Parameteranpassung auf der Data Mining-Seite. Aus dem Zusammenspiel beider Ebenen kann der Anwender dann schlussendlich Wissen generieren [Ke+2008a; Ke+2010].

3 Stand der Forschung im Betrachtungsbereich und Abgrenzung der eigenen Arbeit

3.1 Data Farming

Der Begriff Data Farming wurde 1998 erstmalig von Brandstein und Horne [BH1998] entwickelt und vorgestellt. Zuvor wurden vom US-amerikanischen Verteidigungsministerium fundamentale Änderungen für die Durchführung und Analyse von Militär- und Gefechtssimulationen gefordert, um diese den Anforderungen moderner militärischer Problem- und Fragestellungen anzupassen. Insbesondere bestand der Vorwurf darin, dass bisherige Simulationsstudien zu konservativ angelegt seien, d. h. zum einen immer nur ein bestimmtestes Angriffsszenario betrachten, zum anderen keine oder kaum Variation in Zufallseinflüssen bei Risiko- und Bedrohungsszenarien berücksichtigen. Aufgrund der Innovation und Verbesserung bei Verfügbarkeit von Rechenkapazität schlugen Brandstein und Horne vor, bei Gefechtssimulationen sehr viele verschiedene Szenarien und Varianten gleichzeitig zu betrachten und so möglichst das gesamte Spektrum möglicher Ergebnisse betrachten zu können [BH1998].

Die Zielstellung war, mithilfe der Gefechtssimulationen militärischen Planern Entscheidungsunterstützung im dynamischen Umfeld zu gewährleisten, wobei vielfältigste Parameter berücksichtigt werden sollten. Diese umfassen einfache, zählbare Faktoren wie Truppenstärke der eigenen und gegnerischen Einheiten bis hin zu individuellen, immateriellen Gefechtsfaktoren und deren Effekte wie Moral, Zusammenhalt, Disziplin oder Führungsstärke [RD2001, S. 119]. Schubert et al. bezeichnen dies als „Commander‘s Overview“ [SJH2015, S. 7]. Ursprünglich wurden zunächst High-Performance-Computing, aber auch der Bedarf zur Interaktion mit den generierten Daten durch Visualisierung als sogenannte Hauptbereiche (Realms) von Data Farming definiert [FHU2005; Ho2001]. Horne und Meyer beschreiben Data Farming als Methode für das Verarbeiten sehr großer Parameterspektren, um unbekannte, überraschende Zusammenhänge zu entdecken, welche sowohl positiv als auch negativ sein können, um daraus potentielle Handlungsoptionen abzuleiten. Diese Art von Fragestellungen werde von traditionellen Simulationsstudien nicht adressiert [HM2005, S. 1082]. Allerdings ist bei Simulationen im militärischen Kontext typischerweise zwar die Anzahl der betrachteten Faktoren sehr groß. Hingegen ist die Anzahl der relevanten, unter Beobachtung stehenden Ergebnisparameter meist sehr gering. Oft ist nur eine einzige Kennzahl relevant, und zwar die Anzahl der Verluste eigener Truppen (bei Erreichen des Missionsziels), was als Measure of Effectiveness bezeichnet wird [Le2001, S. 64; Ze+2011, S. 83; BL2015]. Alternativ wird vorab eine Zielfunktion aus einer gewichteten Kombination von Kennzahlen gebildet [SJH2015, S. 7; Ho+2014h]. Eine multidimensionale Analyse von Kennzahlen ist daher nicht nötig und nicht vorgehsehen, was natürlich wiederum Auswirkungen auf den Forschungsstand des Portfolios von Analysemethoden im DataFarming-Bereich hat. Die Analyse der Beziehung zwischen mehreren Eingabe- und einem Ausgabewert ist durch klassische, statistische Verfahren, wie beispielsweise Regressionsanalysen, oder auch einfache Visualisierungen, sehr gut darstellbar [Le2001]. Meyer et al. identifizierten hier 2001 schon weiteren Forschungsbedarf bezüglich Visualisierungen und Analyseverfahren, der bis heute besteht [MJ2001]. Die Nutzung von Regressionsbäumen zeigt hier einen ersten Ansatz für die Anwendung von Data-Mining-Verfahren auf durch Data Farming generierte Simulationsdaten [Ho+2014h].

Das Erzeugen sämtlicher Parameter- und Szenariokombinationen durch Brute-Force-Methodik, also das Abbilden sämtlicher Kombinationen in einem vollständigen Versuchsplan, stieß trotz Vorhandensein massiver Rechenleistung an seine Grenzen, sodass Data Farming auch zum Treiber für Forschung im Bereich effiziente Experimentdesignmethoden wurde. Gleichzeitig wurde die Thematik des Experimentdesigns als zusätzlicher Grundpfeiler in das Data-Farming-Konzept aufgenommen [HS2016, S. 8; Sa2007a; SW2012]. Horne beschreibt das Data-Farming-Konzept als iterativen Prozess, entwickelt zur Beantwortung von was-wäre-wenn-Fragestellungen zur bestmöglichen Unterstützung von NATO-Entscheidungsträgern [HS2016, S. 2-3]. Abbildung 6 zeigt eine schematische Übersicht über das Data-Farming-Konzept, welches auch als „Data-Farming-Kreislauf" [Ho+2014c, S. 3] bezeichnet wird.

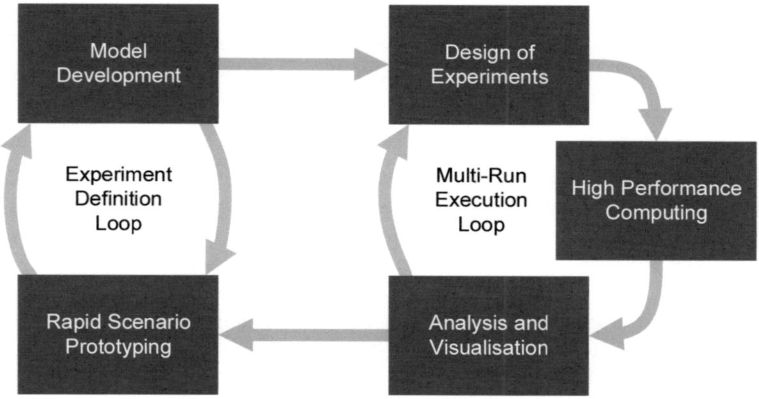

Abbildung 6: Übersicht Data-Farming-Kreislauf [Ho+2014c, S. 3].

Zusätzlich zu der Datenerzeugungsseite (Multi Run Execution Loop), wurde ein Prozess zur Modellerstellung (Experiment Defintion Loop) hinzugefügt, der die Fokussierung auf was-wäre-wenn-Analysen zum Ausdruck bringt. Hierbei soll ein Team aus Analysten, Domänenexperten und Simulationsexperten ausgehend von groben Szenariogrundannahmen und davon abgeleiteten Analysefragen, die für Entscheidungsträger relevant sein könnten, iterativ verschiedene Modelle entwickeln (Rapid Scenario Prototyping) und somit die Modellentwicklung mit zum Bestandteil der Analyse machen [Ho+2014g]. Die Notwendigkeit, dass das Data-Farming-Konzept bereits bei der Erstellung der Simulationsmodelle einsetzt, liegt in der extremen Vielfalt von infrage kommenden Szenarios im Kontext einer Gefechtssimulation begründet sowie der damit einhergehenden großen Anzahl von Parametern [HS2016]. Technisch/physikalische, taktische, operationale und strategische Gesichtspunkte sollen hierbei jeweils berücksichtig werden [Ho+2014f, S. 9].

Da das Data-Farming-Konzept im militärischen Bereich entwickelt wurde, behandeln Modelle und Fallstudien in der Literatur daher auch fast ausschließlich diesen Kontext, siehe hierzu z. B. [Ho+2014h; Ho+2014e; KS2012b; FHU2005; HM2010; Ho1999; LSW2007; HS2008]. Des Weiteren lässt sich feststellen, dass es sich in den meisten Fällen um agenten-basierte Simulationsmodelle handelt. Dies liegt darin begründet, dass die Entitäten in einer Gefechtssimulation, die sogenannten Battlespace Entitites, in der Regel als eigenständige Agenten modelliert werden [RD2001, S. 119; SL2002; Mc2008; FH2005].

Die Forschung zum Thema Data Farming wird deutlich dominiert von militärischen Simulationen. Die Übertragung des Konzepts auf andere Kontexte ist bisher nur in wenigen, vereinzelten Arbeiten zu finden, welche im Folgenden dargestellt werden.

Horne und Meyer beschäftigten sich mit der Anwendung von Data Farming für die Analyse des Verhaltens von Individuen in sozialen Gruppen und Netzwerken [HM2016]. Rabe und Scheibler diskutieren die Möglichkeiten der Erzeugung von Transaktionsdaten von Supply-Chain-Netzwerken mittels Data-Farming-Methoden [RS2015]. Krol et al. benutzen Data Farming im Kontext von molekulardynamischen Simulationen. Hierbei wird die Bewegung von Atomen und Molekülen simuliert, um die physikalischen Eigenschaften von chemischen und biologischen Materialen unter verschiedenen Bedingungen vorhersagen zu können [Kr+2014]. Shi und Li benutzen Data-Farming-Methoden, um Daten zu generieren für das anschließende Trainieren eines Klassifikationsalgorithmus zu Erkennung von Computerviren. Hierfür benutzen sie Simulationsmodelle, die das Verhalten von verschiedenen Computerviren nachahmen können [SL2010]. Menzies et al. beschäftigen sich mit der Generierung von Projektdaten im Kontext von Softwareentwicklung zur Entscheidungsunterstützung von Softwareprojektmanagern [Me+2013]. Allerdings muss hier angemerkt werden, dass in dem genannten Beitrag der Begriff Data Farming für das Erzeugen großer Datenmengen mittels Monte-Carlo-Zufallszahlen verwendet wird [Me+2013, S. 1699]. Dies widerspricht allerdings der zuvor herausgearbeiteten Definition von Data Farming, welche die Benutzung eines komplexen, zeit- und verhaltensdynamischen Simulationsmodells voraussetzt. So definiert Horne als Kernbestandteil von Data Farming ein Simulationsmodell, welches in der Lage ist „Aspekte von Wandlungsfähigkeit, nicht-linearen Interaktionen, Rückkopplungen und Selbstorganisation" [Ho2001, S. 1] abzubilden. Dieses Kriterium wird daher in dieser Arbeit als Abgrenzung zu anderen in der Literatur verwendeten Definitionen des Begriffs Data Farming angesehen.

3.2 Anwendung von Data Mining auf Simulationsdaten

Mit der steigenden Bedeutung und Verbreitung von auf Data-Mining-basierenden Technologien, Big-Data-Infrastrukturen und damit zusammenhängenden Begrifflichkeiten, steigt auch die Verbreitung von simulationsbasierten Applikationen in diesen Bereich. Abbildung 7 zeigt die Anzahl von Publikationen mit

Simulation in Verbindung mit ausgewählten Schlüsselwörtern im IEEE-Explorer[1] über den Zeitraum der Letzen 30 Jahre.

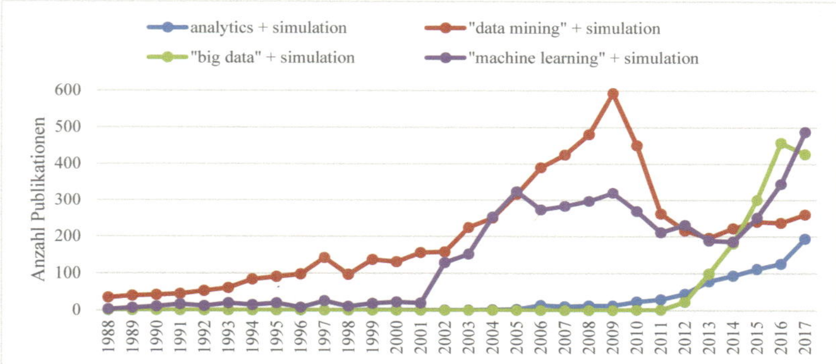

Abbildung 7: Auswertung über die Anzahl von Publikationen von Simulation in Verbindung mit anderen Schlüsselwörtern im IEEE-Explorer.

Im Umfeld von Produktion und Logistiksystemen wird häufig die Simulation zum Methodenportfolio zur Analyse und Planung von Systemen aufgeführt, ebenso wie Data Mining [JS2014; SSJ2014]. Allerdings beschäftigten sich nur wenige Arbeiten mit der tatsächlichen Nutzung von Data-Mining-Methoden zur Auswertung von Simulationsdaten. In der klassischen Literatur zur Simulation- und Modellierung sind Data-Mining-Verfahren zur Analyse der Simulationsdaten so gut wie gar nicht vertreten, hier werden eher klassische, statistische Verfahren wie beispielsweise Regressionsanalysen angewandt [La2007; Ba1998a]. Die Anwendungskontexte, aber auch die Zielsetzung für die Anwendung von Data-Mining-Methoden zur Simulationsdatenanalyse sind dabei sehr heterogen und oftmals stark spezialisiert.

Kemper und Tepper beschäftigen sich mit der automatisierten Analyse von Tracedateien im Kontext von Logistikmodellen. Hierbei soll der Modellierer dabei unterstützt werden, einen besseren Einblick in das dynamische Verhalten des Modells zu erlangen. Durch das Erstellen von Graphen und die Anwendung von Graphenanalyseverfahren kann damit abnormales Systemverhalten identifiziert, stark repetitives von spezialisiertem Systemverhalten unterschieden werden und generell ein kompakter Überblick über das Systemverhalten geschaffen werden [KT2005; Ke2007; KT2009]. Wustman et al. verfolgen einen ähnlichen Ansatz,

[1] https://ieeexplore.ieee.org/

indem sie durch Graphenanalyse und automatische Pfaderkennung in Tracedaten von Materialflusssimulationen Anomalien und mögliche Problemursachen identifizieren können [WVT2009]. Gordon und Kemper schlagen in diesem Zusammenhang auch die Anwendung von Clustering-Algorithmen auf Tracedateien vor, um so ähnliche Tracedateien und damit sich ähnelndes Systemverhalten von verschiedenen Simulationsläufen zu gruppieren und damit das Debugging von Simulationsmodellen zu unterstützen [GK2007].

Bogon et al. nutzen zeitbasierte Assoziationsregeln (Sequential Pattern Mining) um Regeln und Muster bezogen auf den zeitlichen Zusammenhang von Ereignissen innerhalb eines Simulationslaufs zu finden, z. B. zwischen einem Maschinenausfall und der Auslastung eines Puffers. Weiterhin identifizieren sie Forschungsbedarf für die Nutzung von Klassifikationsalgorithmen zur Bestimmung von guten und schlechten Simulationsläufen, bezogen auf die Systemperformance [Bo+2012].

Häufig findet sich auch die Nutzung von Klassifikationsalgorithmen zur Auswertung von Simulationsdaten, insbesondere mit Hilfe von Entscheidungsbäumen. Horne weist in diesem Zusammenhang auf die einfache und intuitive Anwendung von Klassifikation bzw. Regressionsbäumen hin [Ho+2014h]. Im Kontext von Finite Elemente Simulation nutzen einige Autoren Klassifikations-Algorithmen, um Regeln über das Verformungsverhalten von Materialen zu erhalten [Yi+2004; Hu+2006]. Paitner et al. nutzen DES für die Durchführung von Lebenszykluskostenrechnungen von Flugzeugmotoren. Durch die Anwendung von Entscheidungsbäumen auf die erzeugten Simulationsdaten sollen Zusammenhänge zwischen Wartungsarbeiten und damit zusammenhängenden Kosten gefunden werden, um daraus Richtlinien zur Entscheidungsunterstützung im Flottenmanagement ableiten zu können [Pa+2006b]. Tang et al. nutzen Entscheidungsbäume zur Extraktion von Regeln bezüglich der Schadenswirkung von Panzern in Gefechtssimulationen [Ta+2009]. Giabbanelli wendet Klassifikationsbäume auf simulierten Kommunikationsverkehr an, um damit das Routing in solchen Netzwerken zu verbessern [Gi2010]. Tercan et al. benutzen Klassifikations- und Regressionsbäume für Designverbesserungen von industriellen Laserschneideprozessen, unter anderem auch unterstützt durch Simulationsdaten [Te+2016].

Für die Simulationen von Asteroidenkollisionen nutzen Burl et al. Support-Vektor-Maschinen, um jeweils das nächste durchzuführende Simulationsexperiment für eine gute Abdeckung des Ergebnisraums zu bestimmen. Somit wird hier der Data-Mining-Algorithmus nicht direkt zur Auswertung, sondern zur Verringerung des Simulationsaufwands genutzt. Dies wird jedoch nicht direkt durch Approximation bzw. Prädiktion des Modellverhaltens erreicht, sondern durch die

Bestimmung von Experimenten, welche mit hoher Wahrscheinlichkeit für den Anwender interessantes Verhalten aufweisen. Die eigentlichen Experimente werden dann wieder von einem Simulator ausgeführt [Bu+2006]. Ein ähnliches Konzept nutzen Lange et al. zur Bestimmung der Pareto-Front im Kontext simulationsbasierter Optimierung. Hierfür nutzen sie Assoziationsregeln in Kombination mit Korrelationsanalysen [LWZ2016].

Ein weiterer häufiger Anwendungsfall von Data-Mining-Methoden bzw. Methoden des maschinellen Lernens ist die Metamodellierung. Diese muss aber von der in dieser Arbeit intendierten Wissensentdeckung klar abgegrenzt werden, da das Hauptziel der Metamodellierung die Prädiktion von neuen, nicht simulierten Experimenten ist. Hierbei wird durch möglichst wenige zielgerichtete Simulationsexperimente ein mathematisches Modell des Simulationsmodells generiert, welches dann die Ergebnisse bisher unbekannter Faktorkombinationen prädizieren kann. Ziel ist hierbei ein Zeitgewinn beim Prädkitionsvorgang des Metamodells gegenüber der Laufzeit des Simulationsmodells [Ba1998b; St+2016]. Metamodelle werden daher insbesondere auch zur Optimierung verwendet [Ba2009; BM2006]. Verschiedenste Verfahren werden für die Metamodellierung eingesetzt, wie beispielsweise Regressionsmodelle [Kl1992], Polynomzüge [Ba1998b], Bayessche Netze [PPV2017] oder künstliche neuronale Netze [FNM2003; El+2007].

Dabei können eventuell auch neue Erkenntnisse über das Modellverhalten entstehen, dies ist dann aber eher ein Nebenprodukt und abhängig von der gewählten Methode [Ba2015; KS2000]. Künstliche neuronale Netzte stellen beispielsweise eine Black Box dar, deren inneres Verhalten wenig bis gar nicht nachvollzogen werden kann [Tu2016], wohingegen (zumindest einfache lineare) Regressionsmodelle mittels der approximierten Regressionsfunktion Erkenntnisse über das Modellverhalten liefern können [Ba2009]. Zudem wird, je nach Zielstellung, das Metamodell oftmals als eine höhere Abstraktion des Simulationsmodells erstellt, indem weniger Faktoren und Ergebnisparameter betrachtet werden als im ursprünglichen Simulationsmodell vorgesehen [KS2000].

3.3 Visualisierung von Simulationsdaten

Visualisierungen sind in der Regel immer Bestandteil einer jeden Simulationsstudie. Animationen helfen beispielsweise, den Weg von Entitäten durch den modellierten Prozess zu verfolgen und zu validieren [La2014].

Statistische Kennzahlen und Analysen werden in aller Regel auch grafisch dargestellt [Ch2018]. Ebenso ist die Visualisierung von zeitabhängigen Ergebnisdaten von großer Bedeutung, um etwa zyklisches Verhalten oder bestimmte Sequenzen zu entdecken [MS2003]. Auch für Simulationsmodelle im Kontext von Produktion und Logistik sind Visualisierungen sehr wichtig. Wenzel et al. präsentieren eine Systematik für die Anwendung von Visualisierungstechniken in Abhängigkeit der zu verrichtenden Analyseaufgabe [WBJ2003, S. 731]. Bei der Planung von Systemen mit Hilfe von Simulation dienen Visualisierungen vor allem auch als Kommunikationsvehikel zwischen den beteiligten Akteuren der Simulationsstudie [WBJ2003; VDI3633-11]. So steigert beispielsweise die Animation von Simulationsläufen die Glaubwürdigkeit der Simulationsmethodik und kann auch zur Modellvalidierung genutzt werden [Ro2000].

Visual Analytics im eigentlichen Sinn, d. h., die enge Verzahnung von Data Mining und interaktiver, visueller Analyse, ist im Kontext von Produktionssimulation hingegen kaum verbreitet. Weder im Kontext von Produktion und Logistik im Speziellen, noch für diskret ereignisgesteuerte Simulation im Allgemeinen existiert relevante Literatur, in welcher explizit Visual-Analytics-Methoden zur Auswertung der Simulationsergebnisse eingesetzt wurden. Ross et al. nutzen Visual Analytics im Kontext der verteilten DES. Allerdings wird VA in diesem Beitrag nicht zur Auswertung der Simulationsergebnisse genutzt, sondern zur Analyse von Kennzahlen bezüglich der Parallelisierung, wie z. B. die Lastverteilung, die Nutzungseffizienz der einzelnen Simulatoren sowie Kennzahlen und Analysen im Zusammenhang mit Rollbacks im Rahmen von optimistischen Synchronisationsalgorithmen [Ro+2016].

Rege Forschungsaktivität besteht hingegen beim Einsatz von Visual Analytics in Verbindung mit anderen stochastischen Simulationsverfahren, wie z. B. der Monte-Carlo-Simulation. Haupteinsatzfelder in diesem Bereich sind zellbiologische Simulationen [SUS2011; KS2012a], Simulationen von chemischen Reaktionen [Lu+2012a], Simulationen von Partikelbewegung [Lu+2012b; Ay2016], geowissenschaftliche Modelle [Dr+2010] oder auch die Simulation von technisch-physikalischen Systeme [So+2016], was auch als Ensemble Simulation bezeichnet wird [Ma+2015]. Insbesondere bei letzterem Themenbereich gibt es aktive Forschungsbestrebungen von Matkovic et al. Im Gegensatz zu Simulationen im Kontext von Produktion und Logistik sind die Ergebnisdaten hier keine einfachen Vektoren mit Zahlenwerten, sondern komplexe Parameter. So bildet beispielsweise die auf eine Kurbelwelle einwirkende Kraft eine Funktion über die Zeit [MGH2018, S. 324]. Solche komplexen Ergebnisparameter können mit Hilfe von Visual-Analytics-Techniken auswertbar gemacht werden, um im nächsten Schritt die Stellgrößen für weitere Experimente festsetzen zu können [Ma+2014; Sp+2015].

3.4 Zusammenfassung und Ableitung der Forschungsfragen

Zusammenfassend lässt sich generell und insbesondere im Kontext von Produktionssimulation ein Forschungsbedarf hinsichtlich Wissensentdeckungsmethoden für Simulationsmodelle identifizieren. Beim Experimentieren mit Simulationsmodellen bleibt häufig viel Potenzial ungenutzt, um mit Hilfe des Simulationsmodells noch mehr über das zu untersuchende System und dessen Verhalten zu lernen [Pa+2006b, S. 1253]. Das tatsächliche Experimentieren innerhalb von Simulationsstudien beschränkt sich in der Regel auf das Variieren von einigen wenigen Parametern, die einen potenziellen Einfluss auf das zu betrachtende Problem versprechen [Kl+2005]. Da die Modellgenerierung ein kreativer Prozess ist, müssen die zu betrachtenden Systemparameter durch einen erfahrenen Simulationsexperten geschätzt werden. Kleijnen et al. beschreiben dies auch als „Versuchs-und-Irrtums-Methode, eine gute Lösung zu finden" [Kl+2005, S. 263]. Es besteht hierbei also die Möglichkeit, dass bei der Betrachtung der falschen Kombination von Faktoren der mögliche Ergebnisraum des Modells nicht vollständig abgedeckt wird. Bei Simulationsstudien liegt ohnehin der Fokus oftmals eher auf der Modellbildung als auf der Analyse [Kl+2005, S. 263–264]. Das Konzept des Data Farming bewirbt daher einer andere Herangehensweise an Simulationsstudien, nämlich das Analysieren des Systemverhaltens in seiner Gesamtheit und der Suche nach interessanten, vorher nicht bekannten Zusammenhängen [HM2005]. Auch andere Autoren außerhalb von Data-Farming-Publikationen sehen dies als notwendige Innovation für die weitere Entwicklung von simulationsbasierten Anwendungen an [Pa+2006b; ESS2014; Lu+2015]. Selbst bei der Anwendung von Optimierungsheuristiken, die nach der optimalen Lösung eines bestimmten Problems suchen, muss dieses zuvor als Zielfunktion formuliert werden [Fu2015]. Die durchzuführenden Experimente und deren Startwerte ergeben sich weiterhin aus den Ergebnissen der Optimierungsheuristik [La2014, S. 683]. Das heißt, dass auch bei der simulationsbasierten Optimierung das zu untersuchende Problem a priori definiert sein muss. Obwohl das Optimieren bestimmter Zielparameter eine effiziente Methode zur Erreichung von im Vorhinein geplanten Zielstellungen darstellt, lernt der Anwender dadurch nichts über das Verhalten des Systems außerhalb der vorgegebenen Zielstellung. Dies ist insbesondere dann der Fall, wenn die Zielfunktion sehr einfach und schnell durch den Algorithmus minimiert bzw. maximiert werden kann, sodass insgesamt wenig Simulationsläufe gemacht werden müssen [SJH2015, S. 7]. Entscheidend sind hierbei auch die vom Optimierungsalgorithmus zu variierenden Faktoren, deren Anzahl und Variationsraum in der Regel auf Erfahrungswerten und Abschätzungen des Simulationsexperten, im besten Fall auf denen eines Fabrikplaners, basieren.

Für die Analyse betrieblicher Daten hat sich der Begriff des Business Intelligence (BI) etabliert. Gemeint ist hiermit eine Sammlung von Konzepten und Methoden, um mit Hilfe von Informationstechnologie neues und potenziell interessantes Wissen aus der vorhandenen Menge betrieblicher Daten zu generieren [TSD2014]. Nach Jain et al. und deren Diskussion um den Begriff des Smart Manufacturings könnte Simulation nicht nur als Analyseapplikation an sich, sondern auch als Datenerzeuger für die betriebliche Datenanalyse im Sinne des BI-Ansatzes dienen und somit neue Möglichkeiten der Entscheidungsunterstützung eröffnen [JS2014, S. 895; SSJ2014, S. 2201]. Eine Übertragung des Data-Farming-Konzeptes auf Simulationsmodelle im Kontext von Produktionssimulation und der Kopplung mit Data-Mining-Analyseverfahren würde dieser Idee entsprechen. Wie bereits in Kapitel 3.1 festgestellt, werden in Gefechtssimulationen eher wenige Zielkriterien beobachtet, oftmals ist nur ein einzige Ergebnisvariable von Bedeutung. Simulationsmodelle im Kontext von Produktionssimulation erzeugen hingegen eine Vielzahl von Ergebnisvariablen, welche für den Planer potenziell interessant sein können [WR2011, S. 32] und eventuell zueinander in Konflikt stehen, was auch als Polylemma der Ablaufplanung bezeichnet wird [Sc1967, S. 291–293]. Deshalb besteht insbesondere im Bereich der Auswertung multidimensionaler Ergebnisdaten weiterer Forschungsbedarf gegenüber der bisherigen Data-Farming-Literatur.

Ein weiterer Vorteil der Simulation gegenüber historisch gesammelten und aggregierten Echtbetriebsdaten besteht darin, dass keine Probleme bezüglich der Verwechslung von Korrelation mit Kausalität entstehen können, da in einem Simulationsmodell die Ursache-Wirkungs-Beziehung zwischen Faktoren und Ergebnisdaten immer von vornherein gegeben ist, ebenso wie die Gewährleistung von Datenqualität und –verfügbarkeit [ESS2014, S. 946].

Das traditionell vorherrschende Bedürfnis zur Simulationsaufwandsminimierung ist zudem heutzutage nicht mehr haltbar, da auf technischer Ebene in den letzten Jahren eine rasante Entwicklung stattfand. Flexible, verteilte Cluster- und Datenbankarchitekturen auf Commodity-Hardware erlauben das effiziente Speichern und Verarbeiten sehr großer Datenmengen [BDH2003; Ya+2007; NB2015; Ka+2017]. Nach Sanchez ist eine Datenmenge immer dann groß, wenn sie das Limit der aktuell verfügbaren Technologie ausreizt, welches sich aber wiederum stetig weiter nach oben verschiebt [Sa2014, S. 805]. Die Darstellung des gesamten Antwortraums eines Modells eines Produktionssystems stellt große Herausforderungen an die Konfiguration der Eingabewerte. Ein vollständiger Versuchsplan, d. h. das Berücksichtigen aller rechnerisch möglichen Kombinationen von Eingabewerten, ist nicht praktikabel. Das Verwenden von effizienteren Experimentdesignmethoden, wie sie im Bereich es Data Farming verwendet werden, ist daher unumgänglich.

Elmegreen, Sanchez und Szalay sehen in modernen Simulationsapplikationen trotz allem immer noch den Menschen bzw. Anwender im Zentrum eines iterativen Analyseprozesses [ESS2014, S. 948]. Im Kontext von Data Farming identifizieren Meyer und Johnson Forschungsbedarf bezüglich Data-Mining-Techniken, die in visuelle Benutzerschnittstellen eingebettet sind [MJ2001, S. 30]. Dies entspricht dem Visual-Analytics-Konzept, welches eine iterative Verzahnung von Visualisierung und Data Mining beschreibt [Ke+2008a]. Somit ist eine Übertragung des Visual-Analytics-Konzeptes zur Auswertung von mit Data Farming generierten Daten sinnvoll.

Zusammenfassend lässt sich also Forschungsbedarf für ein Konzept zur Wissensentdeckung in Produktionssimulationen identifizieren. Im Folgenden werden die daraus abgeleiteten Forschungsfragen zusammengefasst:

1. Wie lassen sich die Methoden des Data Farming, Data Mining und Visual Analytics in ein ganzheitliches Konzept zur Wissensentdeckung in Produktionssimulationen einbetten?
2. Wie muss hierfür ein allgemeines Vorgehensmodellmodell ausgestaltet werden?
3. Welche Eigenschaften und Anforderungen an Simulationsdaten müssen berücksichtigt werden?
4. Welche Anforderungen müssen in diesem Zusammenhang an das Experimentdesign gestellt werden und welche Experimentdesignmethoden sind geeignet?
5. Welche Auswertungsmöglichkeiten, insbesondere Data-Mining-Methoden, sind für die Analyse von Daten im Kontext der Produktionssimulation geeignet und wie sind diese konkret auszugestalten?
6. Wie müssen diese Daten aufbereitet und visualisiert werden, um sie durch den Menschen interpretierbar zu machen und einen Erkenntnisgewinn zu generieren?
7. Wie lassen sich die oben genannten Punkte technisch und prototypisch umsetzen?

4 Konzept für die Wissensentdeckung im Kontext von Produktionssimulation

4.1 Allgemeines Konzept- und Vorgehensmodell

Das in dieser Arbeit entwickelte Konzept zur Wissensentdeckung in Simulationsdaten[2] lehnt sich zum Teil an den bereits in Kapitel 2.4 beschriebenen Prozess zur Wissensentdeckung in Datenbanken an. Ein fundamentaler Unterschied liegt jedoch in der Generierung bzw. Gewinnung der Ergebnisdaten. Im KDD-Prozess werden Ausgangsdaten (Target Data) explizit aus externen Quellen, etwa Transaktionsdaten aus einem Data Warehouse, integriert [FPS1996a; FPS1996b]. In einer auf einem Simulationsmodell basierenden Applikation lassen sich Daten intrinsisch durch das Modell generieren, externe Datenquellen sind hierbei nicht notwendig. Insofern fallen auch Schritte der Datenaufbereitung und Datenvorbereitung weg (Data Cleaning). Da der Anwender hierbei zu jeder Zeit die volle Kontrolle über die Datengenerierung hat, kann er einerseits Art und Umfang bestimmen, anderseits sind keine fehlenden oder fehlerhaften Daten zu erwarten, sofern ein valides und verifiziertes Simulationsmodell vorhanden ist. Alle erzeugten Daten sind per Definition durch das Experimentdesign für die Untersuchung im weiteren Prozessverlauf zunächst relevant, da ein Simulationsmodell die Wirklichkeit in ihren für den Untersuchungskontext relevanten Eigenschaften abbilden soll.

Die Erzeugung der Daten beginnt somit bei der Wahl der Faktoren. Art und Anzahl der Faktoren haben weitreichende Auswirkungen auf die Wahl des entsprechenden Experimentdesigns. Insofern muss dieser Schritt zuerst erfolgen und ist in der Regel eng verknüpft mit der eigentlichen Modellerstellung [Be2014, S. 20–25]. Im Gegensatz zum Data-Farming-Konzept für Gefechtssimulationen kann aber die Modellentwicklung an sich nicht mehr Bestandteil der Analyse sein.[3] Im Kontext von Gefechtssimulation ist es nachvollziehbar, viele verschiedene, sehr unterschiedliche Szenarios, wie etwa mögliche Bedrohungs- und Angriffspotenziale zu berücksichtigen. Bei Modellen aus der Produktionssimulation hingegen sollte das Rahmenszenario, also z. B. was produziert wird und welcher

---

[2] Das Konzept wurde bereits in Auszügen auf einschlägigen Konferenzen (ACM SIGSIM PADS, Winter Simulation Conference, Multikonferenz Wirtschaftsinformatik, ASIM Fachtagung) vorgestellt. Hierzu siehe [FBS2015b; FBS2015a; FBS2016; Fe+2017c].

[3] Insofern kann auf das sog. Rapid Scenario Protoyping verzichtet werden, siehe Abbildung 6 bezüglich des Data-Farming-Loops (S.27).

Ressourceninput dafür transformiert werden muss, bereits a priori feststehen. Für die Modellentwicklung in diesem Kontext gibt es bereits etablierte Vorgehensmodelle, siehe z. B. [Sa2007b; VDI3633-2]. Natürlich lassen sich auch bereits bestehende Modelle für den Prozess der Wissensentdeckung nutzen. Im Kontext von Produktionssystemen sind diese oftmals schon in Planungsprojekten entwickelt oder aus vorhandenen Datenquellen automatisch generiert worden [Be2014]. Sofern die Verifikation und Validität des Modells gegeben ist, lässt sich das Simulationsmodell als Black Box ansehen, die abstrakt betrachtet zu einem gegebenen Eingangsdatensatz einen korrespondieren Ergebnisdatensatz erstellt.[4] Nach VDI lassen sich vier Anwendungsfälle von Simulationsstudien identifizieren, die sich im Umfang der zu variierenden Parameter, aber auch in Gestalt der dadurch entstehenden Menge an analysierbaren Informationen unterscheiden [VDI3633-3], wie Tabelle 1 zeigt. Somit müssen sowohl das System als auch die Systemlastdaten im Experimentdesign bedacht werden, um allgemeingültige Aussagen über das System treffen zu können.

Tabelle 1: Anwendungsfälle für Simulationsstudien [VDI3633-3, S. 4].

<table>
<tr><th>Fall</th><th>System</th><th>Systemlast</th><th>Simulationsergebnis</th></tr>
<tr><td>1</td><td>bekannt</td><td>bekannt</td><td>Funktionalität der Technik und Systemorganisation</td></tr>
<tr><td>2</td><td>unbekannt (Variation der technischen Möglichkeiten)</td><td>bekannt</td><td>Ermittlung technischer und organisatorischer Alternativen (Z. B. Fördertechnik, Lagertechnik, Streckenführung…)</td></tr>
<tr><td>3</td><td>bekannt</td><td>unbekannt (Variation der Randbedingugen)</td><td>Leistungsgrenzen</td></tr>
<tr><td rowspan="2">4</td><td>unbekannt</td><td>unbekannt</td><td rowspan="2">Allgemeingültige Aussagen über typische Systemstrukturen (Grundlagenforschung)</td></tr>
<tr><td colspan="2">(Parametervariation)</td></tr>
</table>

Zwar schließt die in der Literatur bestehende Definition von Data Farming auch die Analyse der Daten mit ein, allerdings wird in dieser Arbeit im weiteren Verlauf der Begriff Data Farming als Synonym für die Erzeugung der Daten benutzt, basierend auf der Idee und den Methoden des Data-Farming-Konzeptes. Wie bereits in Kapitel 3.4 festgestellt, entsteht bei der Anwendung des Data-Farming-Konzeptes im Kontext von Produktion und Logistik eine höhere Komplexität

[4] Die notwendigen technischen Anforderungen an den Simulator sind natürlich sehr wichtig, für das konzeptionelle Vorgehen aber von nachrangiger Bedeutung und werden daher erst in Kapitel 6.1 ausgearbeitet

der Auswertung bezüglich der Ergebnisparameter, da hier eine multidimensionale Betrachtung mehrerer Ergebnisparameter notwendig ist.

Nach der Erzeugung der Daten schließt sich die Analyse an. Somit besteht das Vorgehensmodell aus zwei Ebenen, eine für die Datenerzeugung sowie eine für die Datenanalyse. Beide Seiten sind durch die Simulationsdatenbank miteinander verbunden, in welcher die Simulationsergebnisse gespeichert und für die Analyse verfügbar gemacht werden. Die Analyse der Daten orientiert sich am Visual-Analytics-Konzept, d. h. an der Kombination aus Data-Mining-Verfahren und Visualisierung als iterativer Prozess. Dieser Prozess ist als semi-automatischer Prozess vorgesehen. So können viele Vorberechnungen automatisch ablaufen, insbesondere die algorithmische Verarbeitung durch Data-Mining-Methoden. Allerdings entscheidet der Anwender über den konkreten Ablauf und die Parametrisierung. Das in den nachfolgenden Kapiteln ausgearbeitete Konzept gibt hierfür einen empfohlenen Ablauf der Analyseschritte sowie Vorgaben für die Ausgestaltung der Verfahren vor. Im Verlauf der Analyse kann der Nutzer somit Hypothesen über das System und das Systemverhalten bilden, diese weiter verfestigen oder verwerfen und somit Wissen über das System generieren. In Anlehnung an den KDD-Prozess von Fayyad [FPS1996c] ist der Begriff Wissensentdeckung im Kontext dieser Arbeit definiert als das Erlangen von gültigen, neuen, potenziell nützlichen und verständlichen Zusammenhängen über das System und dessen Verhalten. Dies meint insbesondere Zusammenhänge, die zur Entscheidungsunterstützung beitragen können, was eines der grundlegenden Ziele der Simulation in Produktion und Logistik darstellt [RSW2008, S. 193; VDI3633-1, S. 22]. Im Rahmen von KDD wird dies auch als „aufgabenorientiertes Wissen" [SS2006, S. 2] bezeichnet.

Insbesondere aus der Untersuchung der Verbindung zwischen Eingangs- und Ergebnisdaten kann hierbei Wissen über das System bzw. Systemverhalten generiert werden, aber auch die strukturelle Analyse der Ergebnisdaten an sich kann schon wertvolle Erkenntnisse liefern, wie beispielsweise die Kapazität[5] des Systems.

Abbildung 8 zeigt einen schematischen Überblick über das Konzeptmodell. Hierbei ist zu beachten, dass im vorgestellten Konzeptmodell der Begriff Data Farming in einem engeren Sinne synonym für die Erzeugung der Daten genutzt wird, wohingegen der ursprüngliche Data-Farming-Kreislauf (siehe Abbildung 6, S. 27) auch die Datenanalyse miteinschließt.

---

[5] Kapazität ist in diesem Kontext definiert als „obere Grenze bezogen auf den Durchsatz eines Produktionsprozesses" [HS2011, S. 229].

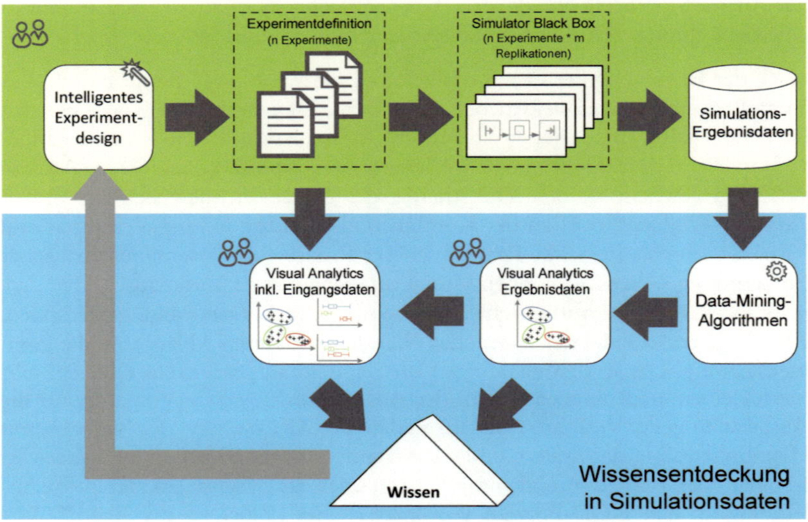

Abbildung 8: Übersicht über das Konzeptmodell für die Wissensentdeckung in Simulationsdaten in Anlehnung an [FBS2015b, S. 5].

Eine optionale Rückkopplung zwischen den zwei Ebenen ist ebenfalls vorgesehen, da die gewonnenen Erkenntnisse auch für die Erstellung und Durchführung weiterer Experimente genutzt werden können. Zwar sind die Möglichkeiten und Potenziale des zu generierenden Wissens aufgrund der Vielfältigkeit und Spannweite von Simulationsmodellen im Kontext Produktionssimulation einzelfallbasiert und vom jeweiligen Modell abhängig, sodass sich keine allgemeine Kategorisierung erstellen lässt, dennoch lassen sich, basierend auf den in Kapitel 3.1 dargestellten Data-Farming-Leitfragen, typische Leitfragen für Modelle im hier betrachteten Anwendungskontext von Produktionssimulation formulieren [Fe+2017c]. Diese lassen sich aus den Leitfragen zu Data-Farming-Studien im Kontext von Gefechtssimulationen ableiten [Ho+2014a, S. 7]:

- Wie sind die die Ergebnisparameter verteilt?
- Welche Ergebnisparameter sind relevant? Gibt es Strukturen und Korrelationen innerhalb der Ergebnisdaten?
- Gibt es robuste Ergebnisparameter? D. h., wie ist das Verhältnis des Systems zur Systemlast und wie reagiert das System bei Schwankungen in der Systemlast? Gibt es robuste Systemkonfigurationen?

- Wie gestalten sich die Abhängigkeiten zwischen Faktoren und Ergebnisdaten?
- Welche Faktoren haben den größten Einfluss auf die Ergebnisdaten?
- Wodurch zeichnen sich robuste Systemkonfigurationen aus?
- Gibt es Interaktionen und Wechselwirkungen zwischen Faktoren?

Ausgehend von den genannten Leitfragen lassen sich für den jeweiligen Einzelfall weitere, konkrete Untersuchungsfragen ableiten. In den nachfolgenden Teilkapiteln werden sämtliche Teilaspekte des Konzepts ausgearbeitet. Kapitel 4.2 behandelt die Ebene der Datenerzeugung. Zunächst werden hier die Eingangsdaten nach ihrer Art und Ausprägung kategorisiert. Insbesondere die Variablenskalierung der Eingangsdaten ist für die Auswahl der Experimentdesignmethoden relevant. Danach werden dann Anforderungen an Experimentdesigns beschrieben, gefolgt von einer Literaturauswertung und Klassifikation bestehender Designmethoden. Darauf aufbauend werden geeignete Experimentdesignmethoden für die Wissensentdeckung ausgewählt. Abschließend werden die Ergebnisdaten kategorisiert. Die Eigenschaften der Ergebnisdaten sind relevant für die sich anschließende Datenauswertung. Kapitel 4.3 behandelt die Ebene der Datenauswertung. Hier wird zunächst der Ablauf der Analyseschritte beschrieben, gefolgt von einer Literaturauswertung und Klassifikation bestehender Data-Mining-Methoden. Anschließend wird geprüft, welche Methoden für die Anwendung auf Simulationsdaten geeignet sind. Im nachfolgenden Kapitel wird dann die konkrete Ausgestaltung der Methoden ausgearbeitet. Darauf aufbauend werden abschließend geeignete Visualisierungsmethoden beschrieben.

4.2 Datenerzeugung

Das vorliegende Kapitel zum Thema Datenerzeugung folgt dem in Abbildung 9 dargestellten Aufbau.

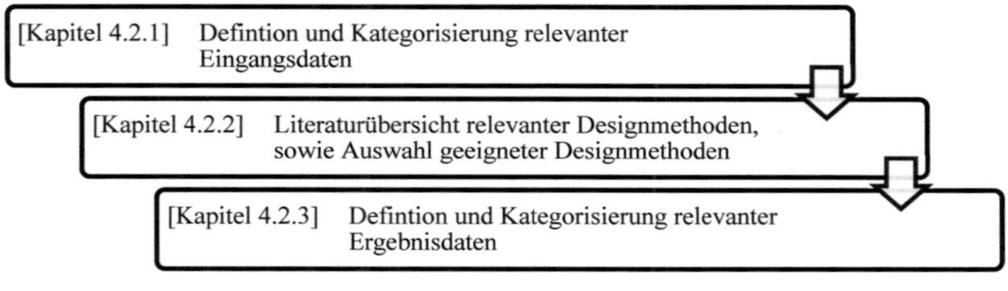

Abbildung 9: Aufbau des Kapitels zur Datenerzeugung.

4.2.1 Eingangsdaten

Simulationsdaten, die als Eingangsdaten im Sinne eines Faktors Verwendung finden können, lassen sich nach VDI-Richtlinie 3633 in drei Klassen einteilen: Systemlastdaten, Organisationsdaten und technische Daten [VDI3633-1]. Abbildung 10 zeigt eine schematische Übersicht von Simulationseingangsdaten sowie die jeweilige Klassenzuordnung. Hierbei ist zu beachten, dass eine Zuordnung nicht immer eindeutig ist und ggf. Überschneidungen zwischen den Klassen bestehen können.

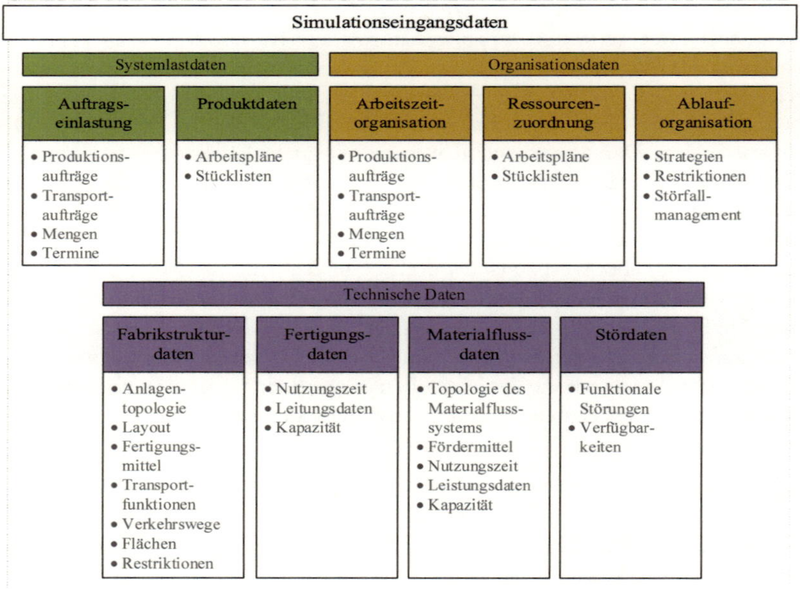

Abbildung 10: Simulationseingangsdaten in Anlehnung an [VDI3633-1].

Nach einer Studie von Skoogh und Johansson, basierend auf fünfzehn Simulationsprojekten aus dem Kontext Produktion und Logistik, lassen sich die für die Modellierung eines Simulationsmodells notwendigen Eingabedaten in folgende Kategorien einteilen [SJ2007]:

- Prozesszeiten
- Ausfallzeiten
- Produktionsplanungsdaten (z. B. Ablaufpläne, Zwischenankunftszeiten)
- Materialtransportzeiten
- Einrichtungszeiten
- Rüstzeiten
- Organisationsdaten (z. B. Anzahl Mitarbeiter, Schichtpläne, Pausen)

Diese Einteilung ist deutlich gröber als die der VDI (Abbildung 10), jedoch lassen sich die Kategorien der VDI Einteilung der Aufteilung von Skoogh und Johannson zuordnen. Eine deutlich reduzierte Einteilung geben Weigert und Rose. Hier wird zwischen drei Arten von Einflussgrößen in Simulationsmodellen im Kontext von Produktionssimulation unterschieden: Parameter, Zuordnungen und Permutationen. Parameter beschreiben reelle oder ganze Zahlen, die sich leicht variieren lassen, wie etwa eine Pufferkapazität. Im Gegensatz zu Parametern haben Zuordnungen und Permutationen kein natürliches Abstandsmaß. Sie beschreiben etwa die Zuordnung von Aufträgen zu Maschinen bzw. die Reihenfolge der Abarbeitung von Aufträgen [WR2011, S. 29–30]. Zuordnungs- und Permutationseinflussgrößen fallen nach dieser Definition unter die nominale Variablenskalierung, wobei die jeweiligen Ausprägungen verschiedene Szenarien zum Ausdruck bringen. Für Simulationsexperimente im Sinne der Parametervariation und das in dieser Arbeit zu entwickelnde Konzept für die Wissensentdeckung kommen insbesondere technische Daten sowie Lastdaten in Frage. Organisationsdaten im Sinne von Prozessabläufen und Ressourcenzuordnung sollten hierbei im Vorhinein feststehen, um eine Vergleichbarkeit des Modell- bzw. Systemverhaltens zu gewährleisten. Allgemein betrachtet ist es schwierig, eine allgemeingültige Grenze zu ziehen zwischen der bereits beschrieben Struktur- und Parametervariation, also dem Experimentieren mit einem Modell und dem Vergleich zweier unabhängiger Modelle. Je stärker die genannten Organisationsdaten pro Experiment voneinander abweichen, desto eher resultieren daraus strukturell unterschiedliche Simulationsmodelle. Wie bereits erwähnt, liegt der Fokus des Konzepts in dieser Arbeit auf dem Experimentieren im Sinne der Parametervariation. Dennoch ist die gezielte Variation organisatorischer Abläufe und Ressourcen, etwa die Anzahl von Werkern, denkbar. Sie hängt aber natürlich auch vom zu untersuchenden Modell ab.

Vergleicht man die drei vorgestellten Kategorisierungsansätze für Simulationseingangsdaten, fällt auf, dass nur zwei verschiedene Variablenskalierungen[6] vorherrschend sind, nämlich nominalskalierte und intervallskalierte Parameter. Tabelle 2 zeigt einen generischen Ansatz für mögliche Faktoren sowie deren Eigenschaften, abgeleitet aus den oben beschriebenen Klassifikationen für Simulationsdaten. Diese Tabelle ist nicht als abschließend anzusehen, sondern bietet eine Übersicht und Orientierungshilfe für die zu erwartenden bzw. häufigen Faktoren in einem Simulationsmodell im Kontext der Produktionssimulation. Die qualitativ bzw. nominalskalierten Eingangsdaten beschreiben hierbei entweder einzelne Steuerungsentscheidungen wie etwa Sortieregeln, oder aber aus verschiedenen Parametern zusammengesetzte Szenarios, wie beispielsweise komplette Arbeitspläne. Die intervallskalierten Eingangsparameter hingegen lassen sich zu drei Kategorien zusammenfassen: Mengen, Zeiten und Koeffizienten. Tabelle 2 zeigt hierfür eine Übersicht mit jeweils einigen Beispielen.

Tabelle 2: Generische Gruppierung von Eingangsdaten hinsichtlich Parameterskalierung.

<table>
<tr><th>Gruppe</th><th>Untergruppen</th><th>Beispiele für mögliche Faktoren</th><th>Eigenschaften</th></tr>
<tr><td rowspan="2">Mengen</td><td>Anzahl</td><td>Anzahl Maschinen, Werker</td><td rowspan="2">Verhältnisskala, kontinuierlich, positive Ganzahlen oder null</td></tr>
<tr><td>Kapazitäten</td><td>Pufferkapazität, Transportkapazität</td></tr>
<tr><td rowspan="3">Zeiten</td><td>Dauer</td><td>Bearbeitungszeit einer Maschine</td><td rowspan="3">Verhältnisskala, kontinuierlich, positive Dezimalzahlen oder null</td></tr>
<tr><td>Geschwindigkeit</td><td>Geschwindigkeit eins Förderhilfsmittels</td></tr>
<tr><td>Beschleunigung</td><td>Anfahren von Transportfahrzeugen</td></tr>
<tr><td rowspan="2">Koeffizienten</td><td>Verfügbarkeit</td><td>Maschinenausfälle bzw.-Verfügbarkeit</td><td rowspan="2">Verhältnisskala, kontinuierlich, i.d.R. Dezimalzahlen im Intervall von [0,1], aber auch [0,∞[denkbar.</td></tr>
<tr><td>Multiplikator</td><td>Leistungskoeffizienten eines Werkers</td></tr>
<tr><td rowspan="3">Szenarios</td><td>Steuerungen, Entscheidungen</td><td>Sortierregeln</td><td rowspan="3">Qualitativ, Nominal</td></tr>
<tr><td>Zusammenfassung verschiedener Parameter zur einem Szenario</td><td>Verschiedene Prozessabläufe oder –Arbeitspläne, Ressourcenzuordnung im Allgemeinen, Verschiedene Maschinenparks</td></tr>
<tr><td>Grundszenarien</td><td>Hallenlayout</td></tr>
</table>

[6] Zur Beschreibung und Definition der verschiedenen Variablenskalierungen siehe Anhang B.

Neben der Kategorisierung nach Variablenskalierung ist zudem eine weitere Unterscheidung relevant, und zwar zwischen Elementen der Systemstruktur und der Systemlast. Während sich die Systemstruktur aus technischen und organisatorischen Daten zusammensetzt, ist die Systemlast definiert als „die Summe an Objekten, die ein System durchlaufen und dabei mit den systembildenden Elementen interagieren“ [Bu2011, S. 34]. Dies sind i. d. R. Aufträge, können aber auch z. B. Hilfsmittel wie Transportmittel oder Verpackungsmaterial sein [Bu2011].

Systemlastdaten lassen sich in der Regel nur szenariobasiert, also als qualitative Parameter abbilden. Berücksichtigt man die Komplexität der entstehenden Abhängigkeiten etwa beim Einlasten verschiedener Produktsequenzen oder Portfolios, so lassen sich diese nicht auf Einzelfaktoren herunterbrechen. Lediglich die Zwischenankunftszeit von Systemlastentitäten lässt sich als Einzelparameter abbilden. Eine Sonderstellung für die Systemlast nimmt das Design der Produkt- bzw. Auftragsmixtur ein, da sich hier häufig interessante Möglichkeiten zur Robustheitsuntersuchung ergeben. Dies beinhaltet das Suchen nach robusten Lösungen gegenüber Schwankungen in der Nachfrage [Fe+2017b]. Der Produktmix lässt sich wahlweise szenariobasiert, also als nominalskalierter Faktor abbilden, oder kontinuierlich mit jeweils einem Parameter pro Produkttyp, der den jeweiligen Anteil des Produkttyps am Gesamtmix repräsentiert. Generell lassen sich auf diese Art diverse zusammengesetzte, nominale Szenarios in mehrere kontinuierliche Faktoren zerlegen, sofern diese Szenarios eine variierbare, kontinuierliche Variable beinhalten. Zum Beispiel können komplexe Organisationsdaten wie Rüstmatrizen oder Arbeitspläne durch einen Denormalisierungsschritt in ein flaches Tabellenformat überführt werden. Abbildung 11 zeigt beispielhaft die Denormalisierung von zwei Arbeitsplänen.

Arbeitsplan Szenario 1

Auftrag	Prozessschritt	Bearbeitungszeit
Produkt A	1	40s
Produkt A	2	60s
Produkt C	1	10s

Arbeitsplan Szenario 2

Auftrag	Prozessschritt	Bearbeitungszeit
Produkt A	1	50s
Produkt A	2	70s
Produkt C	1	20s

Experiment	Szenario
1	1
2	2

Experiment	Bearbeitungszeit_ProduktA _Prozessschritt1	Bearbeitungszeit_ProduktA _Prozessschritt2	Bearbeitungszeit_ProduktC _Prozessschritt1
1	40s	60s	10s
2	50s	70s	20s

Abbildung 11: Denormalisieren von Arbeitsplänen.

Im gezeigten Beispiel werden zwei nominale Szenarios eines Arbeitsplans (Experiment 1 und Experiment 2) über den kontinuierlich skalierten Parameter Bearbeitungszeit in drei kontinuierliche Faktoren zerlegt. Die drei Faktoren können nun in einem Experimentdesign quantitativ variiert werden. Allerdings erhöht dies Vorgehen auch die Gesamtanzahl an Faktoren.

Stochastische Faktoren können ebenfalls nominal als verschiedene Szenarios oder als zerlegte, kontinuierliche Faktoren dargestellt werden. Stochastische Einflüsse beziehen sich in der Regel auf den Zeitpunkt des Auftretens eines Ereignisses, wie etwa Zwischenankunftszeiten, Störungen oder Bearbeitungszeiten [Be2014, S. 110]. Anhang A gibt hier einen Überblick über die wichtigsten Zufallsverteilungen im Kontext der Simulationsmodellierung.

4.2.2 Experimentdesign

4.2.2.1 Überblick über Designmethoden

Unter der Berücksichtigung der genannten Ziele und Anforderungen haben sich für das strukturierte Erstellen eines Experimentdesigns verschiedene Designmethoden etabliert, welche nachfolgend beschrieben und eingeordnet werden.

Faktorielles Design

Das Variieren eines einzelnen Faktors pro Simulationslauf, der sogenannte One-Factor-at-a-Time-Ansatz (OFAT-Ansatz), wird in der Praxis häufig genutzt. Hierbei wird jeweils ein Faktor k variiert, während die übrigen $k-1$ Faktoren auf einem konstanten Level bleiben. Ist das Ergebnis besser als das vorherige, wird dieser Faktorlevel beibehalten und der nächste Faktor wird variiert. Dieses Vorgehen wirkt auf den ersten Blick sehr strukturiert. Tatsächlich hängt der Erfolg der Methode eher vom Zufall ab bzw. von der Reihenfolge der gewählten Faktoren. Zudem lassen sich hierbei keine Interaktionseffekte bestimmen. Wird ein strukturiertes Experimentdesign benötigt, um effizient und statistisch korrekt Faktoreffekte zu bestimmen, wird in der Literatur von diesem Vorgehen abgeraten [Cz1999; Mo2013, S. 5; La2007, S. 622]. So kann beispielsweise in einem Produktionssimulationsmodell die Verringerung der Maschinenbearbeitungszeit einen geringen Effekt auf die Ausbringungsmenge haben, genauso wie die Veränderung der Zwischenankunftszeit von Aufträgen. Verändert man gleichzeitig beide Faktoren, so könnte hierbei ein sehr großer Effekt auf die Ausbringungsmenge auftreten.

Beim vollfaktoriellen Design wird vorher die Anzahl an Ausprägungen pro Faktor festgelegt und alle möglichen Kombinationen an Faktorausprägungen abgebildet. Die Anzahl der resultierenden Experimente ergibt sich somit aus der Formel n^{k} [BHH2005, S. 173]. Die exponentielle Eigenschaft dieser Formel führt bei steigender Faktorenanzahl schnell zu einer extrem hohen Anzahl an Experimenten. Bei zehn Faktoren mit jeweils sechs Ausprägungen erhält man hier bereits eine Million verschiedene Kombinationen von Faktorausprägungen. Häufig beschränkt man sich daher auf jeweils nur zwei Faktorausprägungen, also $n = 2$ bzw. 2^{k}, um die Anzahl der resultierenden Experimente zu reduzieren. Hierbei wird jeweils eine niedrige und eine hohe Ausprägung pro Faktor definiert, oftmals codiert mit $-$ für niedrig und $+$ für hoch.

Das vollfaktorielle Design ist ein vollständiges Design, d. h. es bildet sowohl Haupteffekte als auch Interaktionseffekte zwischen Faktoren ab [Vo1996, S. 14]. Der Haupteffekt eines Faktors ist definiert als die Veränderung in der Zielgröße verursacht durch die Änderung einer Faktorausprägung. Bei Interaktionseffekten wirkt eine Kombination von Faktorausprägungen auf die Zielgröße. Als Beispiel sei das Experimentdesign aus Tabelle 3 gegeben. Hier lässt sich nun der Haupteffekt von Faktor A als Differenz der durchschnittlichen Antwort zwischen Faktorausprägung A^{-}und A^{+} berechnen:

$$\frac{40+50}{2} - \frac{20+30}{2} = 20$$

Tabelle 3: Beispiel für ein 2^2 Design in Anlehnung an [Mo2013].

Ausprägung Faktor A	Ausprägung Faktor B	Ergebnis
+	-	40
+	+	50
-	-	20
-	+	30

Ist die Differenz im Ergebnis nicht für alle Faktorausprägungen der anderen Faktoren gleich, liegt hier eine Interaktion zwischen den Faktoren vor. Der Effekt, den ein Faktor auf das Ergebnis hat, wird also durch einen anderen Faktor beeinflusst [Mo2013, S. 183].

Ein 2^k-Design kann relativ einfach mithilfe der sogenannten Standardordnung erstellt werden. Geht man von einer Kodierung mit + und – aus, so wechseln sich die Zeilen der i-ten Spalte X_i aus 2^{i-1}Wiederholungen von – jeweils im Wechsel mit derselben Anzahl von Wiederholung von + ab [Le+2013]. Ein Beispiel für 3 Faktoren findet sich in Tabelle 4.

Tabelle 4: Beispiel für die Standardordnung eines 2^3-Designs.

Designpunkt	X_1	X_2	X_3
1	-	-	-
2	+	-	-
3	-	+	-
4	+	+	-
5	-	-	+
6	+	-	+
7	-	+	+
8	+	+	+

Die Spalten der Designmatrix für ein n^k-Design erfüllen immer das Kriterium der paarweisen Orthogonalität. Zudem sind diese Designs immer ausgeglichen [Le+2013].

Neben dem offensichtlichen Nachteil der exponentiellen Skalierung von Designpunkten und Faktoranzahl hat insbesondere das 2^k-Design weitere Limitationen. So kann die Auswahl der Schrittweite bzw. die Ausprägungen von + und – zu Problemen führen, wenn hier auf beiden Seiten Extremwerte gewählt werden, die jeweils wiederum zu Extremwerten in der Zielgröße führen. Die Werte dazwischen, die eigentlich für die Untersuchung interessant sind, bleiben unbekannt. Zudem sind solche Extremwerte für den Problemkontext oftmals unerheblich bzw. sogar unrealistisch. Hinzu kommt, dass selbst bei tatsächlichem Nichtvorhandensein von Interaktionseffekten oftmals ein streng linearer Zusammenhang zwischen Faktor und Zielgröße unterstellt wird, der in dieser Form höchstwahrscheinlich gar nicht vorhanden ist. So wird eine Veränderung in einer Zielgröße linear gleichgesetzt mit der Distanz von – zu + eines Faktors, unabhängig vom Startpunkt. Eine perfekte lineare Abhängigkeit von Faktor und Zielgröße ist aber in Simulationsmodellen oftmals gar nicht gegeben [Ke2000; Mo2013]. Ein Beispiel hierfür ist in Abbildung 12 gegeben: Das 2^2-Design mit vier Designpunkten lässt einen linearen Zusammenhang zwischen den zwei Faktoren und der Zielgröße vermuten. Tatsächlich ist die Wirkungsfläche allerdings sehr komplex und nicht linear, wie durch das vollständige Design mit 100 Designpunkten ersichtlich wird.

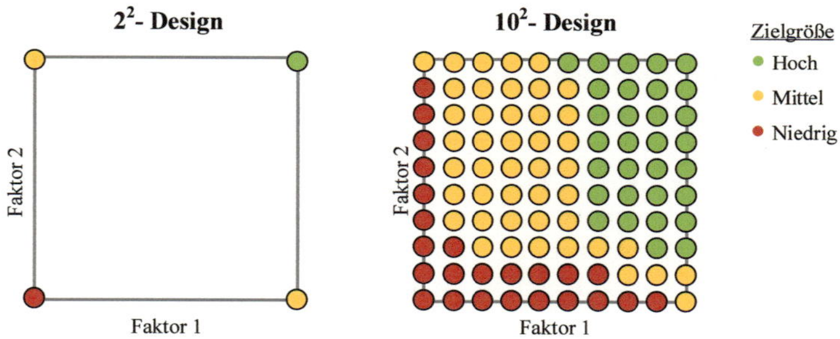

Abbildung 12: 2^2- vs. 10^2-Design in Anlehnung an [Sa2007a, S. 89].

Für die Untersuchung auf Nichtlinearität kann zunächst das Einfügen eines Experimentes zwischen allen Faktorstufen hilfreich sein (Zentralpunkt). Montgomery argumentiert zudem, dass zwischen minimaler und maximaler Ausprägung der Faktoren eben jener Zentralpunkt oftmals die aktuellen und tatsächlichen Betriebsbedingungen repräsentiert, sodass mindestens ein Experiment unter gewohnten Bedingungen stattfindet und dies gleichzeitig als grober Test gegenüber Abweichungen und Auffälligkeiten dienen kann. Das Replizieren mehrerer Zentralpunktexperimente kann zudem helfen, das Ausmaß der Variabilität des Ergebnisses einzuschätzen [Mo2013]. Weiter verfeinern lässt sich die Präzision des Experimentdesigns durch das Hinzufügen von Axialpunkten, auch Sternpunkte genannt. Diese werden mit einer bestimmten Distanz α zum Zentralpunkt eingefügt und liegen typischerweise außerhalb der Faktorbandbreite der dazugehörigen faktoriellen Punkte. Ein allgemeiner Richtwert für α ist $\alpha = (n_f)^{\frac{1}{4}}$ mit n_f für die Anzahl der faktoriellen Punkte im codierten Design [Mo2013; DV1999; BHH2005]. Zentralpunkt plus Axialpunkte werden zusammen als Central Composite Design bezeichnet, was in Abbildung 13 beispielhaft veranschaulicht wird.

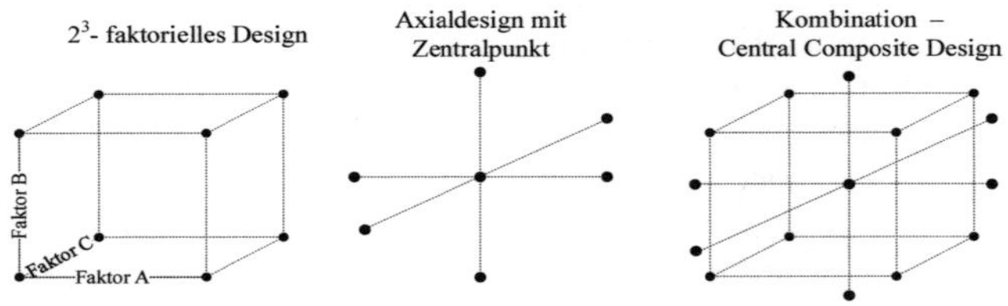

Abbildung 13: Grafische Abbildung eines Central Composite Designs für drei Faktoren in Anlehnung an [BHH2005, S. 451].

Die Anzahl der Experimente ergibt sich aus der Summe der faktoriellen Punkte plus zwei Axialpunkte je Faktor und dem Zentralprunkt. Dies ergibt für k Faktoren
$2^k + 2k + 1$ Designpunkte. Dadurch wird eine sehr gute Abdeckung des Wirkungsraums erzielt. Central Composite Designs werden in der Literatur daher zu den Second Order Designs gezählt, das heißt, dass Metamodelle erster und zweiter Ordnung angepasst werden können [DV1999].

Vollfaktorielle n^k-Versuchspläne können, wie bereits erwähnt, sehr schnell sehr groß werden. Das Einfügen von Axialpunkten (bei 2^k-Designs) verstärkt dieses Problem noch mehr. Eine Möglichkeit, die Anzahl von Experimenten zu verringern, bieten teilfaktorielle Designs (Fractional-Factorial-Designs). Diese decken nur eine gewisse Untermenge (Fraktion) eines vollständigen vollfaktoriellen Designs ab, sind aber trotzdem ausgewogen und orthogonal [Le+2013]. In der Literatur werden hierbei fast ausschließlich Designs mit zwei Ausprägungen je Faktor betrachtet. Ein Teilfaktorplan kann somit als 2^{k-p}-Design dargestellt werden. Dieses Design ist die $(\frac{1}{2})^p$-Fraktion des dazugehörigen 2^k-Designs [BHH2005]. Abbildung 14 zeigt einen vollfaktoriellen 2^3-Versuchsplan mit acht Designpunkten sowie einer korrespondieren $(\frac{1}{2})$-Fraktion mit vier Designpunkten.

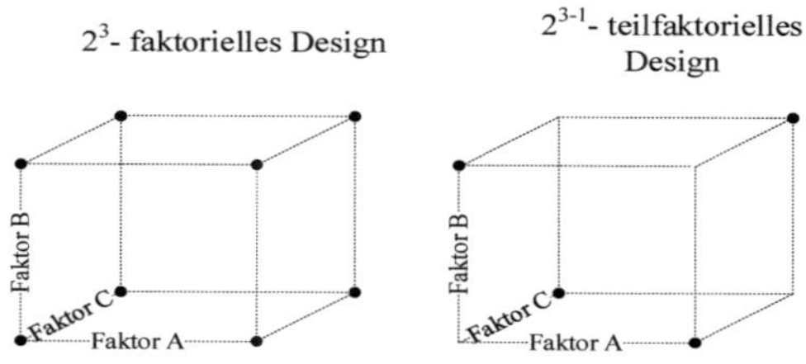

Abbildung 14: Vergleich zwischen vollständigem Versuchsplan und $(\frac{1}{2})$-Fraktion in Anlehnung an [BHH2005, S. 240].

Je größer p gewählt wird, desto stärker fällt der resultierende Informationsverlust gegenüber dem vollständigen faktoriellen Design aus. Grundsätzlich lassen sich mit teilfaktoriellen Designs zwar Haupteffekte untersuchen, die Analyse von Wechselwirkungen kann teilweise problematisch sein aufgrund der Vermengung (Confounding of Effects) von Haupt- und Interaktionseffekten. Insofern beschreibt die Variable p die Anzahl an absoluten Vermengungen. Zwei absolut vermengte Faktoren werden demnach im Design immer gleichzeitig variiert, sodass eine isolierte Zuordnung von Wirkungen eines Faktors auf die Zielgröße nicht mehr möglich ist. Teilfaktorielle Versuchspläne sind insbesondere dann nützlich, wenn man Interaktionseffekte der zweiten, dritten oder vierten Ordnung ausschließen oder vernachlässigen kann. Je nach Größe von p werden auch die Wechselwirkungen erster Ordnung vernachlässigt, welche allerdings in Simulationsmodellen sehr häufig anzutreffen sind [Ke2000].

In diesem Zusammenhang ist daher die Eigenschaft der Auflösung eines teilfaktoriellen Designs relevant, welche sich auf die Stärke der Vermengung von Faktoreffekten bezieht. Hier wird üblicherweise zwischen Auflösung III, IV, V, auch R3, R4 und R5 genannt, unterschieden[7]. Formal beschreibt die Auflösung, wie stark die Vermengung der Haupteffekte mit den Interaktionseffekten ist. Bei R3-Designs sind die Haupteffekte mit Zwei-Wege-Interaktionen vermengt, bei R4-Designs sind die Haupteffekte mit Drei-Wege-Interaktionen vermengt [Mo2013, S. 323]. Das R3-Design ist entsprechend das schwächste Design hinsichtlich des Informationsgehalts und eignet sich nur für das Screening von Haupteffekten. Klassische R3-Screening-Designs sind z. B. die Plackett-Burman-Designs [PB1946; Kl+2005, S. 276]. Generell sind diese aber nur dann zu verwenden,

[7] Designs der Auflösung I und II sind nur als theoretische Konstrukte zu nennen, sie sind tatsächlich aber nicht sinnvoll nutzbar [BHH2005, S. 246]. Für das Beispiel in Abbildung 14 wäre das theoretische Design mit Auflösung I ein 2^{3-3}-Design, also nur ein einziger Designpunkt. Für Auflösung II wäre dies 2^{3-2}.

wenn Interaktionseffekte vollständig ausgeschlossen werden können, was für Simulationsmodelle eher unwahrscheinlich ist.

Wenn Zwei-Wege-Interaktionseffekte vermutet werden, aber die Untersuchung der Haupteffekte im Vordergrund steht, bieten sich R4-Designs an [BK1988]. Hierbei können R3-Designs durch das sogenannte Fold-Over-Prinzip in R4-Designs überführt werden [Kl1998], sodass die bereits durchgeführten R3-Experimente weiterverwendet werden können.

R5-Designs schließen dann weiterführend zusätzlich noch die Vermengung von Wechselwirkungen erster Ordnung untereinander aus, sodass deren Wirkung zweifelsfrei zugeordnet werden kann. Die Standardliteratur zur statistischen Versuchsplanung empfiehlt ein solches Design dieser Auflösung bei bis zu 11 Faktoren, z. B. 2^{10-3} [BHH2005]. Im Kontext von Simulation und Data Farming sind hier aber auch teilfaktorielle Designs für weitaus umfangreichere Größenordnungen entwickelt worden. So entwickelten Sanchez und Sanchez einen Algorithmus für das Generieren von $2^{120-105}$-Designs, d. h. ein teilfaktorielles Screening-Design für bis zu 120 Faktoren [SS2005; SWL2005].

R6 oder noch höhere Auflösungen sind denkbar, nähern sich dann aber dem Aufwand des vollständigen n^k-Design an. Tabellen für das Erstellen von teilfaktoriellen Designs finden sich in [BHH2005; MMA2016] bzw. im speziellen Kontext der Simulation in [Kl1975; Kl1987]. Ähnlich wie vollfaktorielle Designs sind diese aber relativ leicht zu erstellen und deshalb gut automatisierbar [Kl+2005]. Auch teilfaktorielle Designs können zudem mit Axial- und Zentralpunkten erweitert werden.

Random Sampling und Space Filling

Eine einfache Methode für das Reduzieren von Designpunkten ist das Ziehen einer einfachen Zufallsstichprobe (Simple Random Sampling), die auf dem gedachten Netz eines vollständigen Designs liegt. Dies wird allerdings gemeinhin als die schlechteste Methode für die Erstellung von Designs mit Hilfe von Random-Sampling angesehen, da hier eine Reihe von Zufallszahlen generiert wird, die aber im Grunde keine Garantien über eine der oben genannten wünschenswerten Eigenschaften von Experimentdesigns geben kann [Ho2006; SWN2003]. Zudem führt einfaches Random Sampling meist zu einer unausgewogenen, schlechten Abdeckung des Faktorspektrums und/oder lokaler Clusterbildung von Punkten. Besser sind stratifizierende Random Samples. Hierbei wird der Wertebereich der Faktoren in mehrere Schichten unterteilt, wobei dann für jede Schicht wieder eine Zufallsstichprobe gezogen wird [SWN2003].

Auf diesem Prinzip aufbauend entwickelten McKay et al. das Latin Hypercube Sampling [MBC1979], dessen Prinzip bis heute die Verfahren und die Forschung bezüglich Random-Sampling-basierenden Designmethoden dominiert [Vi2013b]. Ein Hyperwürfel überträgt das Prinzip des klassischen lateinischen Kreuzes [DK1974] in den mehrdimensionalen Raum: Der Experimentraum, z. B. $[a,b]^k$, wird dabei für *n* Designpunkte in *n* gleichgroße Intervalle $[a,b/n),\ldots,(n-1)/n,b]$ aufgeteilt, sodass n^{k} Zellen enstehen. Diese Zellen werden dann mit Ganzzahlen von 1 bis n nach dem Prinzip des lateinischen Kreuzes gefüllt, das heißt jede Zahl darf im Zellengitter in jeder Spalte und Zeile nur einmal vorkommen. Wählt man nun eine Ganzzahl zufällig aus, erhält man aus den korrespondierenden Zellen, die diese Zahl enthalten, n Designpunkte [MBC1979].

Das ursprüngliche LHS-Verfahren bietet eine sehr gute Space-Filling-Eigenschaft, garantiert aber nicht notwendigerweise das Kriterium der Orthogonalität. Da es im Grunde auch auf Random Sampling basiert und somit unendlich viele Variationen eines Hyperwürfels möglich sind, ist im Extremfall theoretisch sogar ein Latin Hyper Cube mit perfekt korrelierenden Spalten, also einem Korrelationskoeffizienten von eins, denkbar [Va+2007b].

Daher wurden in den letzten Jahrzehnten zahlreiche Verbesserungen und Erweiterung für LHS-Designs entwickelt, um die Orthogonalität von Latin Hypercubes zu verbessern. Als wichtigste Forschungsarbeiten sind hier Tang [Ta1993] und Owen [Ow1992] zu nennen, die sich als Erste mit diesem Problem auseinandergesetzt und als Lösung Latin Hypercubes mit orthogonalen Feldern verbunden haben. Diese Methode garantiert, dass in jedem Teilraum eine gleiche Punktedichte vorhanden ist.

Ye stellte eine Methode vor, die paarweise Orthogonalität für alle Spalten liefert und nennt diese Orthogonal Latin Hypercube Sampling (OLHS) [Ye1998]. Andere Forschungsarbeiten beschäftigten sich mit der weiteren Verbesserung der Space-Filling-Eigenschaft von Latin Hypercubes. Cioppa fand heraus, dass durch den Verzicht eines gewissen Grades der Orthogonalität, nämlich die Zulässigkeit von paarweise Korrelationen bis zu 0,03, die Space-Filling-Eigenschaft dramatisch verbessert werden kann und entwickelte das Nearly Orthogonal Latin Hypercube Sampling (NOLHS) [Ci2002; CL2007; Jo2006]. Abbildung 15 veranschaulicht die Unterschiede zwischen den genannten LHS-Designmethoden und gibt zusätzlich jeweils den Korrelationskoeffizienten an. Abbildung 15(1) zeigt als Referenz ein faktorielles Design mit 100 Punkten. 15(2) zeigt ein Design basierend auf einem einfachen Random Sampling, 15(3) ein Standard-

LHS-Design. Diese enthalten jeweils 17 Designpunkte und wurden mit Matlab2015[8] erzeugt. Auffällig ist die schlechte raumfüllende Eigenschaft sowie Clusterbildung beim Random Sampling. Dies ist beim LHS zwar besser, allerdings fallen korrelierende Strukturen auf. 15(4) zeigt einen Orthogonal Latin Hypercube nach [Ye1998], 15(5) einen Nearly Orthogonal Latin Hypercube nach [Ci2002]. Bei letzterem ist die verbesserte Raumabdeckung gegenüber des vollständig korrelationsbereinigten OLHS gut zu erkennen.

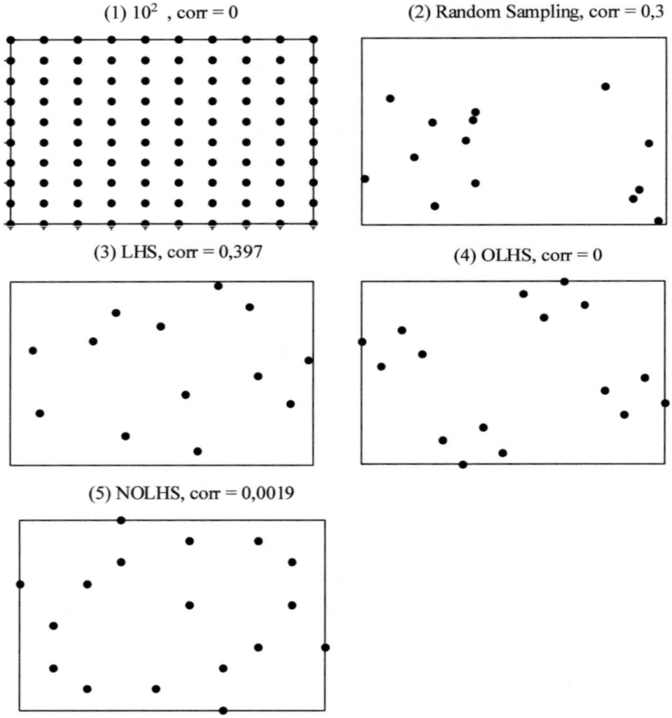

Abbildung 15: Vergleich von vollfaktoriellem Design und diversen LHS-basierenden Designs.

[8] https://mathworks.com/matlab

Weitere Verbesserung lassen sich unter dem Stichwort Latin-Hypercube-Optimierung zusammenfassen, wobei jene Verfahren teilweise auf sehr komplexen Algorithmen beruhen, wie etwa Simulated Anealing [MM1995] oder genetische Algorithmen [BST2004]. Im Gegensatz zu den ursprünglichen Verfahren sind diese allerdings sehr rechenintensiv, insbesondere bei einer großen Anzahl von Faktoren [Jo2006], sodass der notwendige Rechenaufwand im Verhältnis zum Nutzen hierbei kritisch hinterfragt werden muss. Eine Übersicht über den aktuellen Stand der Forschung bezüglich Optimierung von Latin Hypercubes findet sich in [VVB2009]. Es existieren weitere Ansätze zur Erstellung von Space-Filling-Designs bzw. Random-Sampling-Designs, z. B. distanzoptimierende Ansätze [Va+2007a]. Auch mathematische Folgen wie z. B. die Halton-Sequenz können zur Designerzeugung genutzt werden. Solche Ansätze haben allerdings bei weitem nicht die Popularität und Verbreitung wie LHS-basierte Ansätze und sind mitunter extrem rechenintensiv. Eine nähere Vertiefung hierzu findet sich in [KO1996] und [LT2015].

Spezialanwendungen

Für das Screening von Faktoren im Kontext von Simulation wurden von Bettonvil und Kleijnen die Sequential-Bifurcation-Verfahren entwickelt, die selbst bei großer Faktorenanzahl effizient sind [BK1997; Ch1997; WAN2003; SW2009b]. Durch Weiterentwicklung dieser Methode können mit Hilfe von sogenannten Gruppenscreenings bzw. hybriden Screenings (FFCSB und FFCSB-X) bis zu tausend Faktoren untersucht werden [SWL2005; SWS2009].

Als gekreuzte Design wird das kartesische Kreuzprodukt aus zwei unabhängigen Experimentdesigns bezeichnet. Hierbei wird jede Zeile des einen mit jeder Zeile des anderen Designs kombiniert. Dabei kann ein Design mit einem anderen, vollständigen Design mit vielen Faktoren kombiniert werden oder auch nur mit einem einzelnen weiteren Faktor. Dieses Vorgehen ist insbesondere für Robustheitsanalysen geeignet [Sa2000; Sa2007a, S. 92].

Weiterhin wurden sog. gemischte Designs speziell für Designs mit unterschiedlich skalierten Faktoren entwickelt. Diese sind für spezielle Auswertungsanalysen, wie z. B. komplexe Regressionsmodelle mit multiplen Interaktionstermen notwendig [Vi+2011; Vi2012b]. In den meisten Fällen lassen sich aber auch diskrete oder nominale Faktoren mit normalen Experimentdesignmethoden verwenden, entweder durch Runden der Werte oder durch binäre Codierung von nominalen Faktoren [Vi+2011, S. 3600–3606].

Designs für bedingte und beschränkte Eingabebereiche

Unter Umständen müssen im Experimentdesign zusätzliche Bedingungen an die Faktoren gestellt werden. Dies ist zum Beispiel der Fall bei einer Mixtur, dessen anteilige Komponenten in Summe 100 % ergeben müssen. Der vollständige Versuchsplan lässt sich hierbei mit Hilfe des Simplex-Algorithmus abbilden, dem sogenannten Simplex-Lattice-Design. Die resultierende Anzahl an Designpunkten lässt sich mit der Formel

$$\frac{(k+m-1)!}{(m!\,(k-1)!)}$$

berechnen, wobei k die Anzahl an Faktoren und m die gewünschte Schrittgröße angibt, auch Grad des Gitters genannt. Zwar skaliert die Menge der Designpunkte nicht so extrem wie bei n^k, dennoch steigt die Anzahl bei steigender Faktoranzahl in Größenordnungen, die in der Praxis nicht zu bewältigen sind [Le+2013].

Beim Simplex-Centroid-Design sind Komponenten entweder mit 0 % oder gleichverteilt im Mix vertreten, was die Anzahl der Designpunkte auf $2^k - 1$ reduziert. Im Rahmen von Metamodellierung lassen sich solche Designs aufgrund der Abhängigkeiten und Korrelation der Faktoren untereinander nicht auf herkömmliche Regressionsmodelle anpassen und sind deshalb schwer mit den zuvor vorgestellten Designmethoden vergleichbar. Vereinfacht lässt sich aber festhalten, dass mit dem Simplex-Lattice-Design Interaktionseffekte aller Ordnungen ermittelt werden können, der Informationsgewinn beim Simplex-Centroid-Design hingegen wesentlich geringer ausfällt. Für das Screening von Faktoren kann des Weiteren das Simplex-Axial-Design genutzt werden, welches nur noch $3k + 1$ Designpunkte benötigt [Co2002; Co2011; Le+2013]. Mit Hilfe des Extreme-Vertices-Verfahren können darüber hinaus noch mehr und komplexere Faktoranforderungen bzw. -einschränkungen abgebildet werden [SM1974; NGG1983].

Im Kontext der Sampling-basierten Methoden existiert hierzu relativ wenig Forschung. Ein naiver Ansatz ist hierbei, eine herkömmliche Methode wie etwa LHS zu verwenden und anschließend alle Zeilen der Designmatrix auf die Summe 1 zu normieren. Diese Vorgehensweise zerstört aber insbesondere bei zunehmender Faktoranzahl die Space-Filling- Eigenschaft der jeweiligen Designmethode. Petelet et al. entwickelten ein Verfahren für das LHS-Design mit Faktorbedingungen namens Constrained Latin Hypercube (cLHS), das auch im beschränkten Raum das Einhalten dieser Eigenschaften verspricht [Pe+2010]. Inwieweit dieses Verfahren auch für eine größere Faktoranzahl geeignet ist, ist jedoch fraglich.

Andere Ansätze wie etwa auf Monte-Carlo-Sequenzen basierende Ansätze versuchen, auch komplexe, nichtlineare Faktorbedingungen zu ermöglichen. Eine Übersicht hierzu findet sich in [GL2016].

Zusammenfassung

Abbildung 16 zeigt eine Übersicht über die verschiedenen Designmethoden. Diese werden anhand ihrer Effizienz bezüglich Faktoranzahl sowie der der potenziellen Verwendungsmöglichkeit angeordnet. Grundsätzlich lässt sich festhalten, dass klassische n^{k}-Designs zwar den größtmöglichen Informationsgehalt liefern, allerdings nur sehr eingeschränkt, d. h. bei einer geringen Anzahl von Faktoren k, nutzbar sind. Auch das Ausmaß der Faktorstufen n muss möglichst gering gehalten werden. 2^{k}-Desings sind auf der anderen Seite hingegen eher ineffizient und nur für Screening bzw. tatsächliche Binärfaktoren zu verwenden. Teilfaktorielle Designs sind hier in der Regel deutlich effizienter.

LHS-Methoden sind generell sehr flexibel einsetzbar, sodass bei steigender Faktoranzahl die meisten faktoriellen Designs in ihrer Effizienz dominiert werden. Im Bereich zwischen zehn und 30 Faktoren sollte je nach Anwendungsfall entschieden werden, ob faktorielle Designs oder Sampling-Methoden zum Einsatz kommen. Auch gekreuzte und kombinierte Designs sind hierbei denkbar.

Plackett-Burman-Designs sind sehr ineffizient und sollten nur dann verwendet werden, wenn weitere, darauf aufbauende Experimente im R4-Design von vornherein beabsichtigt sind. Auf der anderen Seite zeichnen sich die faktoriellen Designs insgesamt durch einen sehr geringen Implementierungsaufwand aus. Die Erstellung von optimierten LHS kann mitunter extrem aufwändig sein. Hier empfiehlt es sich, wenn möglich, auf vorgerechnete Designtabellen zurückzugreifen.

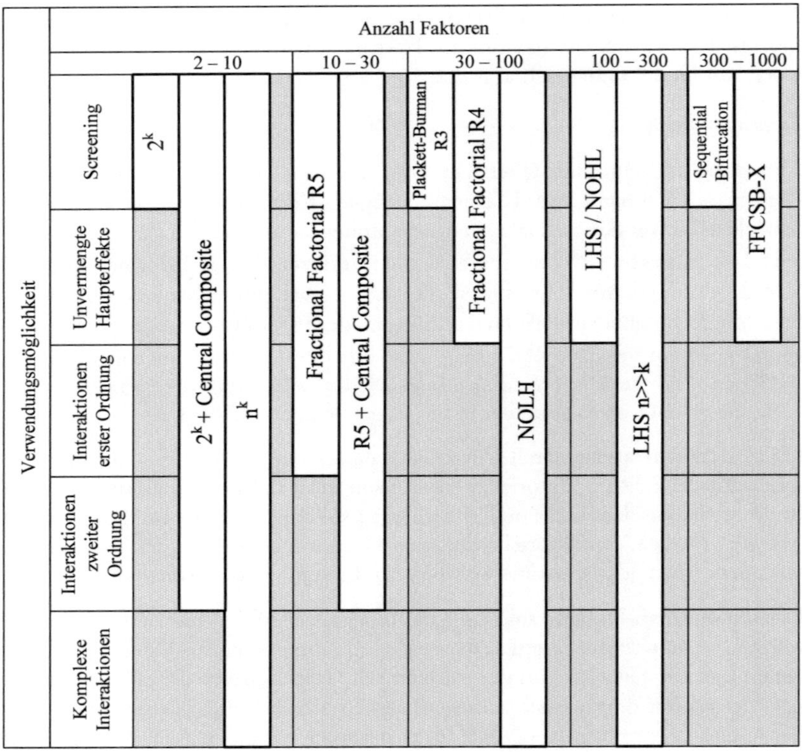

Abbildung 16: Übersicht Designmethoden in Anlehnung an [SW2009a, S. 72; Kl+2005].

4.2.2.2 Experimentdesigns im Prozess der Wissensentdeckung

Für das Konzept der Wissensentdeckung in Simulationsdaten soll der Antwortraum des Simulationsmodells so breit wie möglich abgedeckt und eine Vielzahl möglicher Faktorkombinationen betrachtet werden, um das Modellverhalten in seiner Gesamtheit zu erfassen und analysieren zu können. Insofern sind nur das n^k-Design und LHS-basierte Methoden geeignet, eine umfassende Antwortraumabdeckung mit vielen Faktorkombinationen zu gewährleisten. Zwar bietet das n^k-Design eine noch bessere (bzw. vollständige) Raumabdeckung als LHS-Methoden, allerdings sind letztere hinsichtlich der Aufwandseffizienz deutlich überlegen. Die Frage, welche Experimentdesignmethode zu wählen ist, hängt in der Praxis natürlich auch damit zusammen, wie viele Experimente durchgeführt werden können, was sich aus der Verfügung stehenden Rechenkapazität sowie der Laufzeit des Simulationsmodells bestimmt.

Bei einer geringen Anzahl von Faktoren und Ausprägungen kann das n^k-Design durchaus noch eingesetzt werden. Sind jedoch viele Ausprägungen zu berücksichtigen, so sind LHS-basierte Methoden vorzuziehen. Insbesondere ist zu beachten, dass diese unabhängig von der Anzahl der Faktoren sind. Länge (Anzahl Designpunkte) sowie Breite (Anzahl Faktoren) sind frei wählbar [Ma2017].

Welche LHS-Designmethode zu wählen ist, bestimmt sich aus der angestrebten Länge des Hypercubes, also der Anzahl der Experimente. Wie bereits zuvor beschrieben, gibt das klassische LHS keine Garantie für die Abwesenheit von Korrelationen zwischen Faktoren. Die optimierte NOLH-Methode ist hier überlegen. Sie garantiert eine sehr geringe Korrelation (geringer als 0,03 [CL2007]). Dies gilt für vorberechnete Designs mit einem Umfang von 30 – 500 Zeilen [Vi2012b; Vi+2012a; Sa2011b].

Korrelationsoptimierte Designs sind sehr aufwändig zu generieren [CL2007]. Gleichzeitig sinkt bei normalen LHS-Designs die Wahrscheinlichkeit für das Vorhandensein von Korrelationen mit der Länge des LHS, d. h. mit der Anzahl der Designpunkte. Dies zeigt der in Abbildung 17 dargestellte Versuch. Hierzu wurden jeweils 100 Iterationen von LHS-Designs unterschiedlicher Länge (zwischen 10 und 10000) generiert. Dargestellt ist jeweils die durchschnittliche absolute paarweise Korrelation. Bei 500 Zeilen beträgt die durchschnittliche Korrelation bereits unter 0.04, bei 1000 Zeilen unter 0.03.

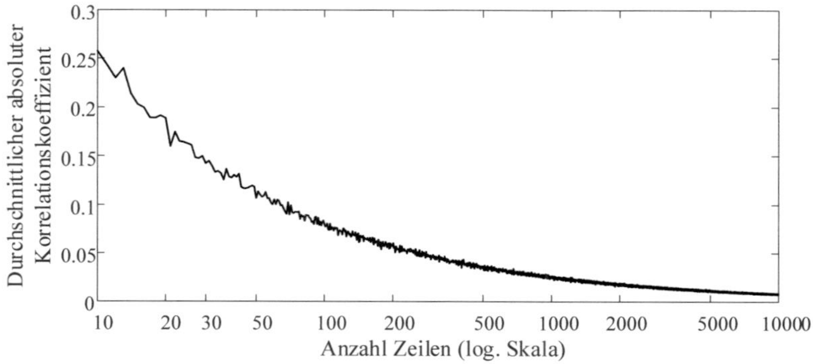

Abbildung 17: Durchschnittliche Korrelation von LHS-Designs unterschiedlicher Länge.

Daher ist für sehr große Designs mit vielen Designpunkten grundsätzlich das normale LHS-Design zu empfehlen. Bei kleineren oder gekreuzten Designs im Bereich bis 500 Designpunkte sollte auf NOLH-Designs zurückgegriffen werden. Wie bereits beschrieben, können bei wenigen Faktoren mit wenigen Ausprägungen, z. B. beim Kreuzen des Experimentplans mit wenigen, verschiedenen Szenarios, auch n^k-Designs eingesetzt werden. Bei gekreuzten Designs für Robustheitsanalysen gegen die Systemlast sind dementsprechend Mixturdesigns zu verwenden. Wird die Systemlast szenariobasiert abgebildet, entspricht dies auch wieder analog dem Kreuzen mit einem nominalen Faktor. Abbildung 18 fasst die geeigneten Experimentdesignmethoden für die Wissensentdeckung in Simulationsdaten in Abhängigkeit der Rahmenbedingungen und Zielstellung in einem Flussdiagramm zusammen.

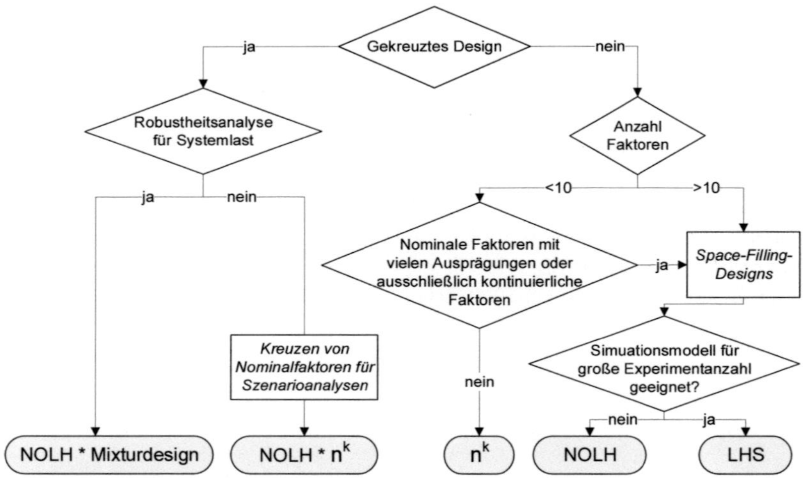

Abbildung 18: Geeignete Experimentdesignmethoden für die Wissensentdeckung in Simulationsdaten.

4.2.3 Ergebnisdaten

Simulationsergebnisdaten geben Auskunft über die Zustandsänderung von Objekten innerhalb eines Simulationslaufs. Die Aufzeichnung dieser Daten ist in etwa vergleichbar mit der klassischen Betriebsdatenerfassung in Echtsystemen, allerdings mit dem Vorteil der lückenlosen Vollständigkeit und Korrektheit, sofern ein valides und verifiziertes Simulationsmodell vorliegt [VDI3633-3, S. 9].

Zwar ist grundsätzlich im betriebswirtschaftlichen Kontext auch eine Kostenbetrachtung relevant, allerdings leiten sich aus Kostenzielen vielfältige logistische Teilziele ab, die nicht immer direkt und exakt mit den Kosten in Zusammenhang gebracht werden können. So kann sich beispielsweise die Auslastung von Maschinen kostensenkend durch die Erhöhung der Liefertermintreue auswirken, der langfristige Effekt lässt sich jedoch nicht genau monetär quantifizieren. Deshalb ist es sinnvoller, logistische Ziele und davon abgeleitete Kenngrößen anstatt rein kostenorientierte Kenngrößen zu betrachten [WR2011, S. 32]. Dies trifft insbesondere für den Kontext der Wissensentdeckung zu, da hier das Systemverhalten im Detail analysiert werden soll. Nach [VDI3633-3, S. 12] lassen sich Simulationsergebnisdaten von Modellen im Kontext Produktion und Logistik aus zwei Sichtweisen heraus betrachten, und zwar auftragsbezogen oder elementbezogen. Die auftragsbezogene Sichtweise bezieht sich auf Kennzahlen jener Entitäten, welche die Systemlast ausmachen, wie etwa Liege- und Transportzeiten von Aufträgen [Bu2011, S. 34]. Die elementbezogene Sichtweise, die sich auf Elemente des Systems bezieht, lässt sich in zwei weitere Untergruppen aufteilen: Die Betrachtung einzelner Systemelemente bzw. Teilsysteme, z. B. Auslastung von Maschinen oder Puffern, und Kennzahlen der Gesamtsystemleistung, wie z. B. der Gesamtdurchsatz. Abbildung 19 zeigt die Gruppierung der Ergebnisparametertypen sowie jeweils einige Beispiele.

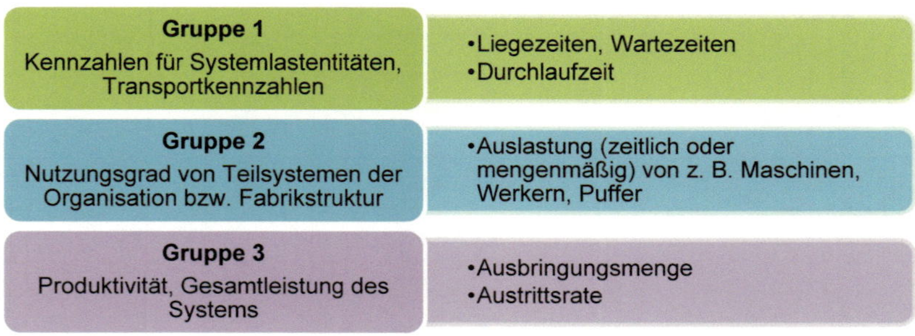

Abbildung 19: Gruppierung von Ergebnisparametertypen.

Aus der abstrakteren Sichtweise der diskret-ereignisgesteuerten Simulation stellt ein Produktionssystem ein offenes Bediensystem der Warteschlagentheorie dar [Ba+2005, S. 200; Ha1991, S. 310]. Fishman bezeichnet diese als „Open-Loop-Systeme“ [Fi2013, S. 8]. Abbildung 20 zeigt hierfür einige typische Beispiele.

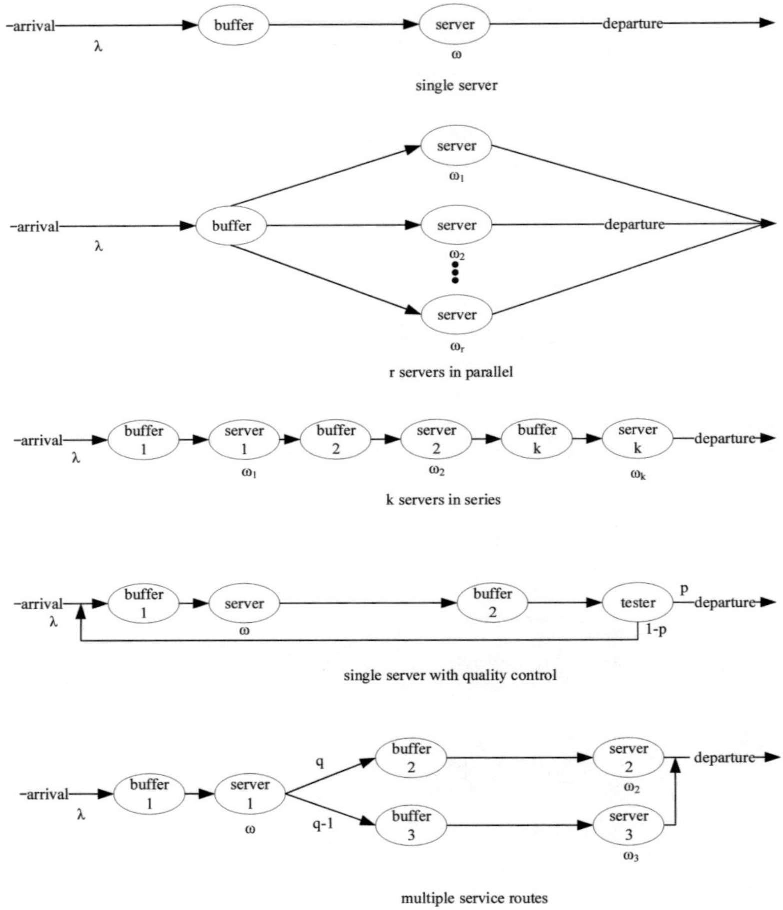

Abbildung 20: Typische Strukturen für Open-Loop-Systeme [Fi2013, S. 13].

Dementsprechend hängen sämtliche Leistungsstatistiken in einem solchen Systems mit den Elementen eines Bediensystems, namentlich abzufertigende Forderungen (Work), Warteschlangen (Buffer) und Bedieneinheiten (Server) zusammen [Fi2013, S. 71; Ha1991, S. 4–5]. Dementsprechend lassen sich die relevanten Leistungsstatistiken leicht verallgemeinern und auf einige wenige Formeln reduzieren, wie in Tabelle 5 dargestellt ist. Diese lassen sich entweder als absolute Größe oder als zeitgewichteter Durchschnitt darstellen.

Tabelle 5: Leistungsstatistiken für Open-Loop-Systeme in Anlehnung an [Fi2013, S. 72–73].

Leistungsstatistik	**Als Durchschnitt bzw. durchschnittliche Rate**
A(s,t) :=Anzahl der Ankünfte im Intervall (s,t)	$\frac{A(s,t)}{t-s}$ (Ankunftsrate)
N(s,t):= Anzahl der Ausgänge im Intervall (s,t)	$\frac{N(s,t)}{t-s}$ (Durchschnittlicher Durchsatz)
Q(t):= Länge der Warteschlange (Buffer) im Zeiptunkt t	$\frac{1}{t-s}\int_s^t Q(u)du$ (Durchschnittlicher Warteschlangenlänge)
B(t):= Anzahl beschäftigter Bedieneinheiten (Server) im Zeitpunkt t	$\frac{1}{t-s}\int_s^t B(u)du$ (Durchschnittlicher Serverauslastung)
W_i:= Wartezeit zur Abfertigung von Forderung i	$\frac{1}{N(s,t)}\sum_{i=N(s)+1}^{N(t)} W_i$ (Durchschnittliche Wartezeit)

Analysiert man die in Tabelle 5 dargestellten Kennzahlen hinsichtlich ihres Skalenniveaus, so lässt sich feststellen, dass es sich dabei ausschließlich um kontinuierliche, verhältnisskalierte Variablen handelt. Genauer gesagt existieren zwei Dimensionen der Statistikerhebung in Simulationsmodellen, und zwar das Messen von Zeitspannen und das Zählen von Mengen. Alle weiteren Statistikwerte sind daraus gebildete Quotienten bzw. auf Hundertstel skalierte Prozentwerte, wie in Abbildung 21 dargestellt ist. Dies schließt auch zeitgewichtete Durchschnittswerte (d. h. Quotient aus Integral und Zeitspanne) mit ein.

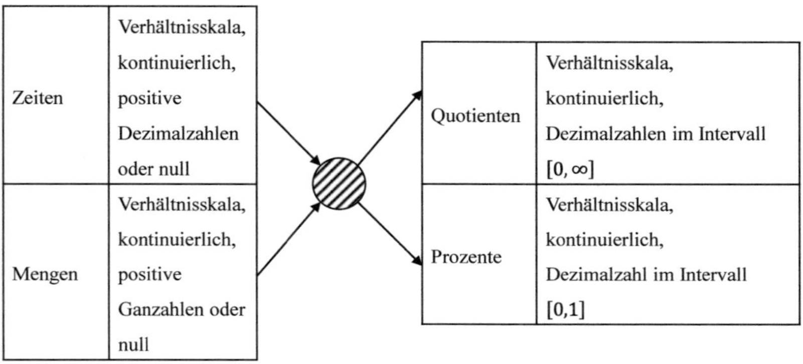

Abbildung 21: Dimensionen von Leistungsstatistiken und deren Skalenniveau.

Somit lassen sich daher auch sämtliche Ergebnisparameter der zuvor dargestellten Gruppen in Modellen im Kontext von Produktion und Logistik den in Abbildung 21 dargestellten Dimensionen von Leistungsstatistiken zuordnen. Tabelle 6 zeigt dies beispielhaft für einige ausgewählte Ergebnisparameter.

Tabelle 6: Zuordnung von Parametertypen zu Fallgruppen.

	Zeiten	**Mengen**	**Quotienten**	**Prozente**
Gruppe 1	Summe Liegezeiten, Summe Wartezeiten		Durchschnittliche Wartezeit	Zeitanteil je Zustand
Gruppe 2	Maschinenarbeitszeit	Rüstvorgänge	Rüstvorgänge/Zeiteinheit	Maschinenauslastung, Werkerauslastung, Rüstanteil
Gruppe 3		Ausbringungsmenge	Durchsatz/Zeiteinheit	

Im Gegensatz zu den Eingangsdaten der Simulation sind die Ergebnisdaten nicht notwendigerweise gleichverteilt. Nach dem zentralen Grenzwertsatz nehmen die Ergebnisdaten, insbesondere bei einer sehr großen Anzahl von Experimenten, wahrscheinlich eine normalverteile bzw. logarithmisch-normalverteile Form (Normalverteilung über die positiv reellen Zahlen) an [Fi2011; LSA2001]. Dies lässt sich allerdings nicht allgemeingültig feststellen. Je nach Modell und Modellverhalten können auch komplexe Mischverteilungen entstehen.

Sind stochastische Einflüsse vorhanden, sollten Replikationen durchgeführt werden. Die Verteilung eines Ergebnisparameters ist dann mit hoher Wahrscheinlichkeit über alle Replikationen hinweg normalverteilt [Kl2008, S. 77–79], sodass daher im Anschluss mit den Mittelwerten der Experimente weiter verfahren werden kann. Eine Einschwingphase und ausreichende Dauer des Simulationslaufs muss ebenso berücksichtig werden [La2007]. Was als angemessene Anzahl von Replikationen anzusehen ist, ist in der Literatur umstritten. So ist bei klassischen Simulationsstudien die vorherrschende Meinung, dass eine große Anzahl Replikationen notwendig ist, um statistisch signifikante Aussagen machen zu können. Für regressionsbasierte Metamodelle konnten Santos und Santos nachweisen, dass durch eine geringere Anzahl von Replikationen zu Gunsten einer höheren Anzahl von Experimenten die Genauigkeit von darauf trainierten Regressionsmodellen nicht erhöht werden kann [SS2009]. MacDonald und Gunn konnten wiederum zeigen, dass diese Aussage für nicht-parametrische Regressionen nicht zutrifft. Dies gilt für statistische Modelle, die zu Overfitting neigen, wie etwa Feed-Forward-Neuronale-Netze. Für komplexe Simulationsmodelle ist eine gute Abdeckung des Eingaberaums demnach deutlich wichtiger als die statistische Genauigkeit für einen einzelnen Designpunkt [MG2012]. Für das Trainieren von Modellen mit Verfahren des maschinellen Lernens und Data Mining auf Basis von Simulationsdaten ist daher ebenfalls eher eine erhöhte Anzahl von Experimenten anstatt viele Replikationen einzelner weniger Experimente vorzuziehen.

4.3 Datenverarbeitung und –analyse

4.3.1 Reihenfolge und Ablauf der Analyseschritte

Da, wie im vorherigen Kapitel beschrieben, sämtliche Daten nach Abschluss der Experimente vollständig vorliegen, kann sich die Datenverarbeitung und Datenanalyse unmittelbar daran aschließen. Die Gesamtheit aller Eingangsdaten ist hierbei zunächst gleichverteilt. Dies ergibt sich durch das Ausgewogenheitskriterium entsprechend den Anforderungen an ein gutes Experimentdesign (siehe Kapitel 2.2). Der Anfang einer automatisierten Analyse muss daher zwangsläufig mit der Analyse der Ergebnisdaten beginnen, um potenziell vorhandene Strukturen und Zusammenhänge in diesen zu erkennen und dann eine Verknüpfung mit den Eingangsdaten herstellen zu können. Durch eine Selektion von Datensätzen auf Basis von Ergebnisdaten kann das somit entstandenen Subset von Datensätzen weiter analysiert werden. Insbesondere wird dadurch die Gleichverteilung der Eingangsdaten durchbrochen. Die dadurch entstehende schiefe Verteilung der verbleibenden Eingangsdaten ist für die weitere Analyse von großer Bedeutung. Je inhomogener die Verteilung eines Faktors, desto größer ist der Einfluss des Faktors auf das gewählte Subset [Ho+2014h]. Diese Annahme lässt sich aus der Theorie der Informationsentropie nach Shannon ableiten: Hiernach ist die Shannon-Entropie einer Verteilung direkt verknüpft mit der Diversität der dahinterstehenden Informationen. Eine schiefe oder auch verrauschte Verteilung ist demnach weniger divers als eine Gleichverteilung [CT2006]. Schubert et al. beschäftigten sich bereits mit der Analyse von Subsets und schiefen Verteilungen durch Berechnung der Shannon-Entropie. Dazu entwickelten sie in diesem Kontext den Begriff der Skewed Distribution Analysis (SDA), indem sie die Ergebnisse einer Gefechtssimulation nach solchen mit positivem Ausgang für die eigenen Truppen filterten. Erhält man nun eine schiefe Verteilung der Eingangsdaten, entspricht die Schieflage der Verteilung der Wichtigkeit eines Parameters [SJH2015].

Alternativ lässt sich der Zusammenhang zwischen Simulationseingangs- und Ergebnisdaten als bedingte Entropie zwischen beiden Dimensionen auffassen. Aus informationstheoretischer Sichtweise ist die bedingte Entropie definiert als die Entropie, also die Ungewissheit über eine Variable, die von der Bekanntheit des Zustands einer anderen Variable abhängt [CT2006, S. 6]. Wird also die Gleichverteilung in den Eingangsdaten durchbrochen, wird damit auch eine Zuordnung von Strukturen der Ergebnisdaten und korrespondieren Eingangsdaten möglich. Die Untersuchung der Beziehung zwischen beiden Dimensionen kann nun wiederum weitere potenziell interessante Strukturen und Beziehungen zu Tage fördern. Die Art, wie der Filter auf die Ergebnisdaten erstellt wird, hat erheblichen Einfluss auf die weiterführende Analyse. So beschränkt sich die Filterung der Daten in der bisherigen Literatur aus dem Kontext von Gefechtssimulationen auf ein manuelles Filtern von Einzeldimensionen, und zwar nach einer durch den Systemexperten als positiv angesehenen Ausprägung. Wie bereits in Kapitel 3.1 ist der relevante Kennwert in der Regel der sogenannte Measure of Effectivness, also ein Filtern der Experimente nach Szenarios ohne Verluste in den eigenen Truppen. In einem komplexen Produktions- oder Logistiksystem gibt es allerdings eine Vielzahl von relevanten Ergebnisgrößen, die eventuell sogar im Zielkonflikt zueinander stehen. Eine Betrachtung der Ergebnisgrößen muss daher multidimensional sein.

Des Weiteren sollen im Rahmen der Wissensentdeckung sämtliche potenziell interessante Zusammenhänge abgebildet werden, denn auch eine unerwünschte, schlechte Systemleistung kann zu interessanten Erkenntnissen führen. Ziel ist also, nicht nur einen manuellen Filter, sondern verschiedene Filter durch eine Gruppierung der Ergebnisdaten zu erstellen, wobei multidimensionale Strukturen in den Daten bedacht werden müssen. Diese Strukturentdeckung muss bei steigender Anzahl von zu berücksichtigen Paramatern algorithmisch unterstützt werden, weshalb Data-Mining-Algorithmen an dieser Stelle Anwendung finden. Eine vorherige Einzelanalyse von Ergebnisdaten ist trotzdem sinnvoll, um einen ersten, groben Eindruck über das Systemverhalten in Gänze und dessen Unter- und Obergrenzen zu erhalten. Zudem können bei einer großen Anzahl von Ergebnisparametern jene aussortiert werden, die für die weitere Analyse nicht interessant bzw. nicht relevant sind, z. B. aufgrund ihrer Verteilung oder auch einer vorhandenen perfekten Korrelation mit anderen Ergebnisparametern (d. h. jene Ergebnisparameter, die reine Substitute für andere Parameter darstellen). Zusammenfassend lässt sich hieraus ein dreistufiges Vorgehen ableiten: Charakterisierung der Ergebnisdaten, Mustererkennung und Klassenbildung, Untersuchung und Darstellung der Beziehungen zwischen Faktoren und Ergebnisparametern. Dies ist in Abbildung 22 schematisch dargestellt.

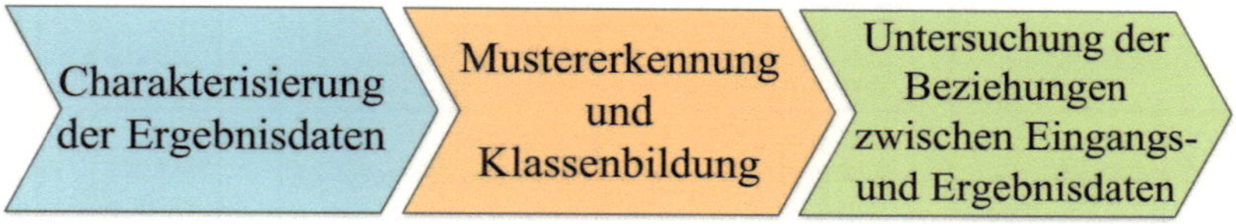

Abbildung 22: Dreistufiges Analyseverfahren für die Wissensentdeckung in Simulationsdaten.

Im Folgenden wird nun deduktiv-konzeptionell untersucht, welche Analyse- und Data-Mining-Verfahren jeweils für die Durchführung der drei genannten Schritte geeignet sind. Nach der Zuordnung der Data-Mining-Methoden erfolgt anschließend die nähere Ausgestaltung dieser. Abbildung 23 zeigt den Aufbau der dafür relevanten Kapitel.

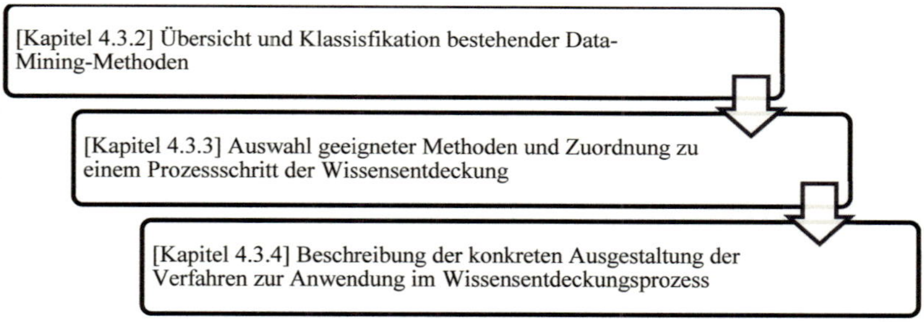

Abbildung 23: Aufbau der Kapitel zur Datenverarbeitung und Analyse.

4.3.2 Klassifikation von Data-Mining-Verfahren

In der Literatur existiert eine Vielzahl von Möglichkeiten zur Klassifikation von Data-Mining-Verfahren. Die Sichtweise auf Data Mining beschreiben Han und Kamber als multidimensional. Dementsprechend mehrdimensional sind auch die Klassifikationsmöglichkeiten. So lassen sich Data-Mining-Verfahren zum Beispiel anhand der zugrundeliegenden Daten, anhand von Funktionalitäten bzw. der Art der zu extrahierenden Muster, der benutzen Technologien oder auch der angedachten Anwendung kategorisieren [HK2006]. Dies zeigt Abbildung 24.

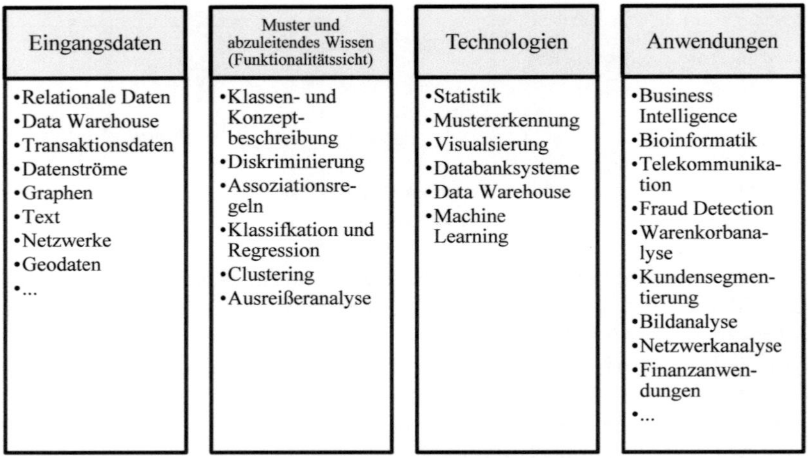

Abbildung 24: Multidimensionale Sichtweise auf Data-Mining-Verfahren in Anlehnung an [HK2006].

Die in diesem Kapitel entwickelte Übersicht bereitet die sich im nächsten Kapitel anschließende Überprüfung hinsichtlich der Anwendung auf Simulationsdaten vor. Die vorgestellte Klassifizierung kann nicht den Anspruch auf absolute Vollständigkeit haben, da sich die Forschung zum Thema Data Mining im ständigen Wandel befindet, analog mit der immer weiter fortschreitenden Entwicklung von Rechen- und Speicherkapazitäten [RA2014; He2009]. Somit werden auch kontinuierlich neue Verfahren entwickelt sowie bereits bestehende Verfahren weiterentwickelt. Die folgende Übersicht schafft jedoch einen Überblick über die in der Standardliteratur gängigsten Verfahren, Analyseaufgaben und –muster. Die Übersicht orientiert sich hierbei an der funktionalitätsorientieren Sichtweise, d. h. an der Art der durch das Data Mining zu extrahierenden Mustern und der Art des daraus abzuleitenden Wissens. Diese Sichtweise ist insofern sinnvoll, weil sie für die sich anschließende Eignungsüberprüfung hinsichtlich der Anwendbarkeit der Methoden auf Simulationsdaten in Kapitel 4.3.3 eine erste Orientierung vorgibt.

Die funktionsorientiere Klassifikation von Han und Kamber gruppiert die Verfahren nach sog. Funktionalitäten und den sich daraus ableitenden Arten von Mustern, welche in Daten zutage gefördert werden können. Diese sind *Klassen/-Konzept Beschreibung*, *Assoziationsregelanalyse*, *Klassifikation und Regression*, *Cluster-Analyse* und *Ausreißer-Analyse* [HK2006].

Zum ersten zählen klassische Business-Intelligence-Methoden, d. h. Online-Analytical-Processing (OLAP) [HK2006, S. 105–126], Attribute-Oriented-Induction [Ch+2000], aber auch das manuelle Beschreiben, Filtern (etwa durch SQL-Datenbankabfragen) und Vergleichen von Dateneinträgen, die mit Klassenkonzepten verbunden werden. Diese Klassen ergeben sich insbesondere bei kategorialen Parametern entweder auf natürliche Weise (z. B. Verkaufszahlen eines bestimmten Produkttyps gegenüber anderen Produkten) oder durch manuelle Diskretisierung. Dies kann durch Binning (Aufteilen des Wertebereichs in gleich große Sequenzen) [WI2002] oder durch Histogrammanalyse (Aufteilen des Wertebereichs in Klassen mit gleichgroßer Anzahl von Daten) [Ba+1997; Li+2002] erfolgen.

Im Detail wird hierbei zwischen Charakterisierung und Diskriminierung unterschieden. Charakterisierung bedeutet das Zusammenfassen zu einer bestimmten Zielklasse bzw. die Analyse wesentlicher Eigenschaften und Merkmalsausprägungen dieser. Diskriminierung hingegen beschreibt den Vergleich einer Zielklasse gegenüber einer oder mehreren kontrastierenden Klassen anhand ausgewählter Merkmale [HK2006].

Zur Assoziationsregelanalyse zählen jene Verfahren, welche Regeln über die Häufigkeit von gemeinsam auftretenden Elementen ableiten können. Dies wird als Frequent Pattern Mining bezeichnet [HK2006; Ag2014; AIS1993]. Sequential-Pattern-Mining-Verfahren können zusätzlich die zeitliche Dimension in die Muster- bzw. Regelerkennung miteinfließen lassen [AS1993; SWH2014].

Klassifikations- und Regressionsverfahren sind primär für die prädiktive Analyse geeignet. Hierbei soll mithilfe von bekannten Trainingsdaten ein Modell oder eine Funktion erstellt werden, das dann zur Prädiktion von neuen, unbekannten Daten genutzt werden kann. Bei der Klassifikation werden dabei unklassifizierte Daten einer konkreten Klasse (Label) zugeordnet. Die wichtigsten Vertreter von Klassifikationsverfahren sind hierbei Entscheidungsbäume [Qu1986; Br+1999], Support-Vector-Maschinen [CV1995; Ha2009], K-Nächste-Nachbarn [CH1967; Al1992] sowie künstliche neuronale Netze [Bi1995].

Regressionsverfahren werden für die numerische Prädiktion (ohne das Vorhandensein von Klassenlabels) eingesetzt. Hierbei ist primär die klassische multiple lineare Regressionsanalyse zu nennen. Neben der Prädiktion von unbekannten Daten können hiermit auch Trends in der Verteilung der vorhandenen Daten analysiert werden [Se1967; RPD2001; DS1998]. Entscheidungsbäume lassen sich sowohl für die numerische Prädiktion (Regressionsbäume) als auch für die Prädiktion von diskreten Klassenlabels (Klassifikationsbäume) nutzen [Br+1999].

Die Diskriminanzanalyse und logistische Regression dienen zur Modellierung von Regressionsmodellen mit kategorialen abhängigen Variablen und können somit zur Klassifikation und Prädiktion genutzt werden [RPD2001; Mc2004] und fallen daher in dieser Arbeit unter die Definition von überwachtem Lernen. Clustering-Algorithmen sind die klassischen Vertreter für die algorithmische Mustererkennung. Hierbei werden Datenpunkte ähnlicher Ausprägung in Gruppen (Cluster) zusammengefasst, üblicherweise basierend auf einer ausgewählten Distanzmetrik. Die Ähnlichkeit von Datenpunkten innerhalb eines Clusters soll dabei maximiert werden, während die Ähnlichkeit von Datenpunkten zwischen verschiedenen Clustern minimiert wird. Clustering-Verfahren sind sehr gut geeignet, um für unklassifizierte Daten (unlabeled Data) Zielklassen zu erstellen, die dann für überwachtes Lernen und Klassifizierung notwendig sind, wenn man die jeweilige Clusterzuordnung als Klassenlabel nutzt [KR2009; JD1988]. Die Vielzahl von konkreten Algorithmen lassen sich in die drei Unterkategorien der hierarchischen [DE1984], partitionierenden [JMF1999] und dichte-basierten Verfahren [Es+1996; Kr+2011] unterteilen.

In der funktionalitätsorientierten Klassifizierung nach Han und wird die Ausreißererkennung als separate, eigene Kategorie gewertet. Allerdings werden hauptsächlich Clustering-Verfahren oder auch die Assoziationsregelanalyse genutzt [HK2006]. Diese Klassifizierungskategorie kann daher als redundant angesehen werden. Für die Bewertung der Wichtigkeit von Parametern sind des Weiteren Relevanzmaße verfügbar. Die wichtigsten Vertreter sind Entropie und Gini-Index [Br+1999; CT2006]. Diese werden an dieser Stelle stellvertretend genannt, in der Literatur existiert noch eine Vielzahl weiterer möglicher Relevanzmaße und statistischer Kennzahlen. Für die Bewertung der Variabilität eines Parameters kann ein Robustheitsmaß herangezogen werden [Be2005; Ph1989].

Wie bereits in Kapitel 2.2 beschrieben, gibt es in den Methodenportfolios der Begriffe Data Mining und Maschinelles Lernen viele Überschneidungen. Maschinelles Lernen umfasst das überwachte und unüberwachte Lernen. Überwachtes Lernen beschreibt Lernverfahren, die mithilfe von bereits klassifizierten Trainingsdaten ein Klassifikationsmodell erstellen, welches dann neue, unklassifizierte Daten möglichst korrekt klassifizieren soll [Bi2009]. Dies entspricht im Prinzip der Definition der Klassifikations- und Regressionsaufgabe nach der Klassifikation von Data-Mining-Verfahren von Han und Kamber [HK2006]. Zusätzlich sind auch noch die auf der Bayesschen Statistik basierenden Verfahren zu nennen. Hierzu zählen die Bayessche Klassifikation [NJ2002; Ri2001], Baysean Belief Networks [He1996], sowie Hidden-Markov-Modelle [RJ1986]. Unüberwachtes Lernen wird bei unklassifizierten Daten eingesetzt. Hierbei sollen also im Voraus nicht bekannte, versteckte Strukturen erkannt und aufgedeckt werden [Bi2009]. In den gängigen Standardwerken zum Thema Data Mining wird unüberwachtes Lernen als Synonym für Clustering benutzt [WF2005; HK2006]. Es lässt sich jedoch feststellen, dass das Portfolio von unüberwachten Lernverfahren mittlerweile deutlich mehr als nur Clustering-Verfahren umfasst. Hierzu zählen auch generative Modelle, welche die zugrundliegende Verteilung von Parametern approximieren und somit die wesentlichen Strukturen und Merkmale einer Datenmenge lernen und abbilden können [BL2007]. Der populärste Vertreter dieser Kategorie ist das Gaussian Mixture Model [MNP2003]. Auch Künstliche Neuronale Netzte können generativ ausgestaltet werden, z. B. in der Form einer begrenzten Boltzmann Maschine bzw. als dessen Weiterentwicklung als Autoencoder [HS2006; Vi+2010]. In eine ähnliche Richtung gehen latente Variablenmodelle. Hierbei sollen beobachtete Variablen auf versteckten, zugrundeliegenden latenten Variablen zusammengefasst und abgebildet werden. Im Kontext von maschinellem Lernen bzw. Deep Learning wird dies auch als Feature Selection oder Feature Representation bezeichnet [Zh+2016]. Zum unüberwachten Lernen lassen sich hierbei die Faktoranalyse und die Hauptkomponentenanalyse zählen [MG2004; GBC2016].

Tabelle 7 fasst die Ergebnisse der Recherche in einer Übersicht zusammen. Wie bereits erwähnt, richtet sich die Klassifikation der Verfahren hauptsächlich nach der Einteilung in überwachtes und unüberwachtes Lernen. Diese Einteilung ist für den vorliegenden Kontext der Wissensentdeckung in der Simulationsdatenanalyse insofern sinnvoll, als das sich hier die Trennung in die deskriptive Analyse der Ergebnisdaten sowie modellbildungsfähige Verfahren im Sinne der Modellierung der Beziehung zwischen Eingabe- und Ergebnisparametern widerspiegelt. Zusätzlich zu den algorithmischen Verfahren lassen sich die übrigen, statistischen Verfahren in deskriptive Statistik, Robustheits- und Relevanzmaße sowie Verfahren für Charakterisierung und Konzeptualisierung aus der klassischen BI gliedern. In der relevanten Literatur existiert keine eindeutige Meinung, ob die Assoziationsregelanalyse den überwachten oder unüberwachten Lernmethoden zuzurechnen ist. Dies variiert je nach Art der zugrundliegenden Daten und der jeweils konkreten Ausgestaltung.[9] Eine andere Differenzierungsmöglichkeit ist die Unterscheidung zwischen lokaler und globaler Musterentdeckung. Assoziationsregeln sind für die Entdeckung von Mustern auf lokaler Ebene gedacht. Diese Muster sind isoliert zu betrachten. Es gibt keine direkte, global gültige Beschreibung der Daten, wie etwa beim Clustering oder überwachten Lernverfahren [Ma2002]. Aus diesem Grund wird die Assoziationsregelanalyse als separate Kategorie in der folgenden Klassifizierung aufgelistet.

[9] Siehe z. B. [Ci+2007; HK2006].

Tabelle 7: Übersicht und Klassifikation von Data-Mining-Verfahren.

Kategorie	Verfahren
Statistische Analyse	**Statististische Analyse für große Datenmengen**
	Lagemaße
	Streungsmaße
	Korrelationsanalyse
	Robustheitsmaße
	Charakterisierung und Konzeptualisierung
	Generalisierungsmethoden
	Data Cubes (OLAP)
	Attribute Oriented Induction
	Histogrammanalyse / Binning
	Klassenvergleich und Diskriminierung
Algorithmische Analyseverfahren (Data Mining im engeren Sinne)	**Assoziationsregelanalyse**
	Frequent Pattern Mining
	Sequential Pattern Mining
	Unüberwachtes Lernen
	Clustering
	Hierarisch
	Partitionierend
	Dichtebasiert
	Generative Modelle
	Gaussian Mixture Models
	Neuronale Netze (Autoencoder)
	Dimensionsreduktion / Latente Variablenmodelle
	Hauptkomponentenanalyse
	Faktoranalyse
Modellbildende Verfahren	**Überwachtes Lernen (Prädiktiv)**
	Regressionsanalyse
	Logistische Regression
	Diskriminanzanalyse
	Support Vector Machine
	K-Nächste-Nachbarn
	Klassifikationsbäume
	Bayesan Klassifikation
	Bayesian Belief Networks
	Naïve Bayesian Classification
	Hidden Markov Modelle
	Neuronale Netze (für Prädiktion)

4.3.3 Auswahl der Verfahren und Zuordnung geeigneter Analyse- und Data-Mining-Methoden

Die im vorherigen Kapitel klassifizierten Data-Mining-Verfahren lassen sich inhaltlich bereits größtenteils anhand ihres vorgesehenen Einsatzzwecks den drei vorgesehenen Analyseschritten (vgl. Abbildung 22, S. 67) zuordnen, wenn man zwischen überwachten und unüberwachten Lernverfahren sowie sonstigen Verfahren unterscheidet. Die eindimensionale Analyse im ersten Schritt ist von der Musterentdeckung im ursprünglichen Sinne abzugrenzen. Data Mining im Sinne einer automatisierten, algorithmischen Datenverarbeitung kommt daher erst in Schritt 2 und 3 zur Anwendung. Hierbei lässt sich Schritt 2 (Mustererkennung und Klassenbildung) eher den unüberwachten Lernmethoden zuordnen. Schritt 3 (Untersuchen der Beziehungen zwischen Eingangs- und Ergebnisdaten) entspricht inhaltlich einer Klassifizierung. Dieser Schritt lässt sich also eher bei überwachten Lernmethoden verorten. Da hierbei jedoch Ausnahmen und Besonderheiten zu berücksichtigen sind, werden im Folgenden alle im vorherigen Kapitel klassifizierten Verfahren auf Ihre Eignung zur Simulationsdatenanalyse im Rahmen der Wissensentdeckung überprüft und einem der drei Teilschritte zugeordnet.

4.3.3.1 Geeignete Methoden zur Charakterisierung der Ergebnisdaten

Für die erste, einführende Analyse der Ergebnisdaten sind in erster Linie Methoden aus den Kategorien deskriptive Statistik und klassischer statistischer Analyse empfehlenswert, da in diesem Schritt zunächst die Betrachtung von Einzeldimensionen im Vordergrund steht.

Lage- und Streuungsmaße eignen sich zur Einschätzung der Verteilung und Variabilität der Daten. Die Anwendbarkeit von Robustheitsmaßen für die Bewertung der Variabilität der Ergebnisse gegenüber einem anderen Faktor wurde im Kontext von Data Farming für Gefechtssimulationen bereits aufgezeigt [Ho+2014a, S. 15]. Die Anwendung von Relevanzmaßen ist nur beim Vorhandensein von korrespondieren Zielklassen möglich, vor allem bei der Induktion von Entscheidungsbäumen spielen diese ein wichtige Rolle [TSK2005, S. 158] und werden daher im weiteren Verlauf dieser Arbeit unter diesem Verfahren subsumiert.

Generalisierungsverfahren hingegen sind nicht für die Analyse geeignet. Da diese für die Anwendung auf relationalen Datenbanken entwickelt wurden, ist ein dementsprechendes relationales Schema notwendig, das eine bestimmte Form inhaltlicher Semantik mit sich bringt, wie beispielsweise ein Sternschema, welches zwischen sogenannten Fakten- und Dimensionstabellen unterscheidet [HK2006, S. 114]. Dies entspricht im Prinzip der Aufteilung zwischen metrischen Daten und dazugehörigen Kategorien. Simulationsergebnisdaten bestehen, wie in Kapitel 4.2.3 dargestellt, hauptsächlich aus metrischen Daten ohne semantische Kategorien. Aus Sichtweise eines Sternschemas wäre also nur eine sog. Faktentabelle vorhanden. Auch eine Diskretisierung der metrischen Werte hilft an dieser Stelle nicht weiter. Die zu erfassenden kategorialen Werte werden zusätzlich benötigt, um eine generalisierende Methode darauf anzuwenden. Für die Anwendung der Attribut-Oriented-Induction-Methode fehlt zudem eine für die Erstellung des Konzeptbaumes notwendige natürliche Hierarchisierungsmöglichkeit in den Daten [HK2006, S. 200].

Für einen Überblick der Beziehungen zwischen den Parametern untereinander ist zusätzlich eine Korrelationsanalyse geeignet. Tiefergehende Analysen unter Verwendung von Data Mining im engeren Sinne fallen jedoch in die Kategorie der Mustererkennung und sind damit dem zweiten Schritt zuzuordnen.

4.3.3.2 Geeignete Methoden zur Mustererkennung und Klassenbildung

Für die Strukturierung einzelner Dimensionen können klassische Diskretisierungstechniken benutzt werden. Hierzu zählt die intuitive Partitionierung, die Histogrammanalyse und das Binning, d. h. das Aufteilen der Daten nach festgelegten Wertebereichen. Nach geeigneter Diskretisierung einzelner Parameter bietet die Assoziationsregelanalyse Möglichkeiten zum Auffinden lokaler Muster zwischen einzelnen Dimensionen. Hierfür eignet sich insbesondere das klassische Frequent Pattern Mining. Verfahren wie das Sequential Pattern Mining, die eine zeitliche Dimensionen der Muster beinhalten, können nicht zur Anwendung gebracht werden, da im klassischen Data Farming sowie auch in dieser Arbeit, nur abgeschlossene Simulationsläufe in Gänze betrachtet werden und keine Wirkzusammenhänge innerhalb eines Laufs.

Für die Mustererkennung auf globaler Ebene, also unter Betrachtung mehrdimensionaler Beziehungen, kommen primär Verfahren des unüberwachten Lernens in Betracht. Ein zentrales Merkmal von unüberwachten Lernverfahren ist schließlich das Auffinden von Strukturen, Mustern und Zusammenhängen in nicht vorklassifizierten Daten. Die klassische Anwendungsmethode hierfür sind Clustering-Algorithmen. Hier muss jedoch zwischen den verschiedenen Unterarten von Clustering-Algorithmen differenziert werden. Ausschlaggebend für die Eignung eines bestimmten Clustering-Verfahrens sind Charakteristika der vorliegenden Daten, insbesondere bezogen auf Skalenniveau sowie Dichte und

Form möglicher Muster. Während partitionierende und dichtebasierte Verfahren ein metrisches Distanzmaß benötigen, sind hierarchische Clustering-Algorithmen hingegen am besten für nicht-metrische und gemischt-skalierte Daten geeignet. Da wie bereits in Kapitel 4.2.3 dargelegt, im Kontext von Produktionssimulation ausschließlich metrische Ergebnisdaten zu erwarten sind, kann der maßgebliche Vorteil dieses Verfahrens jedoch nicht zur Geltung kommen. Weiter sind auch keine natürlichen oder versteckten Hierarchien im Sinne einer Taxonomie vorhanden. Ein weiteres Ausschlusskriterium für hierarchische Clustering-Verfahren ist, dass diese sehr schlecht skalierbar und nur auf kleinere Datensätze anwendbar sind [BS2015, S. 82–83; HK2006, S. 411].

Dichtebasierte Verfahren sind für nicht-konvexe Clusterformen und mit Rauschen behaftete Daten entwickelt worden. Das Ähnlichkeitskriterium zielt hierbei darauf ab, dass Punkte in einem Cluster möglichst eng beieinanderliegen, wobei die Ränder eines Clusters dabei durchaus sehr weit auseinanderliegen können [BS2015, S. 83–84]. Im Kontext von Data Farming und den damit verbundenen Anforderungen eines sowohl gleichmäßig als auch möglichst lückenlos abgedeckten Wirkungsraums ist folglich naheliegend, dass die Bildung von solchen Clustern in einer gleichmäßig abgedeckten Fläche schwierig ist. Die Erkennung von Rauschen in den Daten ist ebenfalls obsolet, da sämtliche, durch das Data Farming erzeugte Ergebnisdaten zunächst gleichermaßen wichtig sind und in die Analyse einbezogen werden müssen. Partitionierende Clustering-Verfahren sind hierfür deutlich besser geeignet. Selbst im Fall, dass in den zu gruppierenden Ergebnisdaten keine latenten Gruppen vorhandenen sind, teilt ein partitionierendes Clustering-Verfahren die Daten trotzdem in konvexe Gruppen ein, sodass immer noch eine sinnvolle Diskretisierung entsteht, welche für die Anwendungen des dritten Analyseschrittes und vieler damit einhergehender Verfahren zwingend notwendig ist. Abbildung 25 zeigt beispielhaft die Anwendung des dichtebasierten DBSCAN-Algorithmus im Vergleich zum partitionierenden K-Means-Algorithmus auf einen durch Data Farming erzeugten Simulationsdatensatz. Gut erkennbar ist die annähernd zusammenhängende, lückenlose Fläche des Antwortraums. Die durch den DBSCAN-Algorithmus erzeugten Daten bieten keine intuitiv sinnvolle Weiterverarbeitung im Hinblick auf die Analyse des Systemverhaltens. Zudem wurde ein großer Anteil der Daten als Rauschen gekennzeichnet (graue Fläche). In einem auf mehr als zwei Dimensionen basierenden Clustering wären die entstandenen Cluster noch viel schwieriger zu interpretieren. Die Clusterallokation durch den K-Means-Algorithmus ist aufgrund der partitionierenden Eigenschaft deutlich besser für weitere Analysen verwertbar.

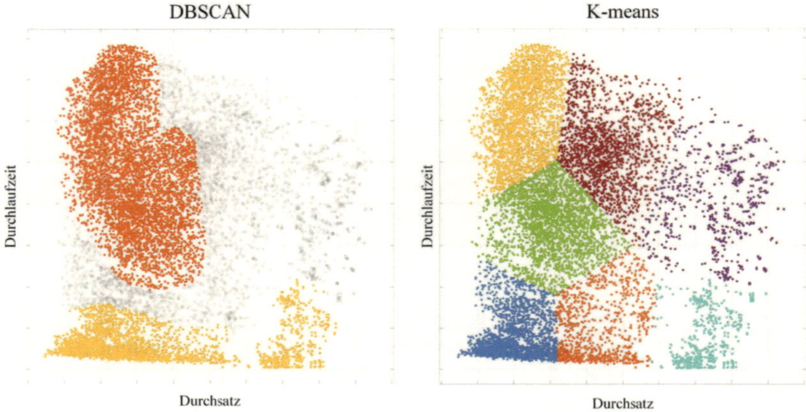

Abbildung 25: Vergleich von dichtebasiertem und partionierendem Clustering für die Anwendung auf Simulationsergebnisdaten.

Gaussian-Mixture-Models können ebenfalls für das Clustering von mehrdimensionalen Daten genutzt werden. Die einzelnen Cluster werden hierbei durch das generative Modell mithilfe einer Wahrscheinlichkeitsdichtefunktion beschrieben. Die dadurch entstehenden Cluster werden also, im Gegensatz zum K-Means-Algorithmus, nicht nur durch einen Mittelwert, sondern zusätzlich durch eine Varianz bzw. Kovarianz beschrieben. Daher können sich die Cluster hierbei auch überlappen. Einige Autoren sehen aus diesem Grund K-Means als Spezialfall des Gaussian Mixture Modelling an [Bi2009, S. 443]. Im Extremfall können die Zentren zweier Cluster sogar identisch seien, sodass sich diese nur durch ihre Varianz unterscheiden. Hierzu zeigt Abbildung 26 beispielhaft die Anwendung auf den bereits oben gezeigten Datensatz. Einige Cluster wurden im Vergleich zum K-Means-Cluster zu einem Cluster zusammengefasst, was aber durch Detailparametrisierung der Algorithmen gesteuert werden kann. Dies wird im nächsten Kapitel näher beleuchtet. Gut erkennbar ist allerdings, dass sich durch das Hinzufügen eines Varianzparameters pro Cluster diese auch überlappen können und daher keine strenge, unnatürlich wirkende Trenngrenze wie bei K-Means zwischen den Clustern besteht, sodass die intuitive Interpretation der Cluster leichter fällt.

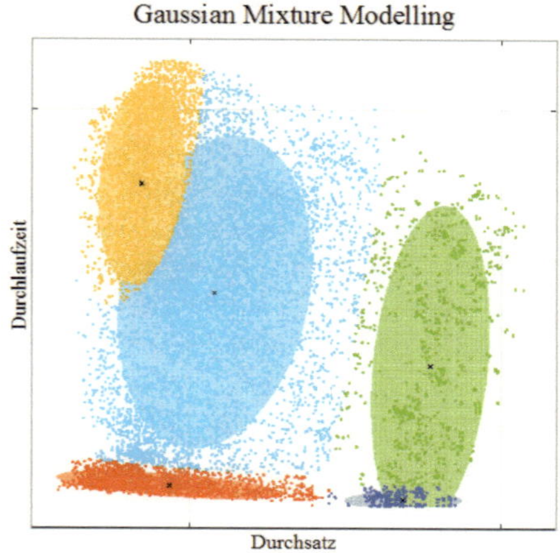

Abbildung 26: Beispielhafte Anwendung von Gaussian Mixture Modelling auf Simulationsergebnisdaten.

Zusammenfassend lässt sich also feststellen, dass im Bereich der Clustering-Algorithmen K-Means und Gaussian Mixture Modelling am besten geeignet sind, um Muster in Simulationsergebnisdaten aufzudecken. Zur Unterstützung von Clustering-Algorithmen können zudem latente Variablenmodelle zur Dimensionsreduktion eingesetzt werden [HK2006, S. 435]. Wie bereits im vorherigen Kapitel erwähnt, sind die wichtigsten Vertreter dieser Anwendung die Hauptkomponentenanalyse sowie die Faktoranalyse. Letztere dient eher zur Überprüfung bestehender hypothetischer Modelle. Da im Kontext der Entdeckung unbekannter Zusammenhänge in Simulationsdaten jedoch keine a priori bekannten, theoretischen Modelle von latenten Faktoren existieren, deren Vorhandensein überprüft werden könnte, ist die Hauptkomponentenanalyse der Faktoranalyse vorzuziehen. Die Hauptkomponentenanalyse erlaubt das einfache Reduzieren von Faktoren in mehrere Verbundvariablen [HK2006, S. 80].

Künstliche neuronale Netze in der Form eines Autoencoders können zwar ebenfalls genutzt werden, um die wesentlichen Merkmale einer Datenstruktur zu extrahieren. Allerdings kann hierbei der Rückschluss, welche Parameter in den ursprünglichen Daten zu latenten Variablen zusammengefasst wurden, nur sehr schwer nachvollzogen werden, was insbesondere bei vielschichtigen Netztopologien die Erklärbarkeit der Ergebnisse erschwert [Vi+2010]. Dies steht somit dem Einsatz für eine erkenntnismehrende Wissensentdeckung in Simulationsdaten entgegen.

4.3.3.3 Geeignete Methoden zur Modellierung und Untersuchung der Beziehung zwischen Eingangs- und Ergebnisdaten.

Für die Untersuchung der Beziehungen zwischen Eingangs- und Ergebnisdaten im letzten Schritt der Analyse ist neben automatisieren, algorithmischen Verfahren, d. h. Data-Mining bzw. Machine-Learning-Verfahren, zunächst auch das manuelle Klassifizieren im Sinne einer Konzeptualisierung möglich. Dies entspricht dem Prinzip der Klassencharakterisierung und Diskriminierung (Vergleich einer Zielklasse gegenüber einer Kontrastklasse) aus dem Portfolio des Business Intelligence.

Für die algorithmische Modellierung der Beziehung zwischen Eingangs- und Ergebnisdaten kommen grundsätzlich Prädiktionsverfahren (unüberwachtes Lernen) in Frage. Hierbei sind jedoch nur jene Verfahren sinnvoll nutzbar, welche ihr zugrundeliegendes Prädiktionsverfahren im Sinne einer White Box offenlegen. Im Vordergrund steht nicht die Prädiktion von neuen, unbekannten Datenpunkten wie beim Metamodelling, sondern vielmehr das Analysieren der zugrundeliegenden Regeln, welche die Beziehung zwischen Eingabe- und Ergebnisparametern beschreiben. Die Datenbasis an sich kann jedoch bedingt durch das umfassende Experimentdesign als abgeschlossen betrachtet werden, d. h. Ziel ist nicht die Minimierung des Simulationsaufwands, wie es beim Metamodelling der Fall ist.

Aufgrund des White-Box-Kriteriums lassen sich künstliche neuronale Netze, K-Nächste-Nachbarn und Support Vector Machines ausschließen [Be+1999].

Entscheidungsbaumverfahren sind wiederum sehr gut geeignet, da der Entscheidungsbaum ein intuitives und vollständig transparentes Prädiktionsmodell abbildet. Insbesondere können Entscheidungsbäume Interkationen zwischen Faktoren gut abbilden [MMA2016]. Klassifikationsbäume sind hierbei Regressionsbäumen vorzuziehen, da über die Prädiktion der im vorherigen Analyseschritt festgelegten Klassen eine mehrdimensionale Analyse möglich ist. Bei Regressionsbäumen kann demgegenüber immer nur ein (kontinuierlicher) Ergebnisparameter separat analysiert werden. Selbiges gilt auch für klassische Regressionsanalysen (multiple lineare oder polynomiale Regression). Diese sind nur eingeschränkt nutzbar, da die Regression immer nur für einen Ergebnisparameter durchführbar ist, sollen aber auf Grund ihrer starken Verbreitung in der traditionellen Simulationsdatenauswertung (insbesondere im Kontext von Metamodelling) in dieser Arbeit nicht unberücksichtigt bleiben.

Regressionsverfahren für mehrere Ergebnisparameter (multivariate Regression) sind zwar prinzipiell möglich, das resultierende Modell ist aber schwierig analysier- und visualisierbar [Bi2009, S. 146–147], sodass andere Verfahren hier in ihrer Anwendbarkeit für die Wissensentdeckung in Simulationsdaten als sinnvoller anzusehen sind. Bei Regressionsverfahren für nominal-skalierte Zielparameter ist die logistische Regression der Diskriminanzanalyse vorzuziehen, da bei dieser die Voraussetzungen an die zugrundeliegenden Daten nicht erfüllt werden können [Ki2003, S. 444]. Insbesondere die Forderung von normalverteilten Parametern widerspricht der durch das Experimentdesign gegebenen Gleichverteilung.

Frequent Pattern Mining sowie Bayessche Klassifikation sind grundsätzlich geeignet, da bis auf die Notwendigkeit der vorherigen Diskretisierung der Eingangsdaten keine Voraussetzungen an die zugrundeliegenden Daten vorhanden sind [Ag2014, S. 13; HK2006, S. 310]. Hidden Markov Modelle sind hierbei wiederum auszuschließen, da hierfür diskrete, zeitliche Zustände in einer bestimmten Sequenz vorliegen müssen [RJ1986, S. 7]. Diese sind während eines einzelnen Simulationslaufs bzw. Experiments zwar vorhanden, jedoch nicht mehr auf der Ebene der Ergebnisdaten, die eine über die gesamte Simulationszeit ermittelte Zusammenfassung eines Experiments darstellen.

4.3.3.4 Zusammenfassung und Prozesszuordnung

Tabelle 8 fasst die Ausführungen zur Eignung der Verfahren noch einmal zusammen. Hier wird deutlich, dass, wie bereits erwähnt, Verfahren des unüberwachten Lernens am ehesten geeignet sind für die Struktur- und Mustererkennung in den Ergebnisdaten. Auf der anderen Seite sind hingegen überwachte Lernverfahren, d. h. Klassifikations- und Regressionsverfahren, geeignet für das Analysieren der Beziehung zwischen Eingangs- und Ergebnisdaten. Lediglich die Assoziationsregelanalyse bildet hier eine Ausnahme, da diese prinzipiell für beide Schritte im Wissensentdeckungsprozess geeignet ist. Die Tabelle zeigt auch Voraussetzungen der Datenbeschaffenheit sowie Variablenskalierungen, was bei einigen Verfahren, wie im vorherigen Kapitel jeweils beschrieben, ein Ausschlusskriterium für die Anwendbarkeit darstellt. Die Spalte Interpretierbarkeit gibt einen ersten Hinweis auf die Anwendbarkeit der Verfahren im Kontext von Wissensentdeckung in Simulationsdatensätzen. Die Interpretierbarkeit eines Verfahrens wird hierfür definiert als eine Zusammensetzung aus folgenden Kriterien:

- Vorhandensein eines White-Box-Modells, d. h. die innere Funktionsweise des Modells kann offengelegt und verständlich nachvollzogen werden. Für die Analyse im Kontext der Wissensentdeckung ist nicht nur das Ergebnis der Verfahren relevant, sondern auch die Analyse dessen, wie ein Ergebnis zustande gekommen ist. Insbesondere bei überwachten Lernverfahren ist dies wichtig, da für die Wissensentdeckung nicht die Prädiktionsfähigkeit der Verfahren im Vordergrund steht, sondern die Analyse der Beziehung zwischen Eingangs- und Ergebnisdaten, was nur bei White-Box-Modellen möglich ist.

- Die Aussagen, die das Modell über die verwendeten Prädiktoren trifft, z. B. deren Wichtigkeit und Beitrag zur Klassifizierung, müssen ebenso nachvollzogen werden können wie der Weg eines Eingangsdatensatzes hin zu seiner finalen Klassifizierung.

Tabelle 8: Übersicht geeigneter Data-Mining-Verfahren.

	Verfahren	Interpretierbarkeit	Vorraussetzungen	Variablenskallierung	*Charakterisierung von Ergebnisdaten*	*Mustererkennung und Klassenbildung*	*Untersuchung der Beziehung zw. Eingangs- und Ergebnisdaten*
Statistische Analyse	**Statististische Analyse für große Datenmengen**	**Interpretierbarkeit**	**Vorraussetzungen**	**Variablenskallierung**			
	Lagemaße	Einfach, vollständig Whitebox-Modelle	-	alle	✓	(✓)	
	Streuungsmaße		-	alle	✓		
	Korrelationsanalyse		-	metrisch	✓		(✓)
	Robustheitsmaße		Keine Multikollinearität	metrisch	✓		
	Charakterisierung und Konzeptualisierung						
	Generalisierungsmethoden	Stark abhängig von Anwendungskontext und Datengrundlage					
	Data Cubes (OLAP)		-	nominal und eine metrisch Dimension			
	Attribute Oriented Induction		Hierarchisierung durch Konzeptbaum				
	Histogramanalyse / Binning		-	metrisch		✓	
	Klassenvergleich und Diskriminierung		-	mindestens eine nominale Dimension			✓
Algorithmische Analyseverfahren (Data Mining im engeren Sinne)	**Assoziationsregelanalyse**						
	Frequent Pattern Mining	Einfach	-	nominal		✓	✓
	Sequential Pattern Mining		Zeitbasierte Daten	nominal			
	Unüberwachtes Lernen						
	Clustering	Interpretierbarkeit sinkt mit steigender Anzahl der Dimensionen					
	Hierarisch		Hierarchische Taxonomie	gemischt			
	Partitionierend		-	metrisch		✓	
	Dichtebasiert		-	metrisch			
	Generative Modelle						
	Gaussian Mixture Models	Whitebox-Modell / Verteilungs-funktionen der Komponenten	Möglichst normalverteilte Komponenten	metrisch		✓	
	Neuronale Netze (Autoencoder)	Blackbox-Modell		alle			
	Dimensionsreduktion / Latente Variablenmodelle	schwer		metrisch			
	Hauptkomponentenanalyse		Linearität zwischen Variablen	metrisch		✓	
	Faktoranalyse		keine perfekte Korrelation	metrisch			
Modellbildende Verfahren	**Überwachtes Lernen (Prädiktiv)**						
	Regressionsanalyse	Einfach, Whitebox-Modelle	Keine Multikollinearität, Homoskedastizität, Linearität	metrisch ⇒ metrisch			✓
	Logistische Regression		Keine Multikollinearität	metrisch ⇒ nominal			✓
	Diskriminanzanalyse		Keine Multikollinearität, Homoskedastizität, Normalverteilung	metrisch ⇒ nominal			
	Support Vector Machine	Einfach bei linearer SVM, schwer bei nicht-linearen Problemen	-	metrisch ⇒ nominal			
	K-Nächste-Nachbarn	Schwer, kein explizites Modell vorhanden	-	metrisch ⇒ nominal			
	Klassifikationsbäume	Einfach	-	gemischt ⇒ nominal			✓
	Bayesan Klassifikation	Einfach, Whitebox-Modelle					
	Naïve Bayesian Classification		Unabhängigkeit der Prädiktorvariablen	nominal			✓
	Bayesan Belief Networks		Unabhängigkeit im Sinne der Markov-Eigenschaft	nominal			✓
	Hidden Markov Modelle			nominal			
	Neuronale Netze (für Prädiktion)	Blackbox-Modell		alle			

Entsprechend dem in Kapitel 4.3.1 ausgearbeiteten übergeordneten Konzept lassen sich die ausgewählten Data-Mining-Methoden jeweils den einzelnen Analyseschritten im dreistufigen Wissensentdeckungsprozess zuordnen. Abbildung 27 zeigt die Zuordnung der Methoden zum Prozess sowie die dazugehörigen Voraussetzungen und Zwischenabhängigkeiten.

Abbildung 27: Prozesszuordnung geeigneter Data-Mining-Methoden für die Wissensentdeckung.

Abschließend lassen sich die ausgewählten Data-Mining-Methoden den in Kapitel 4.1 beschriebenen Leitfragen der Wissensentdeckung zuordnen. Tabelle 9 zeigt, welche Methoden am besten für die Beantwortung welcher Leitfrage geeignet sind. Fragestellungen bezüglich der Verteilung von Ergebnisdaten lassen sich primär mit Hilfe von deskriptiver Statistik und der Visualisierung von Lagemaßen beantworten. Robustheitsanalysen unterstützen zudem bei der Bewertung der Robustheit von Ergebnisparametern bezüglich gekreuzter Faktoren bzw. Szenarios. Die Leitfrage nach Strukturen innerhalb der Ergebnisdaten ist für zwei unterschiedliche Analyseziele relevant: Zum einen für das Finden und Filtern jener Ergebnisparameter, die überhaupt für die weiterführende Analyse interessant und somit relevant sind, zum anderen für die Analyse von multidimensionalen Strukturen innerhalb der Ergebnisparameter. Mit Hilfe der Korrelationsanalyse können Indikatoren für die Stärke des Einflusses von Faktoren bestimmt werden, allerdings nur für lineare, eindimensionale Effekte. Für Strukturen über mehrere Ergebnisparameter können Verfahren der mehrdimensionalen Mustererkennung verwendet werden. Für die Untersuchung der Abhängigkeiten zwischen Faktoren und diesen Mustern eigenen sich die oben beschriebenen Data-Mining-Verfahren (Abbildung 27, grüne Seite). Für komplexe Abhängigkeiten wie nichtlineare Effekte oder Interaktionseffekte sind insbesondere nicht-parametrische Verfahren wie Klassifikationsbäume oder auch die manuelle, visuelle Inspektion prädestiniert.

Tabelle 9: Zuordnung der Analyseleitfragen zu Data-Mining-Verfahren.

	Deskriptive Statistik	Korrelationsanalyse	Robustheitsbewertung	Mehrdimensionale Mustererkennung	Assoziationsregelanalyse	Regressionsanalyse	Logistische Regression	Klassifikationsbäume	Bayessche Klassifikation	Klassenvergleich und Diskriminierung
Wie verteilen sich die Ergebnisdaten?	●									
Welche Ergebnisparameter sind relevant? Gibt es Strukturen und Korrelationen innerhalb der Ergebnisdaten?		● (grau)		●	●					
Gibt es robuste Ergebnisparameter? Wie ist das Verhältnis des Systems zur Systemlast und wie reagiert das System bei Schwankungen in der Systemlast?			●							
Wie gestalten sich die Abhängigkeiten zwischen Eingangs- und Ergebnisdaten?		●*		○	●	● (grau)	●	●	●	●
Welche Eingangsparameter haben den größten Einfluss auf die Ergebnisdaten?		●*				● (grau)	●	●	●	●
Wodurch zeichnen sich robuste Systemkonfigurationen aus?			○					●	●	●
Gibt es Interaktionen und Wechselwirkungen zwischen Eingangsparametern?					●			●		●

● Geeignete Anwendung

* Nur eindimensionale, lineare Effekte

● (grau) Keine multidimensionalen Ergebnisparameter

○ Notwenidge Vorraussetzung

Die detaillierte Ausgestaltung für die Anwendung der Methoden wird im nächsten Kapitel dargestellt. Das jeweilige konkrete Vorgehen zur Anwendung wird entsprechend in Kapitel 5 anhand von ausgewählten Fallstudienbeispielen veranschaulicht und im Detail beschrieben.

4.3.4 Ausgestaltung und Anwendung der ausgewählten Data-Mining-Methoden

4.3.4.1 Deskriptive und klassische statistische Verfahren für große Mengen von Simulationsdaten

Lageparameter

Die Analyse von statistischen Kennzahlen ist ein wichtiger Bestandteil der Analyse von Simulationsdaten. Für den ersten Schritt im Wissensentdeckungsprozess, d. h. Aufbereitung der Ergebnisparameter, eigen sich insbesondere statistische Lagemaße, um die grundsätzliche Verteilung der jeweiligen Parameter einzeln zu erfassen. Hierzu zählen z. B. Quantile (bzw. Quartile) und Median. Diese unterteilen die vorliegenden Daten in gleichgroße Gruppen. Schaut man sich nun den Wertebereich der jeweiligen Gruppen an, lassen sich Rückschlüsse auf die Verteilung der zugrundeliegenden Daten ziehen. Je enger die Wertebereiche, also die Ränder einer Gruppe, beieinanderliegen, desto dominanter ist ein bestimmter Parameterwert und desto geringer ist die Schwankung dieses Parameters in der Grundverteilung. Dies lässt sich sowohl auf sämtliche Beobachtungen eines Parameters anwenden, also über alle Experimente, als auch auf gefilterte Parameter, wie sie etwa durch Klassenbildung im zweiten Prozessschritt des Wissensentdeckungsprozesses entstehen. Abbildung 28 zeigt die Gruppierung von Parameterwerten mittels Lageparameter für zwei unterschiedlich verteilte Parameter A und B.

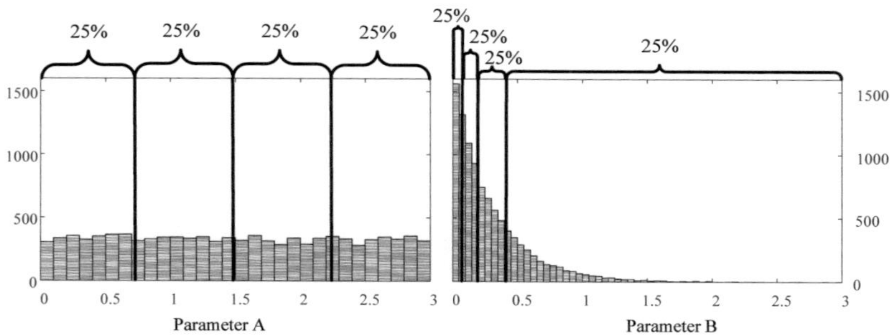

Abbildung 28: Beispiele für Histogramme für die Aufteilung von zwei Parametern mit unterschiedlicher Verteilung in gleichgroße Gruppen durch Quartile.

Beide Parameter, sowohl auf der linken als auch auf der rechten Seite, wurden über Quartile in jeweils vier gleichgroße Gruppen aufgeteilt. In jeder Gruppe befinden sich 25 % der Messwerte eines Parameters. Während auf der linken Seite (Parameter A) die Wertebereiche der vier Gruppen ungefähr gleich breit sind, liegen bei dem Parameter auf der rechten Seite (Parameter B) die Grenzen des Wertebereichs der ersten Gruppe viel näher beieinander als bei der vierten Gruppe. Die Analyse der Lageparameter lässt also Rückschlüsse auf die Verteilung der Werte des jeweiligen Parameters zu, wie die Histogramme in Abbildung 28 zeigen. Die Analyse der Lageparameter ist somit auch eng verknüpft mit der Histogrammanalyse (siehe Kapitel 4.3.4.2). Eine solche Analyse eignet sich neben der Untersuchung der Ergebnisparameter auch sehr gut zur Untersuchung der Verteilung von Eingangsparametern auf gefilterten Subsets, um entsprechend der bereits beschriebenen Informationsentropie die Wichtigkeit eines Parameters für dieses Subset feststellen zu können (vgl. Kapitel 4.3.1).

Korrelationsanalyse

Korrelationsanalysen sind ebenfalls einsetzbar, um ein erstes Bild der Parameterbeziehungen im Simulationsmodell zu zeichnen. Der Korrelationskoeffizient (z. B. nach Pearson) beschreibt die Stärke des Zusammenhangs zwischen zwei Parametern. Hierbei muss beachten werden, welche Parametertypen, d. h. Faktor oder Ergebnisparameter untereinander verglichen werden. Hierbei gibt es drei Kategorien:

1. Korrelation zwischen zwei Faktoren
2. Korrelation zwischen zwei Ergebnisparametern
3. Korrelation zwischen Faktor und Ergebnisparameter

Tabelle 10 zeigt schematisch eine Korrelationsmatrix zwischen Faktoren und Ergebnisparametern (Response) sowie die jeweilige Verortung in den genannten Kategorien.

Tabelle 10: Korrelationsanalyse auf Simulationsdaten.

<table>
<tr><th></th><th>Faktor 1</th><th>...</th><th>Faktor n</th><th>Response 1</th><th>...</th><th>Response m</th></tr>
<tr><td>Faktor 1</td><td colspan="3" rowspan="3">Keine Korrelationen aufgrund des Experimentdesigns</td><td colspan="3" rowspan="3">Korrelationen durch kausale Beziehungen Faktor →Response</td></tr>
<tr><td>...</td></tr>
<tr><td>Faktor n</td></tr>
<tr><td>Response 1</td><td colspan="3" rowspan="3">Korrelationen durch kausale Beziehungen Faktor →Response</td><td colspan="3" rowspan="3">Korrelationen durch gemeinsame bzw. gegenläufige Richtung im Ergebnisraum</td></tr>
<tr><td>...</td></tr>
<tr><td>Response m</td></tr>
</table>

Zwischen Faktoren können und sollten keine Korrelationen bestehen, dies ist durch die Anforderungen an das Experimentdesign weitestgehend ausgeschlossen (siehe Kapitel 2.2). Jedoch kann die Korrelationsanalyse die Erfüllung dieser Anforderung in einem konkreten Experimentdesign validieren. Im Idealfall sollten sich die Korrelationen zwischen den Faktoren nahe null bewegen.[10] Korrelationen zwischen Ergebnisparametern weisen auf deren gemeinsame Richtung im Ergebnisraum hin. Das bedeutet, dass beide Parameter wahrscheinlich von derselben Einflussgröße abhängig sind. Korrelationen zwischen Faktor und Ergebnisparameter weisen auf eine kausale Wirkungsbeziehung zwischen den beiden Parametern hin. Zwar sind Korrelationen grundsätzlich ungerichtet, die Kausalität in Richtung *Faktor ⇒ Ergebnisparameter* kann aber unterstellt werden, da im Simulationsmodell die Wirkungsrichtung ja bekannt bzw. vorgeben ist. Zusammenhangsmaße für die Analyse der Korrelation von nominal- bzw. gemischt-skalierten Parametern sind ebenfalls verfügbar [Wa+2007, S. 374; Ri2011b].

Robustheitsanalysen

Die Robustheit eines Systems beschreibt die Stabilität eines Ergebnisparameters gegenüber Schwankungen eines Faktors bzw. einem Szenario aus einer Kombination von Faktoren. Notwendige Voraussetzung hierfür sind gekreuzte Experimentdesigns. Hierbei bietet sich zum Beispiel an, ein Experimentdesign für in der Realität kontrollierbare Faktoren (System Configurations) mit einem anderen für in der Realität unkontrollierbare Faktoren (Noise Configurations) zu kreuzen, um mit Hilfe der Robustheitsanalyse jene Systemkonfigurationen zu finden, die robust gegenüber unkontrollierbaren Einflüssen sind. Die Robustheit jedes Szenarios lässt sich quantitativ mit Hilfe einer Funktion bewerten. Vor allem die sog. Verlustfunktion von Taguchi hat sich hierfür bewährt. [11] Diese stammt aus dem Kontext der Qualitätssicherung von Fertigungsprozessen und wurde entwickelt, um die Verschwendung bzw. den monetären Verlust, der aufgrund von Qualitätsschwankungen in der Fertigung entsteht, zu minimieren [Ta1995; Ta1988; Pa+2006a]. Die von Taguchi entwickelten Formeln finden über die Qualitätssicherung von Fertigungsprozessen hinaus in den verschiedenen Kontexten bis heute Anwendung, z. B. auch in der Medizintechnik und Biotechnologie [KU1999; Ra+2008].

---

[10] Bei voneinander abhängigen Faktoren, wie z. B. bei Produktmixanteilen, können allerdings Korrelationen zwischen den Faktoren auftreten.

[11] Die Anwendung von Robustheitsanalysen mittels Taguchimethode wurden bereits auf der Winter Simulation Conference präsentiert. Hierzu siehe [Fe+2017b].

Sanchez beschreibt die grundsätzliche Philosophie von Robustheitsanalysen im Kontext von Simulation als das Untersuchen des „Trade-Offs zwischen einem guten Durchschnitt und geringer Varianz“ [Sa2007a, S. 92]. Im Kontext von Data Farming verwendeten Horne et al. die Verlustfunktion von Taguchi für Gefechtssimulationen, um zu untersuchen, wie Verluste in den eigenen Truppenkonfigurationen gegenüber variierenden gegnerischen Truppenkonfigurationen minimal gehalten werden können [Ho+2014a, S. 15]. Im Kontext von Produktionssimulation lässt sich insbesondere der Produktmix als unkontrollierbarer Faktor auffassen. Bei einer großen Produktvarianz wie beispielsweise in der Automobilindustrie soll die Fertigungslinie gegen alle denkbaren Bestellkombinationen möglichst immer die gleiche Performanz aufweisen, also robust sein. Im Gegensatz zu Gefechtssimulationen kommt aber auch hier wieder die bereits beschriebene Bedingung zum Tragen, dass mehrere, eventuell im Zielkonflikt stehende Ergebnisparameter relevant sein können und robust sein müssen. Dies wird schematisch Abbildung 29 in veranschaulicht.

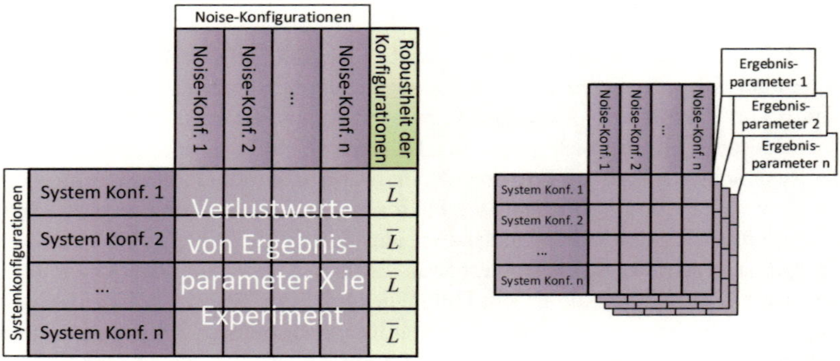

Abbildung 29: Als Matrix angeordnete gekreuzte Experimentdesigns zur Robustheitsanalyse in Anlehnung an [Fe+2017b, S. 3956].

Die linke Seite der Abbildung zeigt zwei gekreuzte Experimentdesigns, die in einer Matrix angeordnet wurden. Jede Zelle dieser Matrix entspricht einem Simulationsexperiment und gibt somit eine bestimmte Ausprägung des betrachteten Ergebnisparameters an. Die Schwankungen dieser Ausprägung über alle Noise-Konfigurationen kann mit Hilfe der Verlustfunktion bewertet werden, was durch die grüne Spalte repräsentiert wird. Betrachtet man nun die Robustheit mehrerer Ergebnisparameter, so erhält man jeweils eine Matrix und damit eine Spalte mit Robustheitswerten pro Parameter, wie in der rechten Seite der Abbildung skizziert ist. Die Robustheit ist somit multidimensional, sodass auch hier eventuell vorhandene Effekte durch eine mehrdimensionale Musterkennung, wie etwa Clustering, extrahiert werden können, um latent vorhandene Gruppen von Gesamtsystemrobustheit zu klassifizieren. Dies ermöglicht dann eine Untersuchung der Beziehung zwischen Eingangsparametern und Robustheit sowie eventuelle Interaktionen zwischen Eingangsparametern diesbezüglich. Auch das nähere Untersuchen der einzelnen Noise-Konfigurationen kann interessante Erkenntnisse darüber liefern, welcher Produktmix zum Beispiel besonders kritisch für die Robustheit der Fertigungslinie ist.

4.3.4.2 Eindimensionale Diskretisierung

Bei der eindimensionalen Diskretisierung werden die zu diskretisierenden Parameter individuell und unabhängig voneinander jeweils in mehrere Klassen aufgeteilt. Die damit einhergehende Reduzierung der Datenmenge ist zum einen hilfreich für Visualisierungen und die Wissensrepräsentation von Daten [HK2006]. Zum anderen ist sie, wie bereits erwähnt, notwendige Voraussetzung für die Anwendung von Frequent-Pattern-Mining oder Bayesscher Klassifikation.

Bei kategorialen Faktoren sind die Klassen bereits durch die einzelnen Kategorien gegeben. Eine weitere Aggregation dieser ist nur bei einer sehr großen Anzahl von Ausprägungen notwendig und auch nur dann möglich, wenn eine Hierarchisierung der Kategorien möglich ist. Numerische Werte lassen sich durch manuelle Verfahren diskretisieren, z. B. durch die graphische Analyse der Verteilung mittels Histogrammen, wobei der Anwender unterschiedliche, durch die Verteilung gegeben Klassen identifizieren kann. Je nach zugrundeliegendem Kontext der Daten kann auch zusätzliches Domänenwissen in die Klassenbildung miteinfließen. Alternativ lässt sich ein Parameter im sog. Binning-Verfahren in eine vorgegebene Anzahl von Klassen aufteilen [CE2012]. Dies kann auf zwei Arten vollzogen werden: Entweder durch Aufteilung in gleich große Mengen (Equal Frequency Discretization), zum Beispiel mithilfe von Lageparametern (siehe Kapitel 4.3.4.1) oder durch Aufteilung in gleiche große Wertebereiche (Equal Width Discretization). Hierbei ist der Abstand von minimalem und maximalem Wert innerhalb einer Klasse für alle Klassen gleich. Die entstehenden Klassen lassen sich dann einfach einem bestimmten Kontext zuordnen, zum Beispiel „niedrig“, „mittel“, „hoch“. Für die automatisierte Aufteilung eines Parameters in diskrete Klassen können auch Clustering-Verfahren angewandt werden.

Die Jenks-Natural-Breaks-Optimization-Methode [Je1967] wird als Variante des K-Means-Algorithmus für eindimensionale Daten angesehen [De1999, S. 147–149]. Hierbei werden Abweichungen vom Mittelwert innerhalb einer Klasse minimiert sowie die Abweichung zu Mittelwerten anderer Klassen maximiert, was dem Prinzip der Ähnlichkeit beim K-Means Algorithmus entspricht. Ähnliche Alternativen hierzu sind u.a. die Otsu-Methode [KI1985] oder die Fisher'sche Diskriminanzfunktion [Mc2004].

4.3.4.3 Frequent Pattern Mining und Assoziationsregelanalyse

Die Assoziationsregelanalyse wird für die klassische Warenkorbanalyse genutzt, d. h. für das Auffinden von häufig gemeinsam auftretenden Objekten (Items). Hierfür wird das Konzept der Transaktionsdatenbank genutzt. Diese speichert eine Liste von Transaktionen, wobei eine einzelne Transaktion einen geschlossenen Datensatz von gemeinsam aufgetretenen Objekten (Items) repräsentiert. Eine Transaktion mit mehreren Items wird dementsprechend als Itemset bezeichnet. In der klassischen Warenkorbanalyse stellt dies üblicherweise von einem Kunden zusammen gekaufte Gegenstände dar [HK2006]. Die erste Herausforderung für die Anwendung der Assoziationsregelanalyse auf Simulationsdaten ist somit die Überführung der Simulationsdaten in ein Transaktionsdatenbankformat, um diese für einen entsprechenden Pattern-Mining-Algorithmus verfügbar zu machen.

Voraussetzung hierfür ist eine Diskretisierung der Daten bei kontinuierlichen Parametern. Diese bestimmt maßgeblich die Anzahl der möglichen Items in der Transaktionsdatenbank. Sie kann entsprechend der im vorherigen Kapitel vorgestellten Methoden durchgeführt werden. Abbildung 30 zeigt beispielhaft die Überführung von Simulationsdaten in ein Transaktionsdatenbankformat.

Nr	Faktor A	Faktor B	Resp.A	Resp.B
1	1	1	1	2
2	2	1	1	2
3	3	1	1	2
4	4	1	4	2
5	1	2	1	2
6	2	2	1	3
7	3	2	2	4
8	4	2	4	4
9	1	3	1	3
10	2	3	1	4
11	3	3	2	4
12	4	3	4	3
13	1	4	1	3
14	2	4	1	2
15	3	4	2	4
16	4	4	4	3

Nr	Faktor A	Faktor B	Resp.A	Resp.B
1	niedrig	niedrig	niedrig	niedrig
2	niedrig	niedrig	niedrig	niedrig
3	hoch	niedrig	niedrig	niedrig
4	hoch	niedrig	hoch	niedrig
5	niedrig	niedrig	niedrig	niedrig
6	niedrig	niedrig	niedrig	hoch
7	hoch	niedrig	niedrig	hoch
8	hoch	niedrig	hoch	hoch
9	niedrig	hoch	niedrig	hoch
10	niedrig	hoch	niedrig	hoch
11	hoch	hoch	niedrig	hoch
12	hoch	hoch	hoch	hoch
13	niedrig	hoch	niedrig	hoch
14	niedrig	hoch	niedrig	niedrig
15	hoch	hoch	niedrig	hoch
16	hoch	hoch	hoch	hoch

Nr	Transaktion
1	{Faktor A_niedrig,Faktor B_niedrig,Resp.A_niedrig,Resp.B_niedrig}
2	{Faktor A_niedrig,Faktor B_niedrig,Resp.A_niedrig,Resp.B_niedrig}
3	{Faktor A_hoch,Faktor B_niedrig,Resp.A_niedrig,Resp.B_niedrig}
4	{Faktor A_hoch,Faktor B_niedrig,Resp.A_hoch,Resp.B_niedrig}
5	{Faktor A_niedrig,Faktor B_niedrig,Resp.A_niedrig,Resp.B_niedrig}
6	{Faktor A_niedrig,Faktor B_niedrig,Resp.A_niedrig,Resp.B_hoch}
7	{Faktor A_hoch,Faktor B_niedrig,Resp.A_niedrig,Resp.B_hoch}
8	{Faktor A_hoch,Faktor B_niedrig,Resp.A_hoch,Resp.B_hoch}
9	{Faktor A_niedrig,Faktor B_hoch,Resp.A_niedrig,Resp.B_hoch}
10	{Faktor A_niedrig,Faktor B_hoch,Resp.A_niedrig,Resp.B_hoch}
11	{Faktor A_hoch,Faktor B_hoch,Resp.A_niedrig,Resp.B_hoch}
12	{Faktor A_hoch,Faktor B_hoch,Resp.A_hoch,Resp.B_hoch}
13	{Faktor A_niedrig,Faktor B_hoch,Resp.A_niedrig,Resp.B_hoch}
14	{Faktor A_niedrig,Faktor B_hoch,Resp.A_niedrig,Resp.B_niedrig}
15	{Faktor A_hoch,Faktor B_hoch,Resp.A_niedrig,Resp.B_hoch}
16	{Faktor A_hoch,Faktor B_hoch,Resp.A_hoch,Resp.B_hoch}

Abbildung 30: Umwandlung von Simulationsdaten in ein Transaktionsdatenbankformat.

Die Umwandlung der Simulationsdaten muss in zwei Schritten erfolgen. Zunächst erfolgt die Diskretisierung der Daten. Die jeweiligen Items einer Transaktion bilden sich dann aus dem Faktor bzw. Ergebnisparameter und dessen jeweiliger Ausprägung. Eine Transaktion entspricht hierbei einem Simulationslauf, sodass ein Itemset aus den im entsprechenden Simulationslauf aufgetretenen Faktor- und Ergebnisparameterausprägungen besteht. Daraus entsteht die Besonderheit, dass die Länge der Itemsets pro Transaktion nicht variieren kann, sondern immer aus der Summe der Anzahl von Faktoren und Ergebnisparametern der Simulationsdatensätze besteht. Dies stellt somit auch die maximale Länge möglicher häufig auftretender Itemsets dar. Zwar berechnet sich die Anzahl der möglichen Items aus der Menge der Parameter jeweils multipliziert mit der Anzahl der nach der Diskretisierung entstandenen Klassen, allerdings wird die Zahl möglicher Transaktionen dadurch begrenzt, dass zwei aus demselben Parameter abgeleitete Items nicht gemeinsam in einer Transaktion auftauchen können. Pro Simulationslauf hat ein Parameter immer einen bestimmten Wert.

Die Kennzahl, wie häufig ein bestimmtes Itemset in der Transaktionsdatenbank vorhanden ist, wird Support genannt [HK2006]. Dieser ist bei Faktoren ebenfalls nach oben durch das Experimentdesign beschränkt und hängt von der gewählten Diskretisierung ab. Tabelle 11 zeigt den Support für die in Abbildung 30 in das Transaktionsdatenbankformat überführten Simulationsdaten.

Tabelle 11: Häufigkeit (Support) für aus Simulationsdaten generierte Itemsets.

Anzahl Items	Items	Support	Anzahl Items	Items	Support
1	{Faktor B_niedrig}	8 (50%)	2	{Response A_niedrig,ResponseB_hoch}	7 (44%)
1	{Faktor A_niedrig}	8 (50%)	2	{Response A_niedrig,ResponseB_niedrig}	5 (31%)
1	{Faktor A_hoch}	8 (50%)	2	{Response A_hoch,ResponseB_hoch}	3 (19%)
1	{Faktor B_hoch}	8 (50%)	3	{Faktor A_hoch,Faktor B_hoch,ResponseB_hoch}	4 (25%)
1	{Response A_niedrig}	12 (75%)	3	{Faktor A_niedrig,Faktor B_hoch,Response A_niedrig}	4 (25%)
1	{ResponseB_hoch}	10 (63%)	3	{Faktor A_niedrig,Faktor B_niedrig,Response A_niedrig}	4 (25%)
1	{ResponseB_niedrig}	6 (38%)	3	{Faktor A_niedrig,Faktor B_niedrig,ResponseB_niedrig}	3 (19%)
1	{Response A_hoch}	4 (25%)	3	{Faktor A_niedrig,Faktor B_hoch,ResponseB_hoch}	3 (19%)
2	{Faktor A_niedrig,Faktor B_hoch}	4 (25%)	3	{Faktor A_hoch,Faktor B_hoch,Response A_hoch}	2 (13%)
2	{Faktor A_hoch,Faktor B_hoch}	4 (25%)	3	{Faktor A_hoch,Faktor B_niedrig,Response A_hoch}	2 (13%)
2	{Faktor A_hoch,Faktor B_niedrig}	4 (25%)	3	{Faktor A_hoch,Faktor B_niedrig,ResponseB_niedrig}	2 (13%)
2	{Faktor A_niedrig,Faktor B_niedrig}	4 (25%)	3	{Faktor A_hoch,Faktor B_hoch,Response A_niedrig}	2 (13%)
2	{Faktor A_niedrig,Response A_niedrig}	8 (50%)	3	{Faktor A_hoch,Faktor B_niedrig,Response A_niedrig}	2 (13%)
2	{Faktor B_hoch,ResponseB_hoch}	7 (44%)	3	{Faktor A_hoch,Faktor B_niedrig,ResponseB_hoch}	2 (13%)
2	{Faktor B_hoch,Response A_niedrig}	6 (38%)	3	{Faktor B_hoch,Response A_niedrig,ResponseB_hoch}	5 (31%)
2	{Faktor A_hoch,ResponseB_hoch}	6 (38%)	3	{Faktor A_niedrig,Response A_niedrig,ResponseB_niedrig}	4 (25%)
2	{Faktor B_niedrig,Response A_niedrig}	6 (38%)	3	{Faktor B_niedrig,Response A_niedrig,ResponseB_niedrig}	4 (25%)
2	{Faktor B_niedrig,ResponseB_niedrig}	5 (31%)	3	{Faktor A_niedrig,Response A_niedrig,ResponseB_hoch}	4 (25%)
2	{Faktor A_hoch,Response A_hoch}	4 (25%)	3	{Faktor A_hoch,Response A_hoch,ResponseB_hoch}	3 (19%)
2	{Faktor A_niedrig,ResponseB_niedrig}	4 (25%)	3	{Faktor A_hoch,Response A_niedrig,ResponseB_hoch}	3 (19%)
2	{Faktor A_hoch,Response A_niedrig}	4 (25%)	3	{Faktor B_hoch,Response A_hoch,ResponseB_hoch}	2 (13%)
2	{Faktor A_niedrig,ResponseB_hoch}	4 (25%)	3	{Faktor B_niedrig,Response A_niedrig,ResponseB_hoch}	2 (13%)
2	{Faktor B_niedrig,ResponseB_hoch}	3 (19%)	4	{Faktor A_niedrig,Faktor B_niedrig,Response A_niedrig,ResponseB_niedrig}	3 (19%)
2	{Faktor B_niedrig,Response A_hoch}	2 (13%)	4	{Faktor A_niedrig,Faktor B_hoch,Response A_niedrig,ResponseB_hoch}	3 (19%)
2	{Faktor B_hoch,Response A_hoch}	2 (13%)	4	{Faktor A_hoch,Faktor B_hoch,Response A_hoch,ResponseB_hoch}	2 (13%)
2	{Faktor A_hoch,ResponseB_niedrig}	2 (13%)	4	{Faktor A_hoch,Faktor B_hoch,Response A_niedrig,ResponseB_hoch}	2 (13%)

Die Häufigkeit eines Eingangsparameters entspricht hierbei immer exakt der Anzahl der Experimente geteilt durch die Anzahl der nach der Diskretisierung gebildeten Klassen. Dies liegt an der Ausgeglichenheitsanforderung im Experimentdesign, welche fordert, dass jede Ausprägung eines Faktors gleich häufig vertreten sein muss. Im gegebenen Beispiel beträgt der maximal mögliche Support für Itemsets mit einem Faktor 50 % und für Itemsets mit zwei Faktoren 25 %. Nach der Apriori-Monotonie-Eigenschaft sind alle k + 1-elementigen Itemsets häufig, für welche alle k-elementigen Teilmengen auch schon häufig waren [AIS1993]. Dementsprechend sind mehrelementige Itemsets, welche Faktoren beinhalten, in ihrer maximal möglichen Häufigkeit schon durch das Experimentdesign begrenzt. Dies gilt es bei der Suche nach Häufigkeiten zu berücksichtigen, da das übliche Vorgehen bei der Assoziationsregelanalyse ein Filtern nach maximalem Support, bzw. absteigendem Sortieren nach Support beinhaltet. Bei Itemsets, die rein aus Ergebnisparametern bestehen, lässt sich der maximal mögliche Support nicht im Vorhinein bestimmen, da die Werte eines Ergebnisparameters mit großer Wahrscheinlichkeit nicht gleichverteilt sind. Selbst nach der Diskretisierung muss dies nicht notwendigerweise der Fall sein. Grundsätzlich gilt hier: Je schiefer die Verteilung des entsprechenden Parameters ist, desto höher ist der Support des daraus abgeleiteten Items und desto wahrscheinlicher wird der entsprechende Parameter in einer (häufigen) Assoziationsregel auftauchen. Zwar sind, wie bereits erwähnt, Itemsets, welche Faktoren beinhalten, durch deren maximalen Support nach oben begrenzt, allerdings können Itemsets, welche ausschließlich nur aus Ergebnisparametern bestehen, eventuell auch einen höheren Support aufweisen, wenn die entsprechende Parameterausprägung häufig gemeinsam mit verschiedenen Einstellungen desselben Faktors aufgetretenen ist. Im gezeigten Beispiel trifft dies etwa auf das Item {ResponseA_niedrig) zu, welches insgesamt 12 mal aufgetreten ist, dabei 8 mal mit {FaktorA_niedrig}, was dem maximal möglichen Support dieser Faktoreinstellung entspricht, sowie zusätzlich vier Mal mit dem Item {FaktorA_hoch}.

Nach dem Zählen der häufigen Itemsets lassen sich die Assoziationsregeln berechnen. Eine Assoziationsregel ist eine Schlussfolgerung der Form A⇒B [HK2006]. Neben der Tatsache des gemeinsamen Auftretens von A und B wird also zusätzlich eine kausale Bedingung eingeführt, dass wenn A auftritt, mit einer gewissen Wahrscheinlichkeit auch B auftritt. Diese Wahrscheinlichkeit wird in diesem Zusammenhang als Konfidenz der Assoziationsregel bezeichnet, welche der bedingten Wahrscheinlichkeit $P(A|B)$ entspricht, d. h. die Wahrscheinlichkeit von A und B, unter der Bedingung das A schon eingetreten ist [HK2006]. Die Konfidenz gibt damit an, in wie vielen Fällen der Transaktionen die entsprechende Regel zutrifft. Das Support-Confidence Framework wird häufig benutzt um interessante Assoziationsregeln zu finden. Eine Regel mit hoher Konfidenz und sehr geringem Support trifft zwar immer zu, kommt aber insgesamt selten vor und ist daher eher uninteressant, weil sich daraus kein allgemeingültiger Zusammenhang schließen lässt. Weiter muss hierbei auch beachtet werden, dass der Supportcount für Faktoren steigt, je weniger Ausprägungen ein Faktor hat, was bei der Durchführung der Diskretisierung beachtet werden sollte.

Eine Assoziationsregel der Form A ⇒ B setzt sich aus einer linken und einer rechten Seite zusammen. Durch Gestaltung der auf der jeweiligen Seite stehenden Parameter lassen sich drei Klassen von Assoziationsregeln für die Simulationsdatenanalyse erstellen, wie Tabelle 12 zeigt.

Tabelle 12: Wissensklassen von Assoziationsregeln für die Simulationsanalyse.

		Rechte Seite	
		Faktoren	**Ergebnisparameter**
Linke Seite	**Faktoren**	-	Direkter kausaler Zusammenhang, Faktor ist ursächlich
	Ergebnis-parameter	Vermuteter Zusammenhang, Faktor möglicherweise ursächlich	Indirekter Zusammenhang, Ursache durch unbekannte Dritte

Der naheliegende Fall beinhaltet Regeln der Form Faktoren ⇒ Ergebnisparameter. Der kausale Zusammenhang ist bereits durch die natürliche Beziehung von Faktoren und Ergebnissen durch den Experimentaufbau gegeben, sodass eine Regel dieser Form von hohem Interesse und damit am besten verwertbar für eine Wissensentdeckung über das System ist. Der zweite Fall beinhaltet Regeln der Form Ergebnisparameter ⇒ Faktoren. Ein kausaler Zusammenhang kann hier nur indirekt vermutet werden: Wenn ein (oder mehrere) Ergebnisparameter eine bestimmte Ausprägung hatten, war der Faktor (oder mehrere Faktoren) auf der rechten Seite der Regel ebenfalls in der konkreten Ausprägung eingestellt. Dies erlaubt aber nicht notwendigerweise den Umkehrschluss, dass der Faktor ursächlich für das Ergebnis war. Die Interessantheit für eine Wissensentdeckung ist dadurch eher begrenzt. Die dritte Klasse stellt Regeln der Form Ergebnisparameter⇒ Ergebnisparameter dar. Diese Regeln beschreiben keinen kausalen Zusammenhang, sondern lediglich einen korrelativen Zusammenhang, der durch einen oder mehrere unbekannte Faktoren herbeigeführt wurde. Trotzdem kann die Analyse von korrelierenden Ergebnisgrößen einen interessanten Beitrag für die Wissensentdeckung leisten. Gemischte Regeln, d. h. Faktoren und Ergebnisparameter auf derselben Seite der Regel sind auszuschließen, da hier eine sinnvolle Interpretation nicht möglich ist. Regeln, die ausschließlich auf Faktoren bestehen, sind ebenfalls uninteressant, da Faktoren durch das Experimentdesign bestimmt werden und per Definition unabhängig voneinander sind.

Durch Anwendung der drei genannten Klassen kann zudem die oftmals problematisch große Anzahl von möglichen Regeln [HK2006] erheblich reduziert werden, was die Analyse erleichtert.

Tabelle 13 zeigt beispielhaft einige ausgewählte Assoziationsregeln, die aus dem fiktiven Datensatz in Abbildung 30 generiert wurden. Die gezeigten Regeln sind jeweils nach Zuordnung zu den oben beschriebenen drei Klassen zugeordnet.

Tabelle 13: Beispielhafte Auswahl von Assoziationsregeln.

Nr.	Assoziationsregel	Support	Konfidenz	Lift
1	{Faktor A_niedrig} ⇒ {Response A_niedrig}	50%	100%	1,33
2	{Faktor B_hoch} ⇒ {ResponseB_hoch}	44%	88%	1,40
3	{Faktor A_niedrig,Faktor B_niedrig} ⇒ {Response A_niedrig}	25%	100%	1,33
4	{Faktor A_hoch,Faktor B_hoch} ⇒ {ResponseB_hoch}	25%	100%	1,60
5	{Faktor A_niedrig,Faktor B_hoch} ⇒ {Response A_niedrig}	25%	100%	1,33
6	{ResponseB_niedrig} ⇒ {Faktor B_niedrig}	31%	83%	1,67
7	{Response A_hoch} ⇒ {Faktor A_hoch}	25%	100%	2,00
8	{Response A_niedrig,ResponseB_niedrig} ⇒ {Faktor B_niedrig}	25%	80%	1,60
9	{Response A_niedrig,ResponseB_niedrig} ⇒ {Faktor A_niedrig}	25%	80%	1,60
10	{ResponseB_niedrig} ⇒ {Response A_niedrig}	31%	83%	1,11

Neben den Interessantheitsmaßen Support und Konfidenz ist, wie in der Tabelle zu entnehmen, der sog. Lift interessant. Dies ist notwendig, da über Support und Konfidenz identifizierte Regeln irreführend sein können. Dies ist dann der Fall, wenn die Einzelwahrscheinlichkeiten der an der linken und rechten Seite der Regel höher sind als die eigentliche Konfidenz der Regel. In diesem Fall wären die zwei Seiten der Regel negativ korreliert, und die Regel würde somit eine falsche Schlussfolgerung darstellen [Ag2014]. Um solche irreführende Regeln herauszufiltern, kann das Liftmaß benutzt werden. Dieses stellt das Verhältnis der Verbundwahrscheinlichkeit $P(A \text{ und } B)$ zum Produkt der Einzelwahrscheinlichkeiten $P(A)P(B)$ dar. Bei einem Wert unter 1 wäre somit eine negative Korrelation zwischen A und B vorhanden, sodass die dazugehörige Regel eliminiert werden muss [HK2006]. In der Literatur steht eine Vielzahl weiterer Interessantheitsmaße für die Bewertung von Assoziationsregeln zur Verfügung, eine gute Übersicht bieten [TKS2002] und [GH2006]. Welche Kennzahlen am besten zu verwenden sind, ist in der Literatur umstritten. Es existiert keine Metrik, die durchgängig für jeden Anwendungsfall zu empfehlen ist [TKS2002]. Für die Anwendung von Assoziationsregeln auf Simulationsdaten für die Wissensentdeckung ist das korrelationsbasierte Liftmaß ausreichend, um irreführende Regeln eliminieren zu können. Für die Bewertung und Interpretation der Regel kann dann deren Wissensklasse (Tabelle 12) sowie etwaiges Domänenwissen zurate gezogen werden.

4.3.4.4 Mehrdimensionale Mustererkennung

Partitionierendes Clustering

Mehrdimensionale Mustererkennung kann genutzt werden, um durch das Erkennen von Strukturen und Abhängigkeiten in multidimensionalen Daten diese in verschiedene Gruppen einzuordnen. Dies basiert auf der Messung der Ähnlichkeit von Datenpunkten, das heißt Datenpunkte in einer Gruppe (Cluster) sind sich sehr ähnlich, während die Ähnlichkeit über verschiedene Cluster möglichst gering sein muss [HK2006]. Wie bereits in Kapitel 3.4.3 erläutert, setzt die mehrdimensionale Musterentdeckung bei den Simulationsergebnisdaten an, vorbereitend für eine anschließende Analyse der Beziehungen zwischen Eingangs- und Ergebnisdaten. Das heißt dass Simulationsexperimente anhand ihrer Ergebnisdaten vom Clustering-Algorithmus verarbeitet werden. Da in Simulationsmodellen im Kontext von Produktionssimulation die Ergebnisdaten Kennzahlen des Systems widerspiegeln, sind sich Simulationsläufe in einem Cluster somit ähnlich bezüglich ihrer Systemperformanz. Ergebnis des Clustering-Verfahrens ist daher eine zusätzliche Spalte in den Simulationsdaten mit der jeweiligen Clusterzuordnung je Zeile bzw. Experiment. Die Zusammenfassung von Simulationsläufen in Gruppen ermöglicht die anschließende Analyse der Beziehungen zwischen Eingangs- und Ergebnisdaten, da dann die jeweiligen Gruppen isoliert betrachtet werden können. Die einzelnen Cluster sollen dafür möglichst trennscharf sein. Dies wird als Kompaktheit des Clusterings definiert. Die Ähnlichkeit von zwei Objekten o_1, o_2 lässt sich über ihre Distanz zueinander ausdrücken, berechnet durch eine geeignete Distanzfunktion $dist(o_1, o_2) = d \in \mathbb{R}$ [ES2000, S. 46]. Die Güte eines Clusterings hängt dabei auch maßgeblich vom gewählten Distanzmaß ab [HK2006]. Da, wie in Kapitel 4.2.3 beschrieben, Simulationsergebnisdaten im Kontext von Produktionssimulation ausschließlich aus metrischen Parametern bestehen, sind hierbei grundsätzlich Distanzfunktionen für numerische Werte direkt anwendbar, ohne dass eine vorherige Transformation über z. B. eine Distanzmatrix notwendig wäre. Klassischerweise wird für die Berechnung von numerischen Distanzen die euklidische Länge $dist(x, y) = \sqrt{(x_1 - y_1)^2 + \cdots + (x_n - y_n)^2}$ benutzt. Die euklidische Länge gehört der Familie der Minkowski-Distanzen an [HK2006]. Diese sind allerdings problematisch, da Beyer et al. gezeigt haben, dass die proportionale Differenz zwischen dem größtmöglichen und kleinstmöglichen Abstand zwischen zwei Punkten bei zunehmender Anzahl von Dimensionen pro Punkt gegen 0 konvergiert: $\lim_{dim \to \infty} \frac{dist_{max} - dist_{min}}{dist_{min}}$ (in Anlehnung an [Be+1999]). Dies hat zur Folge, dass das Distanzmaß zur Bestimmung der Ähnlichkeit und damit der Clusterzugehörigkeit bei zunehmender Anzahl von Dimensionen weniger aussagekräftig wird.

Abhilfe schafft hier die Wahl eines korrelationsbasierten Distanzmaßes, welches die gemeinsame Wirkungsrichtung von Parametern beschreibt und unabhängig von Skalengröße und Anzahl der Parameter ist [KKZ2009; Ho+2010]. Dies ist etwa beim kosinus-basierten Distanzmaß [BN2004] oder beim Distanzkorrelationsmaß [SRB2007] der Fall. Diese sind für die Anwendung auf Simulationsergebnisdaten im Kontext von Data Farming auch deshalb besser geeignet, da bei durch Data Farming erzeugten Simulationsergebnisdaten zusammenhängende Flächen mit möglichst wenig Lücken im Abdeckungsraum entstehen, welche üblicherweise für Minkowski-Distanzmaße schwieriger zu strukturieren sind [XW2005; SAW2015]. Auf der anderen Seite sollen ja im Rahmen der Wissensentdeckung gleichförmig wirkende Leistungskennzahlen des Systems in einem Cluster zusammengefasst werden. Dies liegt insbesondere auch daran, das Simulationsläufe mit ähnlicher Systemperformanz dazu tendieren, in mehreren Ergebnisdimensionen zu korrelieren [La2009]. Die Güte eines Clusterings lässt sich durch den Silhouettenkoeffizienten [Ro1987] oder die Gap-Statistik [TWH2001] numerisch bewerten. Damit lässt sich dann die optimale Clusteranzahl für den jeweiligen Datensatz und das gewählte Distanzmaß bestimmen. Abbildung 31 zeigt die Güte des Clusterings von Ergebnisdaten eines Beispielmodells einer Fertigungslinie [Fe+2017c]. Hier wird ersichtlich, dass die Minowski-Distanzmaße (Euklidische Länge und Cityblock Distanz) von den korrelationsbasierten Distanzmaßen dominiert werden, da hier der Wert für den Silhouettenkoeffizienten S höher ausfällt.

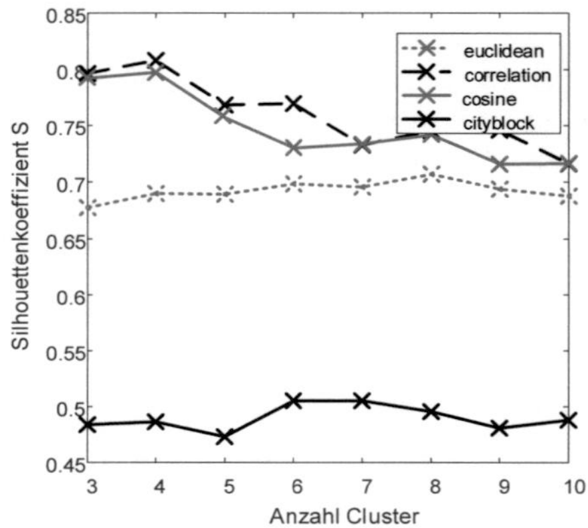

Strukturierung	Silhouettenkoeff
stark	0,75 < S ≤ 1,00
mittel	0,50 < S ≤ 0,75
schwach	0,25 < S ≤ 0,50
keine Struktur	0,00 < S ≤ 0,25

Abbildung 31: Vergleich von Distanzmaßen [Fe+2017c, S. 175].

Eine Vorauswahl der in das Clustering einzubeziehenden Ergebnisparameter verbessert ebenfalls die Güte der resultierenden Strukturierung, was aufgrund der bereits erwähnten Schwierigkeiten beim Clustern hochdimensionaler Daten notwendig sein kann. Je mehr Dimensionen vorhanden sind, desto schwieriger ist zu identifizieren, in welchen Dimensionen und Ausprägungen sich die Cluster voneinander unterscheiden [Ho+2010]. Dies ist aber für die Interpretation und weitere Analyse der einzelnen Cluster und damit für die Wissensentdeckung von zentraler Bedeutung ist. Die Reduktion der zu betrachtenden Parameter kann hierbei entweder durch externes Domänenwissen oder die Anwendung einer Hauptkomponentenanalyse vorgenommen werden. Vermieden werden sollte auf jeden Fall die Einbeziehung von irrelevanten oder redundanten Parametern, um die Güte des Clusterings zu verbessern [Ho+2010]. Insbesondere Redundanzen sind in Simulationsergebnisdaten häufig anzutreffen. So kann ein Parameter aus einer Transformation eines anderen Parameters mittels einer fixen Konstante generiert worden sein, z. B. *durchschnittlicher Durchsatz* und *Gesamtdurchsatz*, wobei gilt: *durchschnittlicher Durchsatz* ≙ *Gesamtdurchsatz / Simulationszeit*. Solche Parameter lassen sich entweder durch vorherige Korrelationsanalyse oder durch Experten- bzw. Domänenwissen herausfiltern. Irrelevante Parameter sind weitaus schwieriger vorab zu identifizieren, da potenziell alle Parameter interessant und somit relevant sein können. Dennoch kann Domänenwissen oder die Anwendung einer Hauptkomponentenanalyse jene Ergebnisparameter herausfiltern, die in keinem Zusammenhang mit den Faktoren des Systems stehen oder für jedwede Betrachtung vollkommen unerheblich sind. Dies kann zwar auch eine interessante Erkenntnis im Rahmen der Wissensentdeckung darstellen, dennoch sind derartige Parameter nicht für das Clustering zu berücksichtigen, um die sich anschließende Analyse der Beziehungen zwischen Faktoren und Ergebnisparametern nicht unnötig zu verzerren.

Gaussian Mixture Modelling

Die Trennschärfe der Cluster kann mitunter problematisch sein, da durch das Data-Farming-Prinzip und entsprechende Experimentpläne der Ergebnisraum möglichst dicht und engmaschig abgedeckt werden soll. Da die Cluster beim K-Means-Algorithmus allein auf Mittelwerten basieren, ist die Separierung der Cluster durch K-Means im dicht besetzten Ergebnisraum möglichweise zu strikt und nicht aussagekräftig oder nicht hilfreich für den Zweck der Wissensentdeckung in den Strukturen der Ergebnisdaten. Gaussian Mixture Modelling (GMM) ermöglicht hier eine Verbesserung, da hier auch sich überlappende Cluster möglich sind, wie bereits am Beispiel in Kapitel 4.3.3.2 (Abbildung 26, S. 77) gezeigt wurde. GMM können als Erweiterung des K-Means-Modells angesehen werden. Die Cluster werden hierbei durch die Gaussverteilung beschrieben und haben demnach nicht nur einen Mittelwert bzw. Medoid, sondern außerdem auch eine Kovarianz. GM-Modelle stellen Mischverteilungen mit k Komponenten da, wobei jede Komponente ihre eigene lokale Verteilung beschreibt. Die Parameter der jeweiligen Komponenten werden üblicherweise durch den Expectation-Maximization-Algorithmus (EM-Algorithmus) approximiert. Die Zahl der Cluster richtet sich nach der Zahl der Komponenten der Mischverteilung des GMM. Jede Komponente entspricht dann einem Cluster, wobei die zugrundeliegenden Daten dann durch Maximieren der Wahrscheinlichkeit jeweils einer Komponente zugeordnet werden können [MNP2003; Bi2009]. Abbildung 32 zeigt beispielhaft ein GM-Modell mit zwei Komponenten für einen Parameter mit einer fiktiven Verteilung. Die zwei Komponenten des Modells, erkennbar durch die jeweiligen Verteilungsspitzen, können nun hierbei für eine Clusterzuordnung genutzt werden.

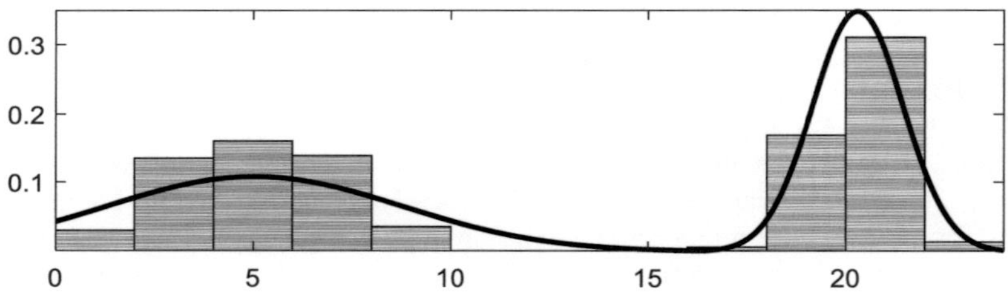

Abbildung 32: Beispielhafte GMM-Anpassung mit zwei Komponenten für einen fiktiven eindimensionalen Datensatz.

Die optimale Zahl von Komponenten und damit Clustern stellt ein Modellkomplexitätsproblem dar, welches durch die hierfür üblichen Kriterien wie z. B. das Akaike Information Criterion (AIC) oder Baysean Information Criteroin (BIC) optimiert werden kann [Bi2009, S. 216–217].

Die wichtigste Parametrisierungsoption für das GMM-Clustering ist der Kovarianzmatrixtyp. Hierbei lässt sich zwischen diagonaler und vollständiger Kovarianzmatrix unterscheiden. Bei der diagonalen Kovarianzmatrix werden unkorrelierte Parameter vorausgesetzt. Bei einer vollständigen Kovarianzmatrix können auch korrelierte Parameter verwendet werden. Zudem steigt auch die Anpassungsgüte der Verteilung an die tatsächlichen Daten [CG1995]. Abbildung 33 zeigt einen Vergleich zwischen zwei GM-Modellen angewendet auf einen fiktiven, zweidimensionalen Datensatz. Die Verteilungsfunktionen wurden jeweils mit Isolinien auf die tatsächlichen Daten aufgetragen. Deutlich erkennbar ist die bessere Anpassung bei der vollständigen Kovarianzmatrix. Die aus der diagonalen Kovarianzmatrix entstehenden Isolinien und somit auch Cluster sind immer gleichförmig in ihrer Ausrichtung, wohingegen die vollständige Kovarianzmatrix flexible Cluster erlaubt. Auch korrelierte Daten können abgedeckt werden, was an der Schräglage der Isolinien zu erkennen ist.

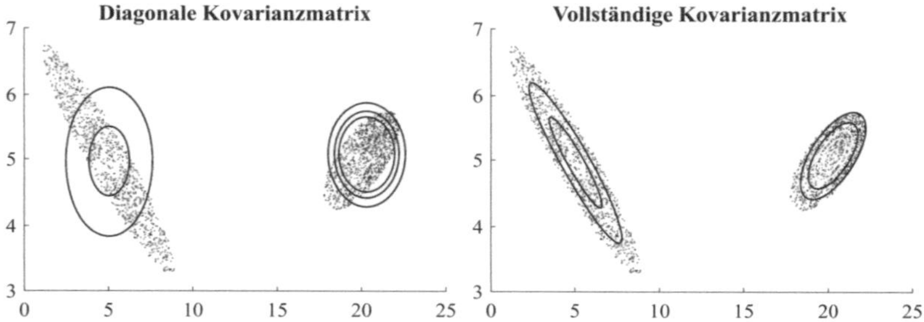

Abbildung 33: Vergleich von Kovarianzmatrizen einer GMM-Anpassung mit zwei Komponenten für einen fiktiven zweidimensionalen Datensatz.

Trotzdem kann der Fall eintreten, dass der EM-Algorithmus aufgrund von starken Korrelationen innerhalb der zugrundeliegenden Parameter nicht konvergiert. Dies kann mithilfe des Regularisierungsverfahrens verhindert werden, reduziert aber eventuell die Güte der Verteilungsanpassung [FR2007]. Des Weiteren können sich entweder alle Komponenten des GMM eine gemeinsame Kovarianzmatrix teilen oder jeweils eine eigene Matrix haben. Im ersten Fall wird zwar Rechenzeit eingespart, allerdings haben dann alle daraus entstehenden Cluster dieselbe Größe und Ausrichtung. Eine separate Kovarianzmatrix pro Komponente erlaubt dagegen eine deutlich präzisere Schätzung der einzelnen Komponenten und damit ein besseres Clustering [CG1995].

Bei Ergebnisparametern eines Simulationsmodells sind zum einen Korrelationen zwischen den Parametern zu erwarten, zum anderen sind diese nicht notwendigerweise gleichverteilt, sodass die entstehenden Cluster flexible Größen und Ausrichtungen haben können. Die GMM-Parametrisierung mit vollständiger Kovarianzmatrix und einer eigenen Kovarianzmatrix pro Komponente ist hier somit vorzuziehen. Diese Annahme wird in Abbildung 34 bestätigt. Hier wurden verschiedene GM-Modelle über die Anzahl der Komponenten und die Art der Kovarianzmatrix parametrisiert. Hierzu wurde wieder der Datensatz aus [Fe+2017c] verwendet. Die Y-Achse zeigt jeweils die Güte der Anpassung bezüglich des AIC-Wertes (niedriger ist besser).

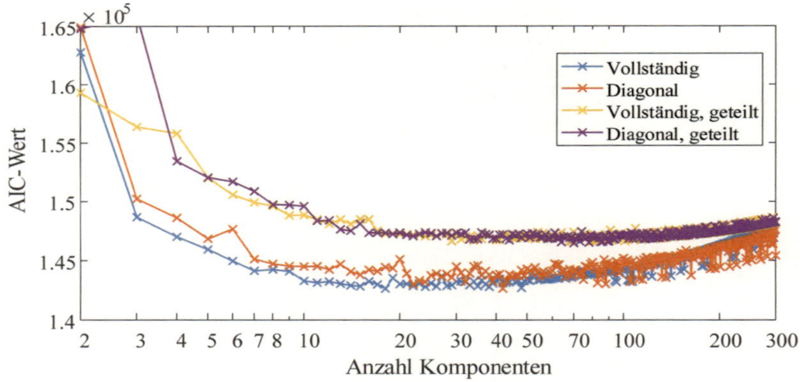

Abbildung 34: Vergleich verschiedener GMM-Parametrisierungen.

In diesem Beispiel sind, wie bereits vermutet, GM-Modelle ohne geteilte Kovarianzmatrix in jeden Fall überlegen. Im Konvergenzbereich zwischen 10 und 20 Komponenten ist das GM-Modell mit vollständiger Kovarianzmatrix zudem der diagonalen Variante deutlich überlegen. GM-Modelle sind generative Modelle, können also die Wahrscheinlichkeit von X unter der Bedingung von Y (A-posteriori-Wahrscheinlichkeit) modellieren [BL2007]. Theoretisch wäre es damit sogar möglich, für gegebene Ergebnisparameter neue Designpunkte zu erzeugen, um erlangte Erkenntnisse weiter abzusichern.

Clustervalidierung

Wie bereits erwähnt, gehört Clustering zu den Verfahren des unüberwachten Lernens. Im Gegensatz zu den überwachten Lernverfahren sind keine Validierungsverfahren verfügbar, welche die Richtigkeit des Modells im Sinne von richtig und falsch bewerten können, da keine vorher gegebenen Klassenlabels für die Erstellung von Trainings- bzw. Validierungsdaten existieren. Zwar existieren Kennzahlen zur Bewertung von Clustering-Modellen untereinander, wie etwa der Silhouettenkoeffizient, ob das Clustering-Ergebnis an sich überhaupt sinnvoll ist, kann hiermit allerdings nicht oder nur schwer bewertet werden. Nach Jain et al. ist das Clustern von Daten immer auch ein subjektiver Prozess, der stark von der jeweiligen Anwendung abhängt. Der hohe Grad an Subjektivität macht die Bewertung von Clustering-Verfahren sehr schwierig. So kann derselbe Datensatz durchaus auf unterschiedliche Arten geclustert werden. Die Sinnhaftigkeit der Ergebnisse ergibt sich erst aus dem Kontext der zugrundliegenden

Anwendung [JMF1999]. Es existieren einige algorithmische und statistische Methoden zur Validierung (siehe dazu [HBV2001; Br+2007; Ar+2013]). Im Prozess der Wissensentdeckung ist die graphische Analyse unter Einbeziehung von Domänenwissen [HBV2001, S. 122] die geeignetste Methode zur Validierung der Cluster, da die Visualisierung der Clusterergebnisse ohnehin als nächster Schritt im Vorgehensmodell vorgesehen ist (siehe Kapitel 4.1). Grundsätzlich ist hier zu überprüfen, ob die gebildeten Cluster eine Struktur abbilden, die eine Interpretierbarkeit bezüglich der Leistungskennzahlen des Systems und damit des Systemverhaltens ermöglichen. Die Anzahl der Cluster spielt hier ebenfalls eine wichtige Rolle. Je mehr Cluster und somit Klassen gebildet werden, desto weniger Beobachtungen stehen pro Klasse zu Verfügung, sodass die Aussagekraft von sich anschließenden Analysen von Ursache-Wirkungs-Beziehungen sinkt. Der Anwender muss dementsprechend einen guten Kompromiss finden zwischen der Güte der Strukturierung und der Anzahl der Cluster.

Latente Variablenmodelle – Hauptkomponentenanalyse

Je mehr Dimensionen, also verschiedene Ergebnisparameter, für das Clustering herangezogen werden, desto schwieriger ist zu identifizieren, in welchen Dimensionen und Ausprägungen sich die Cluster voneinander unterscheiden. Die Hauptkomponentenanalyse kann die Anzahl der Dimensionen reduzieren, indem mehrere Parameter zu sogenannten Komponenten zusammengefasst werden. Hierbei werden jene Dimensionen zusammengefasst, die sich in ihrer Lage und Richtung im Ergebnisraum ähnlich sind. Auf der anderen Seite werden jene Parameter, die für die größte Variabilität in den Daten verantwortlich sind, auf verschiedene Komponenten aufgeteilt. Ein Clustering auf den zusammengefassten Komponenten kann die Qualität der Strukturierung deutlich verbessern. Außerdem stellen die berechneten Komponenten weitere Informationen zur Verfügung, die zur Unterstützung der Wissensentdeckung herangezogen werden können. Jedem Datensatz (d. h. jedem Simulationsexperiment) wird nach Berechnen der Hauptkomponenten eine Komponentenpunktzahl je Komponente zugewiesen. Durch Vergleichen dieser Kennzahl lässt sich dann einfach feststellen, welche Experimente sich bezüglich ihrer Ergebnisparameter eventuell sehr stark oder nur sehr wenig voneinander unterscheiden, auch wenn es sich hierbei um sehr viele Parameter handelt. Durch die sog. Loadings lässt sich eine Kennzahl für den Beitrag jedes Parameters innerhalb seiner Komponente berechnen. Je höher diese Kennzahl, desto höher ist seine Variabilität. Somit kann für den Gesamtdatensatz festgestellt werden, welche Parameter für die höchste Variabilität über alle Experimente hinweg sorgen, was gleichzeitig als Empfindlichkeit eines Ergebnisparameters gegenüber Veränderungen in den Faktoren angesehen werden kann. Auf der anderen Seite können somit auch unwichtige Ergebnisparameter, die über alle Experimente hinweg wenig Variabilität aufweisen, identifiziert und ggf. von der weiteren Untersuchung ausgeschlossen werden.

4.3.4.5 Bayessche Klassifikation

Mit einem naiven Bayes-Klassifikator ist man in der Lage, entsprechend des Bayes-Theorems die Wahrscheinlichkeit des Auftretens eines Ereignisses abzubilden unter der Voraussetzung einer vorher eingetretenen Bedingung [Ri2001, S. 2]. Dies lässt sich auch für Simulationsdaten nutzbar machen, wenn man die Wahrscheinlichkeit der Ausprägung eines Ergebnisparameters als Ereignis und die Ausprägungen der Faktoren als vorher eingetretene Bedingung interpretiert. Die Simulationsdaten müssen allerdings in diskreditierter Form vorliegen. Bayessche Netzwerke erweitern dieses Prinzip für das Bilden ganzer Wahrscheinlichkeitsnetzwerke für die Berechnung von multivariaten Wahrscheinlichkeitsverteilungen für mehrere Variablen gleichzeitig. Die Struktur des Netzwerks kann hierbei sogar mehrere Ebenen haben und entspricht somit einem azyklischen gerichteten Graphen. Zur Beschreibung des Netzes werden zwei Hauptelemente benötigt: Die Netzstruktur sowie die Parameter des Netzwerks, d. h. die Wahrscheinlichkeitsverteilung jedes Knotens in Abhängigkeit seiner Elternknoten. Die Netzwerkstruktur kann hierbei durch heuristische Algorithmen gelernt werden, um die (mehrstufigen) Kausalitäten in den Daten zu finden [He1996]. Dies ist für Simulationsdaten allerdings nicht notwendig, da die Struktur des Netzwerkes (Eltern- und Kindknoten) vorher bekannt ist und immer in der Form *Faktoren→Ergebnisparameter* vorliegt. Somit kann es keine mehrstufigen Abhängigkeiten geben, da sich die Faktoren eines Simulationsmodells per Definition über das Experimentdesign nicht gegenseitig beeinflussen können. Zudem können die Ergebnisparameter höchstens korrelieren, aber in keiner Kausalitätsbeziehung stehen. Somit ist für die Anwendung im Rahmen der Wissensentdeckung in Simulationsdaten nicht das Lernen der Netzstruktur interessant, sondern vielmehr das Parameterlernen, also das Lernen der Wahrscheinlichkeitsverteilungen der Ergebnisparameter und der Bedingung von verschiedenen Faktorausprägungen. Hierfür wird üblicherweise der EM-Algorithmus[12] genutzt [Be2007, S. 4]. Abbildung 35 zeigt beispielhaft das bayessche Netz für den bereits in Kapitel 4.3.4.3 (Frequent Pattern Mining und Assoziationsregelanalyse) genutzten, fiktiven Simulationsdatensatz mit zwei Faktoren und zwei Ergebnisparametern (Response). Wie bereits erwähnt, muss die Netzstruktur für Simulationsdaten nicht durch Heuristiken geschätzt werden, sondern kann direkt durch die Kenntnis der Wirkungsbeziehung von Faktoren auf Ergebnisdaten

[12] Wie bereits für das beim Gaussian Mixture Modelling beschrieben. Siehe dazu S.97.

modelliert werden. Mehrstufige Abhängigkeiten, d. h. Pfade mit mehr als zwei Knoten, können daher ebenso ausgeschlossen werden.

Nr	Faktor A	Faktor B	Resp.A	Resp.B
1	niedrig	niedrig	niedrig	niedrig
2	niedrig	niedrig	niedrig	niedrig
3	hoch	niedrig	niedrig	niedrig
4	hoch	niedrig	hoch	niedrig
5	niedrig	niedrig	niedrig	niedrig
6	niedrig	niedrig	niedrig	hoch
7	hoch	niedrig	niedrig	hoch
8	hoch	niedrig	hoch	hoch
9	niedrig	hoch	niedrig	hoch
10	niedrig	hoch	niedrig	hoch
11	hoch	hoch	niedrig	hoch
12	hoch	hoch	hoch	hoch
13	niedrig	hoch	niedrig	hoch
14	niedrig	hoch	niedrig	niedrig
15	hoch	hoch	niedrig	hoch
16	hoch	hoch	hoch	hoch

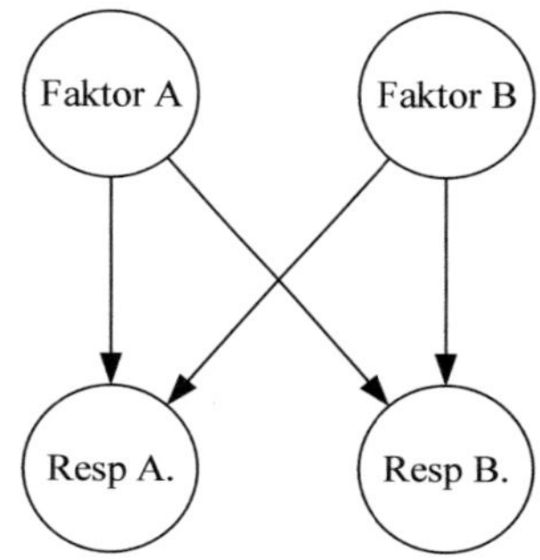

Abbildung 35: Diskretisierte Simulationsdaten und Visualisierung des zugehörigen bayessches Netzes.

Hat man nun sämtliche Wahrscheinlichkeitsverteilungen für jeden Knoten über das Parameterlernen berechnet, lassen sich durch Inferenzalgorithmen (z. B. Variable-Elimination-Algorithmus [ZP1996]) Anfragen (Inferenzen) der Form $\boldsymbol{P(Ereignis|Evidenz)}$ an das Netz stellen. Die Evidenz stellen dabei Parameter dar, die als gegeben angesehen werden, sodass die berechnete Wahrscheinlichkeit der Eintrittswahrscheinlichkeit des jeweiligen Ereignisses entspricht [Be2007, S. 3; He1996, S. 277–278]. Zwei Arten von Inferenztypen sind hierbei für Simulationsdaten denkbar, und zwar kausal und diagnostisch. Dies zeigt Tabelle 14. Gemischte Inferenztypen sind nicht empfehlenswert, da hier Interpretation und Schlussfolgerung schwierig sind.

Tabelle 14: Mögliche Inferenztypen für bayessche Netze von Simulationsdaten.

Evidenz	**Ereignis**	**Inferenztyp**
Faktoren	Ergebnisparameter	Kausal: P(Ursache | Effekt)
Ergebnisparameter	Faktoren	Diagnostisch: P(Effekt | Ursache)

Tabelle 15 zeigt exemplarisch einige ausgewählte generierte Inferenzen für das in Abbildung 35 gezeigte Beispielnetz und wie sich daraus Wissen über das modellierte System ableiten lässt. Setzt man beispielsweise Faktor A=hoch und Faktor B=hoch als gegeben an (Evidenz), so ist die Wahrscheinlichkeit für Ausprägung „hoch“ von Response B (Ereignis) bei 100 %. Diese Faktorkombination führt also immer zum entsprechenden abgefragten Ergebnis (kausale Inferenz).

Tabelle 15: Beispiele für Inferenzen.

Evidenz	**Ereignis**	**P(Ereignis | Evidenz)**
FaktorA=hoch & FaktorB=hoch	ResponseB=niedrig	0,00 %
FaktorA=niedrig & FaktorB=hoch	ResponseB=hoch	73,80 %
FaktorB=hoch	ResponseB=hoch	78,45 %
FaktorA=hoch & FaktorB=hoch	ResponseB=hoch	100,00 %
ResponseA=hoch	FaktorA=hoch	100,00 %
ResponseA=niedrig & ResponseB=niedrig	FaktorA=niedrig	78,00 %

4.3.4.6 Regressionsverfahren

Klassische Regressionsverfahren (multiple lineare oder polynomiale Regression) werden bereits häufig in der Simulationsdatenanalyse eingesetzt, allerdings mit dem Zweck der Extrapolation von fehlenden Daten, um Experimentieraufwand einzusparen. Hierbei wird versucht, mit einer möglichst geringen Anzahl von Experimenten einen optimalen Faktorwert mit Hilfe der Regression zu errechnen [La2007]. Dieses Vorgehen ist insbesondere bei der Metamodellierung für die Prädiktion von unbekannten Werten etabliert [Ba1998b; Kl2015; KS2000].

Hierbei werden die Faktoren des Experiments als unabhängige Variablen sowie ein ausgewählter Ergebnisparameter als abhängige Variable der Regressionsfunktion benutzt. Die Zielstellung der Wissensentdeckung in Simulationsdaten ist allerdings nicht das Prädizieren von nicht vorhandenen Werten. Im Gegenteil wird eine möglichst vollständige Datenbasis als Grundlage angestrebt. Dennoch können Regressionsanalysen helfen, um eventuell vorhanden Beziehungen zwischen den Faktoren und dem Ergebnisparameter zu analysieren, zum Beispiel als optische Orientierungshilfe in Streudiagrammen in Form einer Regressionslinie. Für grafische Analysen steht jedoch nur der 2- und 3-dimensionale Raum zur Verfügung, d. h. Ergebnisse einer Regressionsanalyse mit einem oder zwei Faktoren können dargestellt werden. Für die Analyse der Beziehungen zwischen mehreren Faktoren und Ergebnisparametern sind überwachte Lernverfahren besser geeignet. Regressionslinien können zudem auch sehr gut für die Analyse von Interaktionseffekten genutzt werden. Abbildung 36 zeigt hierfür ein schematisches Beispiel[13].

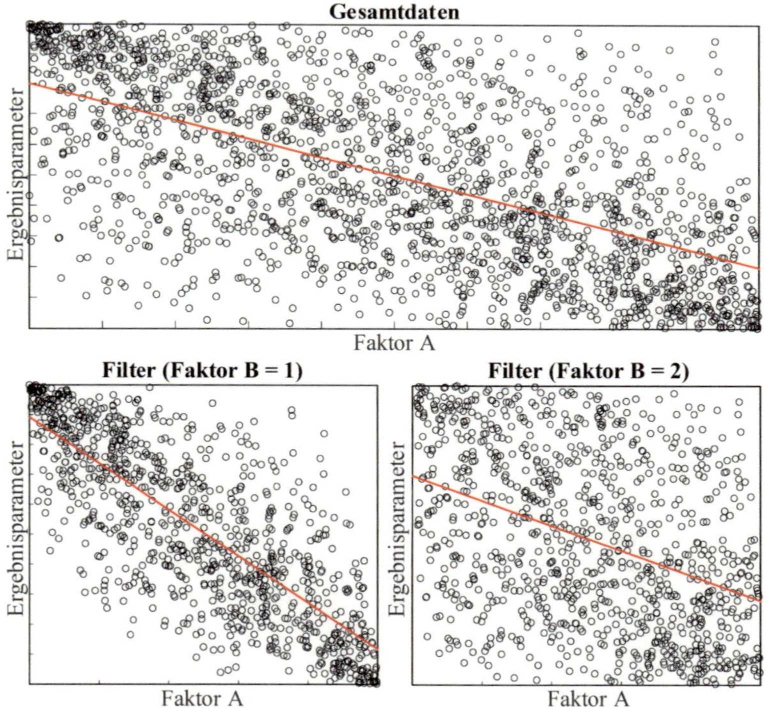

Abbildung 36: Lineare Regressionslinien in Streudiagrammen.

Der obere Teil von Abbildung 36 zeigt ein Streudiagramm zwischen einem Faktor A und einem Ergebnisparameter. Die eingefügte lineare Regressionslinie zeigt den negativen Einfluss des Faktors auf den Ergebnisparameter auf, der

[13] Die zugrundeliegenden Daten sind fiktiv und wurden mithilfe einer Gausscopulafunktion erzeugt, um korrelierende Zufallswerte zu erhalten.

ohne diese Linie nicht oder nur schwer zu identifizieren wäre. Zusätzlich dazu existiert ein zweiter, kategorialer Faktor B mit zwei Ausprägungen (1 und 2). Der Gesamtdatensatz kann hierbei nach den vorhandenen Ausprägungen gefiltert und separat visualisiert werden, um Interaktionseffekte zwischen Faktor A und B zu analysieren. Im unteren Teil von Abbildung 36 ist der Interaktionseffekt zu erkennen, da die Steigung der Regressionslinie auf der linken Seite steiler ist als auf der rechten Seite. Somit hebelt die Ausprägung von Faktor B den Einfluss, den Faktor A auf den Ergebnisparameter hat. Derartige Analysen können aufgrund der bereits beschriebenen Anforderungen an das Experimentdesign, sowie die hohe Dichte von Ergebnisdaten durch das Data Farming gegen beliebig gefilterte Subsets durchgeführt werden, ohne dass dadurch die Interpretationsfähigkeit der Daten verzerrt wird.

Weiterhin ermöglichen Regressionsmodelle die Bewertung der Einflussstärke der Faktoren. Klassischerweise lassen sich hierfür die Regressionskoeffizienten betrachten, aber auch andere Kennzahlen sind verfügbar. Dies sind z. B. das R^2 des Gesamtmodells, inkrementelles R^2 pro Faktor, Dominanzgewichte sowie Gewichte für die relative Wichtigkeit [BO2011, S. 332]. Für die Bewertung der Wichtigkeit und des Einflusses eines Faktors sollten die verschiedenen Maßzahlen im Vergleich in Betracht gezogen werden [BO2011, S. 338].

Die logistische Regression wird für Regressionsmodelle mit kontinuierlich skalierten unabhängigen Variablen und nominal skalierten abhängigen Variablen verwendet. Somit ist die Modellierung der Beziehung zwischen den Faktoren des Simulationsmodells und Klassen von Ergebnisparametern (nach erfolgter mehrdimensionaler Diskretisierung) abbildbar. Die Regressionsfunktion berechnet die Wahrscheinlichkeit der Zugehörigkeit zu einer Klasse, allerdings in der sogenannten log-odds-Transformation. Dies macht die Interpretierbarkeit der Regressionskoeffizienten schwieriger als bei der normaleren Regression, da die log-odds-Wahrscheinlichkeiten in normale Wahrscheinlichkeitswerte zurück transformiert werden müssen. Analog zur normalen Regression sind allerdings Regressionsmodelle mit mehr als einer unabhängigen Variable sehr schwer zu visualisieren [RPD2001, S. 509–511]. Abbildung 37 zeigt beispielhaft für den Datensatz aus [Fe+2017c] eine Visualisierung von logistischen Regressionsmodellen. Konkret wurden hier die Ergebnisdaten in vier Cluster unterteilt. Die Abbildung zeigt die Wahrscheinlichkeit der Zuordnung eines Simulationslaufes zu einem der vier Cluster in Abhängigkeit der Ausprägung des Eingangsparameters *QA_ProcTimeMean*.

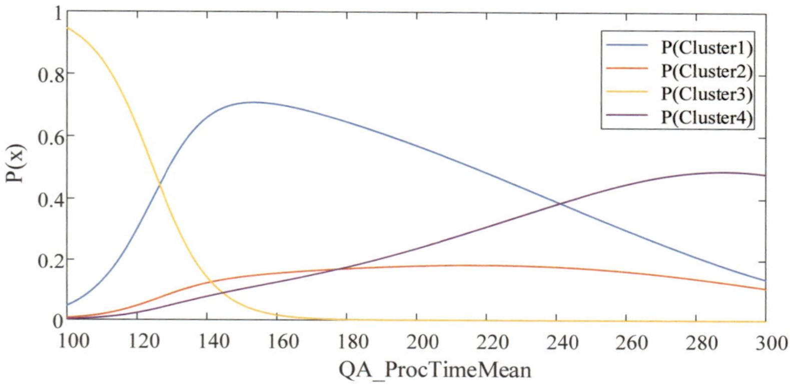

Abbildung 37: Beispielhafte Visualisierung eines transformierten logistischen Regressionsmodells.

4.3.4.7 Klassifikationsbäume

Klassifikationsbäume sind Prädiktionsverfahren, die auf einem vollständigen White-Box-Ansatz beruhen. Das in einem Klassifikationsbaum gespeicherte Wissen wird durch ein Flussdiagramm repräsentiert, wodurch der Weg zu einer Klassifikationsentscheidung vollständig und transparent nachvollzogen werden kann [HK2006, S. 76]. Klassifikationsbäume zeichnen sich daher durch eine sehr gute Interpretierbarkeit aus, wodurch sie für die Wissensentdeckung gut geeignet sind. Im Kontext der Wissensentdeckung ist daher nicht die Prädiktionseigenschaft, sondern die Induktion eines Baumes interessant. Für die Bauminduktion müssen hierbei zuvor durch Mustererkennungsverfahren Klassen von Ergebnisdaten gebildet worden sein (siehe Kapitel 4.3.4.3). Im Baummodell können dann entsprechend die Klassen der Ergebnisdaten als abhängige Variable (Blätter des Baums) und die Eingangsdaten als unabhängige Variablen (Knoten des Baums) dargestellt werden. Dieses Vorgehen ist schematisch in Abbildung 38 dargestellt.

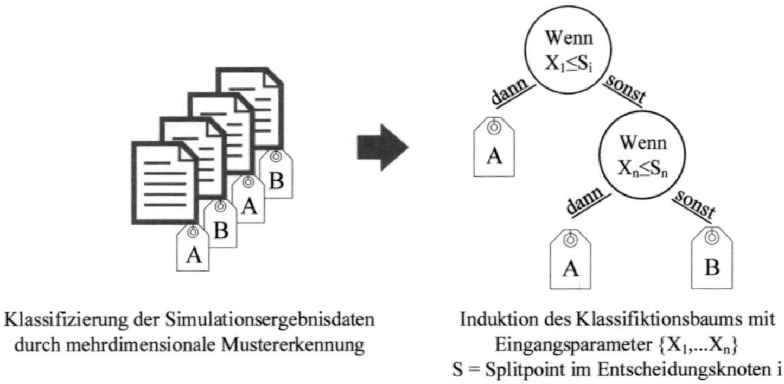

Abbildung 38: Induktion eines Klassifikationsbaums für die Simulationsdatenanalyse.

Durch die Induktion eines Klassifikationsbaums bieten sich anschließend drei Möglichkeiten der Wissensentdeckung:

1. Das durch die Bauminduktion explizierte Wissen über den Zusammenhang von Simulationseingangs- und Ergebnisdaten kann direkt im Flussdiagramm abgelesen werden [HK2006, S. 291].

2. Erzeugung von Wissen durch Ableitung von generalisierten Wenn-Dann-Regeln [Qu1999].

3. Die Wichtigkeit der Prädiktoren *(Summe der Änderung im mittleren quadratischen Fehler / Anzahl Brachnodes)* [KJ2016] gibt Auskunft darüber, welche Eingangsparameter den größten Einfluss auf die Variabilität der Ergebnisdaten haben.

Klassifikationsbäume sind sehr flexibel. Sie fordern keine Voraussetzungen an die Datengrundlage und können sämtliche Variablenskalierungen verarbeiten. Einige Induktionsalgorithmen, wie beispielsweise CART (Classification and Regression Trees), können zudem sogar gemischte Variablenskalierungen in einem Modell verarbeiten. Je nach verwendetem Induktionsalgorithmus können an einem Entscheidungsknoten im Baum nur binäre oder multivariate Splits erstellt werden [HK2006, S. 292–296].

Weiterhin muss ein Splitkriterium ausgewählt werden. Dieses Kriterium entscheidet bei der Induktion des Baums, welches Attribut an welcher Stelle im Baum zur Entscheidung herangezogen werden soll und bei welcher Attributsausprägung diese Trennung (Split) vorgenommen werden muss.

Hierbei wird versucht, genau jenen Split zu finden, der die Klassenlabels möglichst sortenrein aufteilt. Das Splitkriterium ist insofern eine Maßzahl zur Bewertung der Inhomogenität der Aufteilung der Klassen. Je kleiner diese Zahl ausfällt, desto schiefer ist die Verteilung und umso besser ist die entstandene Partitionierung. Dadurch spiegelt sich auch der Einfluss von Entscheidungsknoten auf die Klassenzuteilung in deren Position im Baum wieder. Je höher ein Attribut im Baum ist, desto größer ist dessen Einfluss auf die Klassenzuordnung. Die gebräuchlichsten Splitkriterien sind Entropie und Gini-Index. Diese Maßzahlen berechnen die Schiefe der Verteilung der Klassen nach einem Split in einem Knoten. Im Idealfall sind nach dem Split nur noch Trainingsfälle einer einzigen Klasse vorhanden, im schlechtesten Fall eine Gleichverteilung über alle Klassen. Der Baumalgorithmus versucht somit, mit Hilfe des Splitkriteriums den Zuwachs in der Schiefe der Verteilung zwischen zwei Entscheidungsknoten zu maximieren [TSK2005, S. 158; Qu1986, S. 100–103].

Generell wird das Splitkriterium nicht als entscheidend für die Güte des trainierten Baumes angesehen. Raileanu und Stoffel konnten nachweisen, dass nur in 2 % aller denkbaren Fälle Gini-Index und Entropie-Kriterium unterschiedliche Splits wählen würden [RS2004, S. 92]. Als deutlich wichtiger für die Genauigkeit eines Klassifikationsbaums wird das sog Pruning angesehen [Qu1999, S. 500]. Die Genauigkeit eines Klassifikationsmodells bemisst sich anhand des Klassifikationsfehlers. Hier muss man zwei Kategorien unterscheiden: Der Trainingsfehler und der Generalisierungsfehler. Der Trainingsfehler beschreibt, wie viele Datensätze der Trainingsdaten falsch klassifiziert wurden. Je geringer der Trainingsfehler, desto genauer bildet das Modell die Beziehung zwischen unabhängigen Variablen und Klassenlabels ab. Der Generalisierungsfehler beschreibt hingegen, wie viele Datensätze der Testdaten, also vom trainierten Modell zu prädizierende Daten, falsch klassifiziert worden sind. Üblicherweise steigt ab einem gewissen Punkt der Generalisierungsfehler, je kleiner der Trainingsfehler wird. Hierbei spricht man vom sog. Overfitting. Für Prädiktionsmodelle muss Overfitting grundsätzlich vermieden werden [Sc2003, S. 152–156; TSK2005, S. 172–174]. Allerdings stellt sich die Frage, inwieweit dies im Rahmen der Wissensentdeckung relevant ist, schließlich soll das Modell ja eben nicht zur Prädiktion neuer, unbekannter Daten verwendet werden. Im Gegenteil ist das Experimentdesign und damit die Datengrundlage bereits darauf ausgelegt, möglichst vollumfänglich zu sein, womit bereits ein gewisser Generalisierungsanspruch im trainierten Modell vorhanden ist. Auf der anderen Seite ist es dennoch sinnvoll, Overfitting-Vermeidungsstrategien anzuwenden. Zielstellung der Wissensentdeckung in Simulationsdaten ist es, generalisierbare Aussagen über das Systemverhalten zu treffen.

Aus diesem Blinkwinkel entstehen zwei Probleme bei einem Klassifikationsbaum, der ein Overfitting aufweist. Zum einen sind die Äste im Baum, welche letztendlich Wenn-Dann-Regeln darstellen, eventuell zu feingranular und zu lang. Zum anderen sind bei einem nicht geprunten Klassifikationsbaum insbesondere in den unteren Regionen des Baumes nur noch sehr wenig Fälle pro Knoten in den Trainingsdaten vorhanden, d. h. nur ein sehr geringer Anteil der generierten Datenmenge durchläuft den entsprechenden Ast. Ähnlich wie bei Assoziationsregeln (siehe Kapitel 4.3.4.5) sind die davon abgeleiteten Regeln zwar korrekt aber selten im Auftreten, sodass deren Relevanz und Anspruch auf Generalisierbarkeit zu bezweifeln ist. Außerdem ist die Anzahl der Äste und damit die Anzahl der zu extrahierenden Regeln bei einem geprunten Baum geringer, was dessen Übersichtlichkeit und Interpretierbarkeit steigert.

Für die Vermeidung von Overfitting helfen die Vorgabe einer Mindestblattgröße, d. h. eine Mindestanzahl von Fällen, die in einem Blatt und damit auch jedem anderen Entscheidungsknoten eines Astes stehen müssen (Prepruning) oder auch die nach der Baumberechnung durchzuführende Zusammenlegung von Ästen (Postpruning). Durch geschicktes Pruning kann der Baum eventuell dramatisch verkleinert werden bei nur sehr geringer Steigerung der Fehlerrate [Mi1989; HK2006, S. 304–306].

4.3.4.8 Klassendiskriminierung und -vergleich

Neben dem automatisierten Darstellen der Beziehung zwischen Eingangs- und Ergebnisdaten kann zudem eine manuelle Untersuchung des Zusammenhangs erfolgen. Dies wird im Kontext von Business Intelligence als Klassendiskriminierung (Untersuchung einer ausgewählten Zielklasse) bzw. Klassenvergleich (Untersuchung der Unterschiede zwischen verschieden Klassen) genannt [HK2006, S. 21–23]. Dieses Vorgehen kann auch für die Analyse von Simulationsdaten nutzbar gemacht werden und repräsentiert im Konzept die interaktive, individuelle Wissensexploration, wie es auch im VA-Prozess gefordert wird. Dennoch zählt dieses Vorgehen zum im Konzept vorgesehenen Methodenportfolio, sodass es der Vollständigkeit halber in diesem Kapitel mit aufgeführt wird. Nachdem die Strukturen der Ergebnisdaten durch mehrdimensionale Mustererkennung klassifiziert worden sind, können anschließend die jeweils korrespondieren Eingangsdaten entsprechend nach einer Zielklasse gefiltert werden.

Nach dem bereits erwähnten Prinzip der bedingten Informationsentropie gilt hierbei, dass die Wichtigkeit eines Eingangsparameters zur Klassenzuteilung der Schiefe seiner Verteilung nach der Filterung entspricht. Klassischerweise wird in BI-Applikationen eine tabellarische Darstellung gewählt [HK2006]. Diese ist bei großen Datenmengen jedoch nicht praktikabel. Vielmehr ist eine visuelle Darstellung sinnvoll, sodass der Anwender entsprechend dem Visual-Analytics-Ansatz seine kognitiven Fähigkeiten und sein Hintergrundwissen einbringen kann, um entsprechende Muster zu erkennen und zu interpretieren. Durch Visualisierungen bietet sich hier ein breites Spektrum der Informationsrepräsentation. Grundsätzlich bietet sich für die Klassendiskriminierung eine optische Filterung der Daten an, für den Klassenvergleich eine farbliche Markierung der jeweiligen betrachteten Klassen. Abbildung 39 zeigt ein Beispiel für eine visuelle Klassendiskriminierung anhand eines Parallelplots. Die Klassifikation beruht auf den drei Ergebnisparametern *Durchsatz*, *Auslastung* und *Rüstanteil*. Zusätzlich wurde der Eingangsparameter *Zwischenankunftszeit* visualisiert, sodass sich dessen Verteilung in der jeweiligen Zielklasse analysieren lässt.

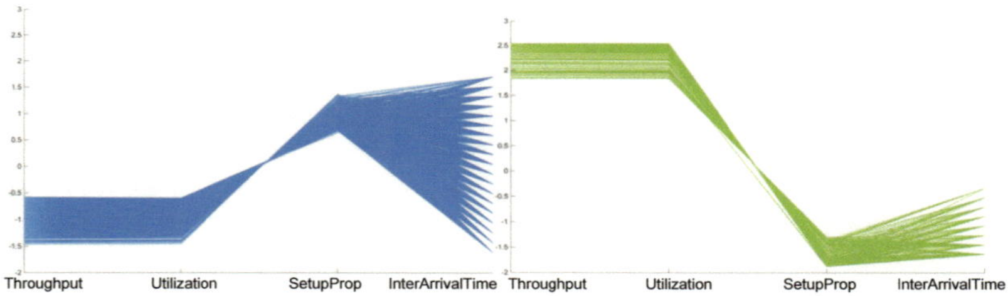

Abbildung 39: Beispiel für eine visuelle Klassendiskriminierung in Anlehnung an [FBS2015a, S. 786].

Die manuelle Exploration der Daten lebt also hauptsächlich von der visuellen Analyse. Eine weiterführende Übersicht von Visualisierungsmöglichkeiten wird in Kapitel 4.3.6 ausgearbeitet.

4.3.5 Zusammenfassung Data-Mining-Methoden

Wie bereits beschrieben, lassen sich die Data-Mining-Verfahren in ihrer Anwendung fast deckungsgleich anhand der in Kapitel 4.3.2 ausgearbeiteten Klassifikation zuordnen. Deskriptive und statistische Analysemethoden lassen sich für die Charakterisierung und Analyse der Ergebnisdaten und für das Filtern relevanter Parameter nutzen. Methoden des unüberwachten maschinellen Lernens für die mehrdimensionale Mustererkennung innerhalb der Ergebnisdaten sowie überwachte Lernmethoden für die Abbildung und Analyse der Wirkungsbeziehungen zwischen Eingangs- und Ergebnisdaten der Simulation. In dieser Arbeit werden

Regressionsmodelle, d. h. die klassische Regressionsanalyse, als auch die logistische Regression, ebenfalls zu überwachten Lernverfahren gezählt werden. Ausnahmen hiervon bilden die Assoziationsregelanalyse und die Korrelationsanalyse. Erstere kann sowohl ausschließlich zur Mustererkennung innerhalb der Ergebnisdaten genutzt werden als auch zur Erkennung von Mustern zwischen Eingangs- und Ergebnisdaten. Ähnlich verhält es sich mit der Korrelationsanalyse. Korrelationen zwischen Eingangs- und Ergebnisdaten können ein erstes Indiz für einen kausalen Zusammenhang zwischen diesen sein. Korrelationen zwischen Ergebnisdaten weisen jedoch nur auf eine gemeinsame Wirkungsrichtung im Antwortraum hin, die von einem dann noch zu analysierenden Faktor bzw. mehreren Faktoren abhängt. Neben den überwachten Lernverfahren lässt sich zudem die aus dem Bereich des Business Intelligence stammende Methode des Klassenvergleichs- bzw. der Klassendiskriminierung für die manuelle Untersuchung der Beziehungen zwischen Eingangs- und Ergebnisdaten nutzen.

Welche der genannten Methoden am besten geeignet ist, um die Beziehungen zwischen Eingangs- und Ergebnisdaten (und damit das Systemverhalten) abzubilden, kann nicht allgemein gültig beantwortet werden und ist stark abhängig vom jeweiligen Simulationsmodell und den zugrundeliegenden Daten. Hierbei kommt das sogenannte No-Free-Lunch-Theorem für maschinelles Lernen zum Tragen, welches besagt, dass sämtliche Algorithmen für maschinelles Lernen im Durchschnitt etwa gleich gut abschneiden, wenn sie auf alle denkbaren Datensätze angewandt werden. Ein in jeder Situation dominierender Algorithmus existiert somit nicht. Vielmehr sollte daher jeweils ein Portfolio von Algorithmen angewandt werden, um verschiedene Ansätze und Blickwinkel zur Datenanalyse zu berücksichtigen [Wo1996; GR2016]. Im semiautomatischen Prozess der Wissensentdeckung hängt die Wahl der Data-Mining-Methoden zudem auch stark vom Anwender, seinen Präferenzen, kognitiven Fähigkeiten und Hintergrundwissen über das Modell ab. Zudem unterscheiden sich die Data-Mining-Methoden auch durch das Format der Ergebnisrepräsentation, was wiederum Konsequenzen auf die visuelle Aufbereitung innerhalb der Benutzerschnittstelle hat. Tabelle 16 gibt einen Überblick über das Ein- und Ausgabeformat der einzelnen Methoden. Dies stellt insofern auch die Grundlage für das nächste Kapitel dar, in welchem geeignete Visualisierungsmethoden ausgearbeitet werden.

Tabelle 16: Überblick über Eingabe und Ergebnis der ausgewählten Data-Mining-Methoden.

Methode	**Eingabe**	**Ergebnis**
Deskriptive Statistik/Lageparameter	Einzeldimension Ergebnisparameter	Einzelne Kennzahl
Korrelationsanalyse	Gesamtdatensatz	n x n Matrix mit Korrelationswert je Zelle n = Anzahl Faktoren + Anzahl Ergebnisparameter
Robustheitsbewertung	Einzeldimension Ergebnisparameter (Bei gekreuztem Experimentplan)	Kennzahl je Konfiguration; Liste mit Länge k1 bei gekreuztem Design der Größe k1 x k2
Eindimensionale Diskretisierung	Einzeldimension Ergebnisparameter	Zusätzliche Spalte mit Gruppenzuordnung je Simulationslauf im Gesamtdatensatz (Klassenbildung)
Mehrdimensionale Diskretisierung	Ein oder mehrere Ergebnisparameter	Zusätzliche Spalte mit Gruppenzuordnung je Simulationslauf im Gesamtdatensatz (Klassenbildung) K-Means-Clustering: Mediane pro Cluster Gaussian Mixture Modelling: Mixture-Modell je gefundener Gruppe, bestehend aus Mittelwert und Varianz innerhalb der Gruppe
Assoziationsregelanalyse	Ein oder mehrere Ergebnisparameter, ein oder mehrere Faktoren (Diskretisiert)	Liste von Assoziationsregeln mit ergänzenden Angaben zu entsprechenden Gütemaßen pro Regel
Regressionsanalyse	Ein Ergebnisparameter und ein oder mehrere Faktoren	Mathematische Funktion + Güte- und Bewertungsmaße
Logistische Regression	Klassifizierte Ergebnisdaten, Ein oder mehrere Faktoren	Mathematische Funktion + Güte- und Bewertungsmaße
Klassifikationsbäume	Klassifizierte Ergebnisdaten, Ein oder mehrere Faktoren	Klassifikationsbaummodell (Flussdiagram)
Bayessche Klassifikation	Klassifizierte Ergebnisdaten, Ein oder mehrere Faktoren (Diskretisiert)	Netzwerk / Graphenmodell
Klassendiskriminierung	Ein oder mehrere Faktoren, ausgewählte Klasse	Liste mit Faktoren gefiltert nach Zielklasse
Klassenvergleich	Ein oder mehrere Faktoren, gefiltert auf ausgewählte Klassen	Liste Faktoren gefiltert nach Zielklassen

4.3.6 Visualisierung und Interaktion im Rahmen der Wissensentdeckung in Simulationsdaten

Kehrer und Hauser beschreiben die Visualisierung von Daten aus einer großen Zahl von Simulationsexperimenten als besonders herausfordernd, da sie gleichzeitig sehr groß in der Menge, mehrdimensional und multivariat, d. h. es existieren mehrere zu berücksichtigende Einflussfaktoren, sind [KH2013, S. 506]. Für die Visualisierung mehrdimensionaler Daten finden sich in der Literatur verschiedene Methoden, die wichtigsten Vertreter hierbei sind Streudiagrammmatrizen, Parallelkoordinaten und Spinnennetzdiagramme [RJ2013; In1985; EDF2008; Ha1975; We1990; MJ2001, S. 25].

Kategoriale Parameter, die beispielsweise als Faktoren oder als Ergebnis der mehrdimensionalen Mustererkennung (Clustering) auftreten, können, wie bereits in Kapitel 4.3.4.8 (Klassendiskriminierung und -vergleich) dargestellt, als Filter- bzw. Färbungsparameter in den oben genannten Visualisierungsformen eingesetzt werden. Für eine direkte Visualisierung von kategorialen Parametern sind die oben genannten Visualisierungsformen nicht geeignet. Die wichtigsten Visualisierungsformen für kategoriale Parameter sind Mosaikplots, Kreisdiagramme sowie Histogramme bzw. Balkendiagramme [TMB2008, S. 217; MJ2001, S. 28; Mo1987; Fr1992].

Robustheits- und Korrelationsanalysen, welche auf Matrizen basieren, lassen sich durch gefärbte Heatmaps visuell aufbereiten [WF2009]. Für die Bayessche Klassifikation, Klassifikationsbäume und Entscheidungsregeln sind ebenfalls spezielle Visualisierungsformen notwendig. Diese können jeweils als Graphen und Flussdiagramme dargestellt werden oder einfach in Tabellen bzw. in Textform [Be2007; HK2006291-230; HC2011].

Abbildung 40 zeigt eine Übersicht über die Visualisierungsmöglichkeiten der jeweiligen Verfahren.

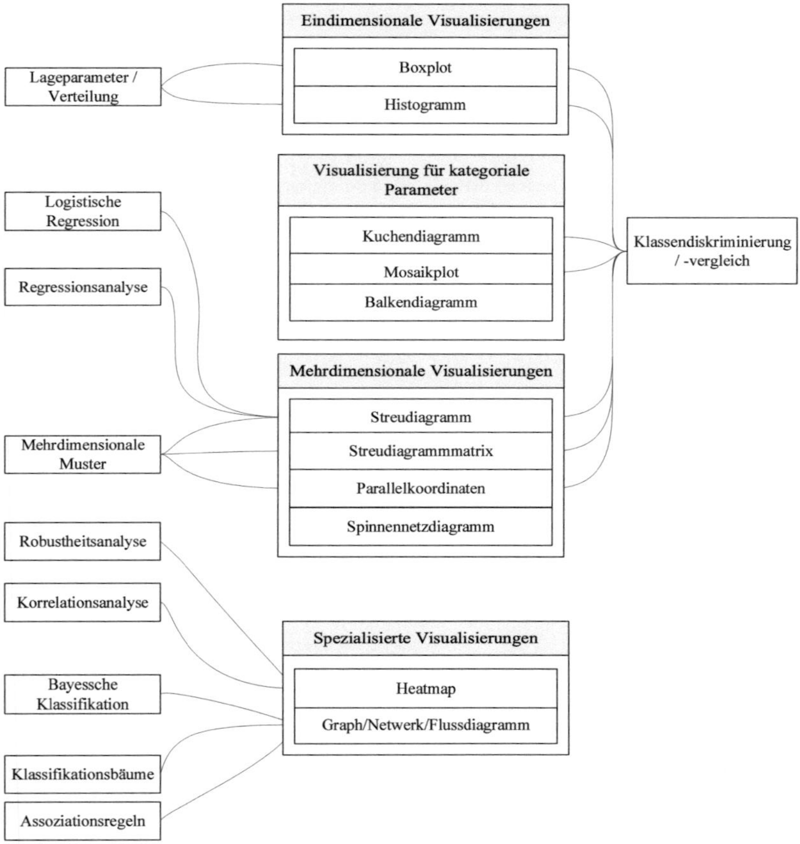

Abbildung 40: Visualisierungsmöglichkeiten der jeweiligen Verfahren.

Wenzel et al. sowie Brehmer und Munzner beschreiben Interaktionsmöglichkeiten und funktionale Aufgaben, die bei der interaktiven, visuellen Analyse von Daten angewandt werden können [WBJ2003; BM2013]. Wenzel et al. beziehen sich dabei konkret auf Simulationsdaten, Brehmer und Munzner eher abstrakt auf allgemeine Daten. Die Erkenntnisse lassen sich aber auf Simulationsdaten übertragen bzw. stimmen mit den Interaktionsmöglichkeiten aus Wenzel et al. überein. Dies ist in Tabelle 17 zusammengefasst. Die Interaktionsmöglichkeiten sind hierbei das Navigieren durch z. B. Zoomen bzw. Wechseln der Parameter oder der gesamten Ansicht, Ändern der Darstellung durch z. B. Sortieren von

Werten oder das Selektieren und Filtern von Daten. Die dadurch möglichen visuellen Aufgaben sind hierarchisch geordnet und reichen vom einfachen Identifizieren und Lokalisieren von bestimmten Werten, über das Finden von direkten oder indirekten Beziehungen bis hin zum Auffinden von Mustern und Trends sowie Klassifizieren und Gruppieren aufgrund dessen.

Tabelle 17: Übersicht über notwendige visuelle Funktionen und Interaktionen zur Analyse von Simulationsdaten [WBJ2003, S. 731–733; BM2013, S. 2378–2379].

Mögliche Interaktionen
Auswählen (hervorheben, markieren, betonen)
Navigieren (fokussieren, zoomen, durchblättern)
Arrangieren (sortieren, einstufen, indexieren)
Wechseln (von Parametern / Darstellungen)
Filtern (Werte, Parameter)

Mögliche visuelle Aufgaben
Identifizieren
Lokalisieren
Finden direkter Beziehungen (Korrelation)
Finden indirekter Beziehungen (Assoziation)
Vergleichen
Finden von Strukturen und Mustern (z. B. Trends, Ausreißer, Hierarchien)
Gruppieren (Finden gemeinsamer Eigenschaften einer Gruppe)
Klassifizieren (Aufteilen aufgrund bekannter Eigenschaften)

Die in Tabelle 17 genannten visuellen Aufgaben können nun im nächsten Schritt den zuvor ausgearbeiteten Analyseleitfragen (siehe dazu Kapitel 4.1) sowie Data-Mining-Methoden zugeordnet werden. Das Ergebnis dieser Zuordnung wird in Abbildung 41 und Abbildung 42 in einer Matrixform gezeigt. In den Spalten finden sich die jeweiligen Analyseleitfragen, in den Zeilen finden sich die Data-Mining-Methoden. In den Zellen sind dann jeweils passende visuelle Aufgaben hinterlegt, welche aufbauend auf dem Ergebnis der genannten Data-Mining-Methode zur Beantwortung der Leitfrage dienen können.

	Wie sind die die Ergebnisparameter verteilt?	Welche Ergebnisparameter sind relevant? Gibt es Strukturen und Korrelationen innerhalb der Ergebnisdaten?	Gibt es robuste Systemkonfigurationen? Wie ist das Verhältnis des Systems zur Systemlast und wie reagiert das System bei Schwankungen in der Systemlast?	Wie gestalten sich die Abhängigkeiten zwischen Faktoren und Ergebnisdaten?	Welche Faktoren haben den größten Einfluss auf die Ergebnisdaten? Wodurch zeichnen sich robuste Systemkonfigurationen aus?	Gibt es Interaktionen und Wechselwirkungen zwischen Faktoren?
Deskriptive Statistik	• Identifizieren der Verteilung, Finden von Peaks, Tälern, fehlenden Wertebereichen • Vergleichen mit anderen Parametern	• Lokalisieren nicht gleichverteilter Parameter • Finden direkter Beziehungen durch Korrelation • Assoziieren indirekter Beziehungen durch Kontextinterpretation				
Korrelations-analyse		• Lokalisieren von paarweisen Korrelationen • Vergleichen mit anderen Parametern		• Lokalisieren von paarweisen Korrelationen	• Vergleichen mit anderen Parametern	
Robustheits-bewertung			• Identifzieren und Lokalisieren von robusten Konfigurationen		*(Voraus-setzung für mehr-dimensionale Robustheit)*	
Mehrdimensionale Mustererkennung	• Assoziieren von indirekten Beziehungen durch Vergleich von visuellen Mustern, Trends und Ausreißer • Gruppieren durch Identifizieren gemeinsamer Eigenschaften • Klassifizieren durch Vergleich der Gruppeneigenschaften mit anderen Strukturen					
Assoziationsregel-analyse		• Identifizieren von zusammenhängenden Ergebnisparametern		• Lokalisieren von interessanten Regeln • Assozieren indirekter Zusammen-hänge durch Vergleichen		• Vergleichen • Finden von Strukturen und Mustern durch Trends

Abbildung 41: Zuordnung von visuellen Funktionen zu Data-Mining-Methoden und Analyseleitfragen (Teil 1).

	Wie sind die die Ergebnisparameter verteilt?	Welche Ergebnisparameter sind relevant? Gibt es Strukturen und Korrelationen innerhalb der Ergebnisdaten?	Gibt es robuste Systemkonfigurationen? Wie ist das Verhältnis des Systems zur Systemlast und wie reagiert das System bei Schwankungen in der Systemlast?	Wie gestalten sich die Abhängigkeiten zwischen Faktoren und Ergebnisdaten?	Welche Faktoren haben den größten Einfluss auf die Ergebnisdaten? Wodurch zeichnen sich robuste Systemkonfigurationen aus?	Gibt es Interaktionen und Wechselwirkungen zwischen Faktoren?
Regressionsanalyse					• Finden direkter Beziehungen durch Korrelations-strukturen • Assozieren indirekter Zusammenhänge durch Vergleichen	
Logistische Regression				• Identifizieren der Verteilungs-funktionen • Vergleichen	• Lokalisieren von interessanten Verteilungsberei-chen • Assozieren indirekter Zusammenhänge durch Vergleichen	
Klassifikations-bäume				• Idenzifizieren der Baumäste	• Identifizieren und Vergleichen der Entscheidungs-knoten • Klassifizieren	• Strukturen und Muster durch Trends durch Vergleich der Baumäste
Bayessche Klassifikation				• Idenzifizieren der Graphstruktur und Wahrscheinlich-keitstabellen	• Lokalisieren und Vergleichen der Wahrscheinlich-keitstabellen	
Klassenvergleich und Diskriminierung				• Lokalisieren von Clustern • Finden direkter Beziehungen durch visuelle Hinzunahme von Eingangsparametern • Idenzifizeren der jeweiligen Parameterverteilungen • Vergleich mehrerer Eingangsparameter • Vergleichen verschiedener Cluster • Finden von Strukturen und Mustern • Interpretation durch Gruppieren und Klassifizieren		

Abbildung 42: Zuordnung von visuellen Funktionen zu Data-Mining-Methoden und Analyseleitfragen (Teil 2).

Entsprechend der Typologie abstrakter Visualisierungsaufgaben nach Brehmer und Munzner [BM2013] können anhand der obigen Zuteilung Visualisierungsaufgaben gebildet werden. Gemäß dem Visual-Analytics-Ansatz sieht das in dieser Arbeit ausgearbeitete Konzept ebenfalls eine durch den Anwender gesteuerte Iteration zwischen automatischer Analyse (d. h. Data-Mining-Methode) und visueller Analyse vor. Abbildung 43 zeigt ein Beispiel, wie Analyseaufgaben zur Beantwortung von Leitfragen aus der oben gezeigten Zuordnung konstruiert werden können. Die mit Zahnrädern markierten Ellipsen zeigen jeweils konkrete Data-Mining-Methoden an. Diese sind über Pfeile, welche verfügbare Visualisierungsmethoden anzeigen, mit einer ausgewählten Analyseleitfrage verbunden. Die Boxen mit Analyseleitfragen wiederum zeigen an, welche Interaktionen und visuelle Funktionen möglich sind, um die jeweilige Frage zu beantworten. Wie bereits erwähnt, ist hier auch eine Iterationsschleife vorgesehen zwischen Data-Mining-Methode und Visualisierung.

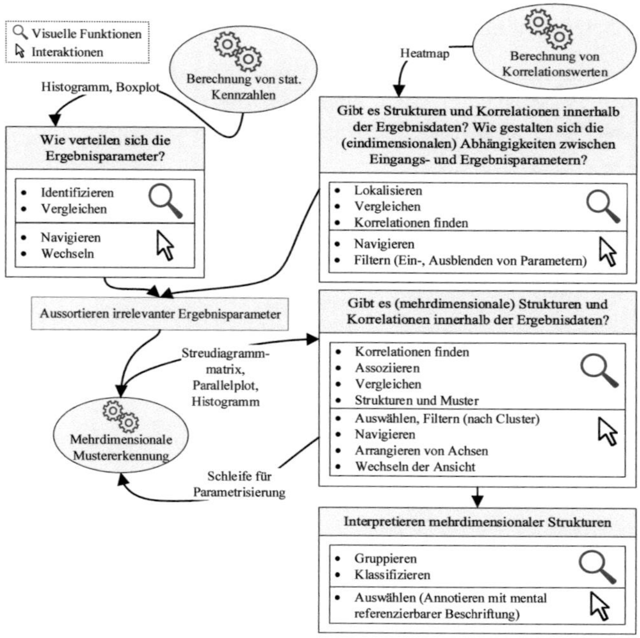

Abbildung 43: Bildung einer visuellen Analyseaufgabe für Analyseleitfrage bezüglich Verteilung der Ergebnisparameter sowie Strukturen und Korrelationen in den Ergebnisparametern.

4.4 Zusammenfassung und Einordnung

In diesem Kapitel wurde die Forschungsfrage beantwortet, wie Data Farming, Data Mining und Visual Analytics in ein ganzheitliches Konzept zur Wissensentdeckung in Simulationsdaten eingebettet werden können. Hierzu wurde ein übergeordnetes Konzept mit jeweils zugehörigen Vorgehensmodellen für die einzelnen Teilbereiche beschrieben.

Auf Basis der Charakteristika von Eingangs- und Ergebnisdaten von Simulationsmodellen im Rahmen der Produktionssimulation und den Anforderungen von Data Farming wurden geeignete Experimentdesignmethoden sowie Data-Mining-Methoden ausgewählt. Weiter wurde ausgearbeitet, wie die ausgewählten Data-Mining-Methoden auszugestalten sind, um sie auf Simulationsdaten anwenden zu können. Abschließend wurden auf Basis der ausgewählten Data-Mining-Methoden geeignete Visualisierungsmethoden besprochen sowie eine Zuordnung ausgearbeitet, anhand derer Analyseleitfragen in interaktive Visualisierungsaufgaben überführt werden können.

Im nächsten Kapitel wird die praktische Anwendung des Konzepts anhand von Labor- sowie Feldstudien validiert. Hierzu werden sowohl fiktive akademische, als auch reale Simulationsmodelle aus der Praxis berücksichtigt.

5 Anwendung und Validierung des Konzeptes

In diesem Kapitel wird das zuvor ausgearbeitete Konzept anhand von vier Fallstudien validiert, indem jeweils der im Konzept beschriebene Prozess der Wissensentdeckung durchlaufen wird. Darauf aufbauend werden anhand der gewonnenen Erkenntnisse durch die Fallstudien Anforderungen an ein integriertes Softwareframework definiert sowie eine konzeptionelle Architektur für ein solches entworfen. Abschließend wird die prototypische Implementierung des Softwareframeworks vorgestellt. Grundsätzlich ist hierbei anzumerken, dass der Prozess der Wissensentdeckung in Simulationsstudien einen interaktiv-kreativen und iterativen Charakter hat. Daher werden im Folgenden jeweils die wesentlichen Zwischen- und Endergebnisse dargestellt.

5.1 Laborstudie 1 – Einführendes Single-Server-Modell

In dieser Laborstudie wird der im vorherigen Teil ausgearbeitete Prozess der Wissensentdeckung exemplarisch an einem einfachen akademischen Single-Server-Modell durchgeführt.[14] Das betrachtete Modell beinhaltet neben jeweils einer Quelle und Senke als Systemgrenzen eine Bearbeitungsstation (Station) mit einem vorgeschalteten Sortierpuffer (Sorter), wie Abbildung 44 zeigt. Als Simulator wurde Siemens Plant Simulation verwendet.[15]

Abbildung 44: Modellaufbau des einführenden Single-Server-Modells in Anlehnung an [FBS2015b, S. 6].

Es können drei verschiedene Auftragstypen in das System eingelastet werden, die sich jeweils leicht in benötigter Rüstzeit und Bearbeitungszeit unterscheiden.

---

[14] Auszüge zur Demonstration der Methode der Wissensentdeckung in Simulationsdaten auf Grundlage des hier gezeigten Modells wurden in [FBS2015b], [FBS2015a] und [FBS2016] veröffentlicht. Der zugrundliegende Experimentplan wurde in diesem Kapitel gegenüber den genannten Veröffentlichungen modifiziert, sodass einige Ergebnisse im Detail abweichen können.

[15] https://www.plm.automation.siemens.com/global/de/products/tecnomatix/

Zudem wird zur Laufzeit für jeden eintretenden Auftrag ein geplanter Liefertermin berechnet.

Der Sortierpuffer kann ankommende Aufträge anhand verschiedener Lagerstrategien priorisieren. Hierzu sind neben dem klassischen First-in-first-out-Prinzip (FIFO) noch weitere Steuerungsstrategien implementiert, wie Tabelle 18 zeigt.[16]

Tabelle 18: Implementierte Steuerungsregeln.

Name	Beschreibung
First-in-first-out (FIFO)	Sortierung nach Ankunftsreihenfolge
Shortest Processing Time (SPT)	Sortierung nach kürzester Bearbeitungszeit
Minimum Slack Time (SLACK)	Sortierung nach kürzester Schlupfzeit, d. h. kürzester Differenz zwischen Liefertermin und geplanter Fertigstellung
Earliest Due Date + SPT (EDDSPT)	Sortierung nach kürzester gewichteter Kombination aus Liefertermin und Bearbeitungszeit
Setup Optimal (SETUPOPTIMAL)	Sortierung für Minimierung der Rüstvorgänge

Darauf aufbauend zeigt Tabelle 19 eine Übersicht über die verwendeten Faktoren sowie die jeweils gewählten oberen und unteren Grenzen.

Tabelle 19: Übersicht Faktoren in Anlehnung an [FBS2015b; FBS2016].

Faktor	Grenzen
Zwischenankunftszeit	60s – 240s (19 Stufen)
Sortiererkapazität	10 – 1010 Plätze (11 Stufen)
Sortierstrategie	5 Strategien
Produktmix (Anteil am Gesamtmix je Produkttyp)	0 % – 100 % (je Produkttyp)

Da die Anzahl an Faktoren gering ist, wurde für das Experimentdesign die vollständige Designmethode gewählt. Hierbei wurde der Faktor Zwischenankunftszeit in Schritte von jeweils zehn Sekunden je Stufe (entspricht 19 Stufen) zerlegt sowie die Sortiererkapazität in Schritte von je 100 Plätzen (entspricht 11 Stufen).

[16] Für weitere Informationen zu Steuerungsregeln siehe z. B. [Sm1956; HR1997].

Für den Produktmix wurde ein separates LH-Sampling mit 1000 Zeilen genutzt.[17] Daraus ergeben sich 19*11*5*1000 = 1.045.000 Experimente. Das im Folgenden beschriebene Vorgehen zur Analyse der Daten richtet sich nun nach dem im Kapitel 4.3 ausgearbeiteten Vorgehen. Der dreistufige Prozess in Form von Charakterisierung der Ergebnisdaten, Mustererkennung und Klassenbildung sowie Untersuchung und Darstellung der Beziehungen zwischen Faktoren und Ergebnisparametern wird hierbei exemplarisch durchlaufen, ohne dabei vorab konkrete Analysefragen an das Modell zu stellen.

Charakterisierung der Ergebnisdaten

Abbildung 45 zeigt Histogramme über die Werteverteilung aller Ergebnisparameter[18].

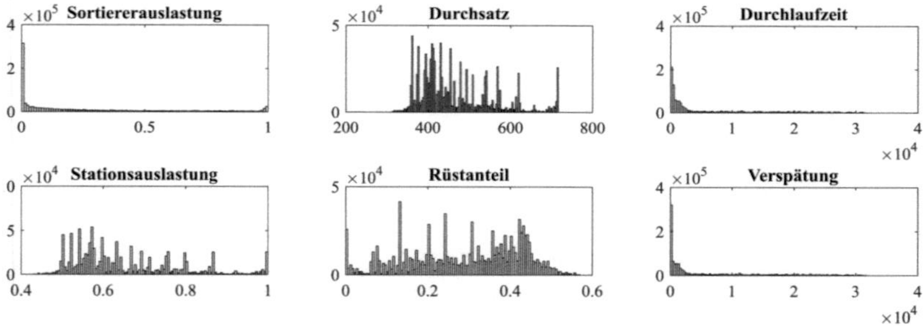

Abbildung 45: Histogramme der Ergebnisparameter.

Die Histogramme geben bereits einen ersten Eindruck über mögliche Wertegruppen innerhalb eines Parameters. So fallen etwa beim Parameter Durchsatz mehrere Spitzen auf. Ein ähnliches Bild liefert die Verteilung des durchschnittlichen Rüstanteils, mit einem zusätzlichen Ausschlag bei 0 %. Die durchschnittliche Stationsauslastung weist ähnlich der Verteilung des Durchsatzes einen sehr heterogenen Verlauf mit mehreren Spitzen auf. Die drei übrigen Parameter durchschnittliche Sortiererauslastung, durchschnittliche Durchlaufzeit sowie durchschnittliche Verspätung weisen jeweils eine ähnliche Verteilung auf, wobei der größte Anteil auf den Wertebereich 0 oder nahezu 0 entfällt.

---

[17] Hierzu wurden die einzelnen Einträge je Zeile auf eine Zeilensumme von 100 % umgerechnet, um die Anteile am Produktmix abbilden zu können.

[18] Zur besseren Lesbarkeit der Abbildung werden die Werte für den Durchsatz je Produkttyp nicht einzeln dargestellt, sondern zu einem aggregierten Durchsatz zusammengefasst.

Die größte Variation im Systemverhalten ist somit in den drei Ergebnisparametern Durchsatz, durchschnittliche Stationsauslastung und durchschnittlicher Rüstanteil zu finden.

Mustererkennung und Klassenbildung

Die in Abbildung 46 dargestellte Korrelationsmatrix zeigt einen ersten Eindruck über die Beziehung zwischen Faktoren und Ergebnisparametern. Zur besseren Lesbarkeit wird nur der dritte Quadrant der Matrix dargestellt, d. h. Faktoren stehen in den Spalten sowie die Ergebnisparameter in den Zeilen. Der kategoriale Faktor Sortierstrategie wurde in dieser Darstellung in fünf binäre-Dummyvariablen aufgeteilt (jeweils eine pro Ausprägung ursprünglichen Faktors), damit eine auf metrischen Werten basierende Korrelation berechnet werden kann. Zusätzlich zu den prozentualen Mixturanteilen der drei Produkte ist die Kennzahl Produktmix angegeben. Diese basiert auf der euklidischen Norm und beschreibt die Homogenität bzw. Heterogenität des Produktmixes. Je größer die Kennzahl ausfällt, desto dominanter ist ein einzelnes Produkt im Gesamtmix repräsentiert.

	Zwischenankz.	Sortiererkap.	FIFO	SPT	SLACK	EDDSPT	SETUPOPT.	Anteil A	Anteil B	Anteil C	Produktmix
Sortiererauslastung	-0,688	-0,462	0,017	0,017	0,054	0,044	-0,131	0,118	0,142	-0,154	-0,160
Durchsatz	-0,584	-0,016	-0,088	-0,088	-0,100	-0,143	0,419	-0,323	-0,376	0,412	0,428
Durchlaufzeit	-0,654	-0,151	0,243	0,243	-0,095	-0,194	-0,197	0,148	0,178	-0,193	-0,202
Stationsauslastung	-0,584	-0,017	-0,088	-0,088	-0,099	-0,143	0,417	-0,325	-0,378	0,414	0,430
DurchsatzA	-0,057	0,011	-0,024	-0,024	0,094	-0,047	0,001	0,955	0,432	-0,755	-0,762
DurchsatzB	-0,155	0,037	-0,048	-0,048	0,208	-0,088	-0,023	0,368	0,845	-0,754	-0,729
DurchsatzC	-0,275	-0,030	-0,026	-0,026	-0,185	-0,035	0,271	-0,634	-0,744	0,813	0,813
Rüstanteil	0,082	0,016	0,079	0,079	0,112	0,159	-0,428	0,529	0,671	-0,713	-0,744
Verspätung	-0,654	-0,151	0,242	0,242	-0,095	-0,194	-0,196	0,147	0,177	-0,192	-0,201

Abbildung 46: Korrelationsmatrix über Faktoren und Ergebnisparameter. [19]

An der Korrelationsmatrix lässt sich bereits ablesen, dass mehrere Faktoren in Beziehungen mit jeweils verschiedenen Ergebnisparametern stehen. Eine multidimensionale Betrachtung des Systemverhaltens in Form von multiplen Ergebnisparametern ist daher notwendig. Wie bereits beschrieben, kann ein Clustering-Algorithmus das Systemverhalten in verschiedene Gruppen klassifizieren,

[19] Die Stärke der Korrelation ist über die Färbung der Zellen visualisiert. Von tiefrot (Korrelationskoeffizient von -1, perfekte negative Korrelation) über weiß (Korrelationskoeffizient von 0, keine Korrelation) bis tiefgrün (Korrelationskoeffizient von 1, perfekte positive Korrelation).

um dann weiterführende Analysen zu ermöglichen. Vorher muss jedoch entschieden werden, welche Ergebnisparameter für das Clustering herangezogen werden sollen. Dies kann argumentativ-deduktiv entschieden, aber auch durch graphische oder algorithmische Analyse (z. B. Hauptkomponentenanalyse) unterstützt werden.

Für die Erstellung der mehrdimensionalen Klassifizierung des Modellverhaltens mittels Clustering wurden im vorliegenden Modell die bereits zuvor besprochenen Parameter Durchsatz, Stationsauslastung und Rüstanteil herangezogen. Andere Kombinationen sind denkbar und führen zu jeweils anderen Betrachtungsansätzen. Als Clustering-Algorithmus wurde hierbei jeweils der K-Means++-Algorithmus mit standardisiertem, euklidischem Distanzmaß gewählt [Ma2019b]. Abbildung 47 zeigt den durchschnittlichen Silhouettenkoeffizieten für Clusteranzahlen von 2 bis 10.

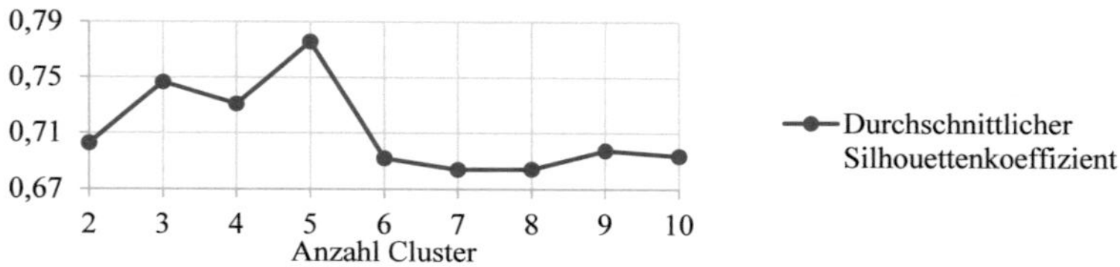

Abbildung 47: Durchschnittlicher Silhouettenkoeffizient je Clusteranzahl.

Hieraus wird ersichtlich, dass eine Clusteranzahl von 5 die beste Strukturierung der zugrundeliegenden Daten liefert. Interessanterweise nimmt zudem die Trennschärfe der Cluster bei einer Anzahl von mehr als 5 Clustern sehr stark ab. Abbildung 48 zeigt die entstandenen Cluster farblich getrennt in einer Parallelkoordinatenvisualisierung. Jede horizontale Linie entspricht einem Simulationsexperiment. Um eine einheitliche Vertikalachse nutzen zu können, wurden die Daten auf Mittelwert 0 und Standardabweichung 1 standardisiert. Somit ist der eigentliche Wertebereich zwar nicht mehr ersichtlich, es lässt sich jedoch immer noch eine Einteilung von niedrig nach hoch vornehmen. Der Informationsverlust ist somit vernachlässigbar, da bei dieser Visualisierungsvariante die Betrachtung der Cluster und deren Verteilung untereinander relevant ist. Zudem wurde die absolute Verteilung der Ergebnisparameter bereits über Histogramme analysiert, wie Abbildung 45 zeigt.

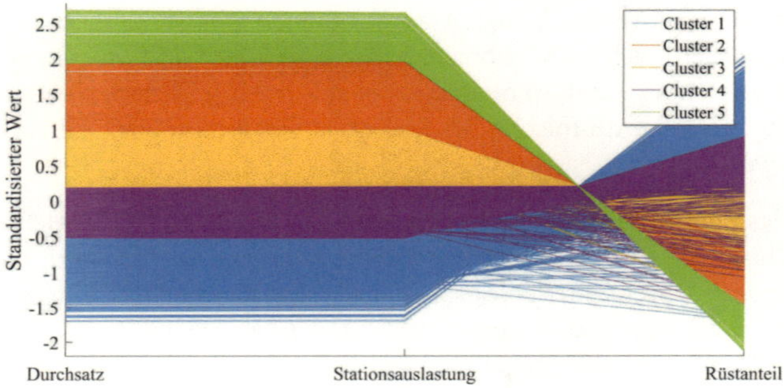

Abbildung 48: Parallelkoordinatenvisualisierung der Cluster in Anlehnung an [FBS2015a, S. 785].

Beim Betrachten der Cluster wird ersichtlich, dass sich diese hinsichtlich der Systemperformanz relativ linear in Gruppen von gut nach schlecht klassifizieren lassen. Durch optische Überlagerungen der Linien sind die genauen Verteilungen der Parameter innerhalb der Cluster nur schwer zu erkennen, weshalb im nächsten Schritt eine nach Clustern gefilterte Ansicht gewählt wurde. Dies ist in Abbildung 49 dargestellt.

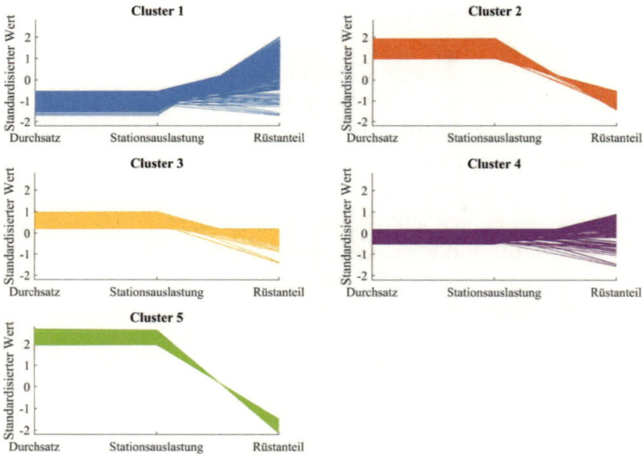

Abbildung 49: Parallelkoordinatenvisualisierung nach Clusterzugehörigkeit gefiltert.

Hierbei fallen insbesondere Cluster 5 (Grün) und Cluster 1 (Blau) auf. Cluster 5 weist einen überdurchschnittlich hohen Durchsatz, eine überdurchschnittlich hohe Stationsauslastung sowie unterdurchschnittlich geringen Rüstanteil auf. Somit kann die Systemperformanz der in Cluster 5 enthaltenen Simulationsläufe als sehr gut klassifiziert werden. Cluster 1 hingegen weist gegenüber anderen Clustern einen unterdurchschnittlichen Durchsatz, eine unterdurchschnittliche Stationsauslastung sowie einen überdurchschnittlich hohen Rüstanteil auf, wobei hier auch einige Ausreißern nach unten auffallend sind. Insgesamt kann daher die Systemperformanz der von Cluster 1 abgedeckten Simulationsläufe als schlecht klassifiziert werden.

Untersuchung der Beziehungen zwischen Eingangs- und Ergebnisdaten

Im nächsten Schritt können nun die Faktoren des Modells hinsichtlich ihrer Bedeutung für die Klassen- bzw. Clusterzuordnung untersucht werden. Bei metrisch skalierten Faktoren kann die Parallelkoordinatenvisualisierung entsprechend um zusätzliche Dimensionen erweitert werden. In Abbildung 50 wurden die Parallelkoordinatenvisualisierungen entsprechend um den Faktor Zwischenankunftszeit erweitert.

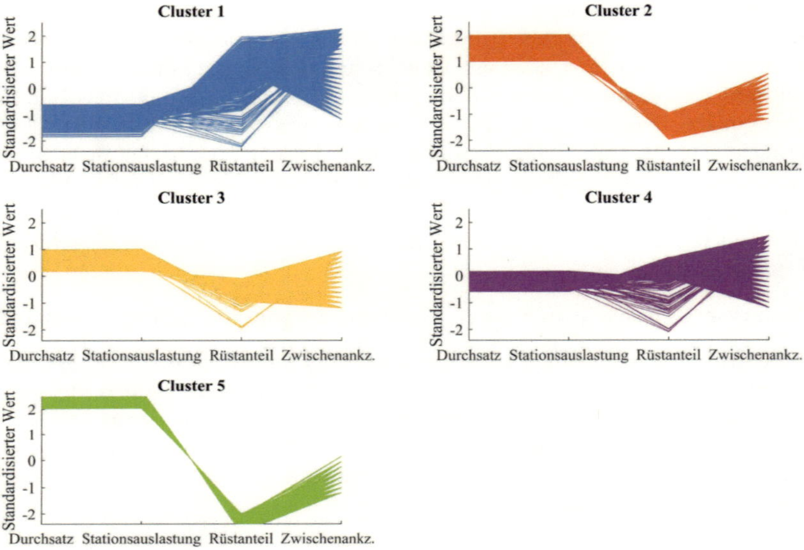

Abbildung 50: Parallelkoordinatenvisualisierungen der Clusterparameter und des Faktors Zwischenankunftszeit in Anlehnung an [FBS2015a, S. 786].

Hier wurde der Faktor Zwischenankunftszeit ausgewählt, da in der auf S. 126 gezeigten Korrelationsmatrix bereits eine starke Beziehung zwischen diesem Faktor und den meisten Ergebnisparametern erkennbar ist. Bei Betrachtung des als gut klassifizierten Clusters 5 (grün) fällt auf, dass die Verteilung der Werte des Faktors Zwischenankunftszeit sehr stark von ihrer im ursprünglichen Experimentdesign implementieren Gleichverteilung abweicht und ausschließlich stark unterdurchschnittlich kleine Werte aufweist. Entsprechend kann also unterstellt werden, dass eine geringe durchschnittliche Zwischenankunftszeit für Aufträge im System eine gute Systemperformanz begünstigt. Der Umkehrschluss hingegen muss abgelehnt werden, da im schlechten Cluster 1 (blau) das gesamte Wertebereichspektrum des Faktors Zwischenankunftszeit vorhanden ist. Dies erklärt insofern auch die Ausreißer mit geringem Rüstanteil in diesem Cluster. Abbildung 51 zeigt hierzu einen Scatterplot über den Faktor Zwischenankunftszeit zum Ergebnisparameter Rüstanteil in Cluster 1. Hierbei ist ersichtlich, dass zwar der gesamte Wertebereich des Faktors Zwischenankunftszeit vorhanden ist, Werte mit geringem Rüstanteil jedoch nur bei einer hohen Zwischenankunftszeit auftreten. Dies liegt daran, dass bei einer hohen Zwischenankunftszeit die in diesem Cluster sowieso schon durchschnittlich sehr schlecht ausgelastete Station komplett leer läuft und daher die Rüstvorgänge nicht mehr ins Gewicht fallen, um die Systemperformanz im Sinne des Durchsatzes zu verbessern.

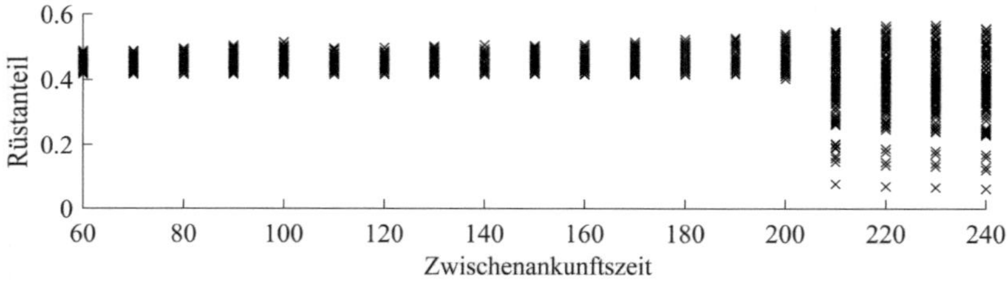

Abbildung 51: Durchschnittliche Zwischenankunftszeit vs. Rüstanteil in Cluster 1.

Der Faktor Zwischenankunftszeit kann somit also nicht die alleinige Stellgröße für die Clusterzuordnung sein. Um die metrischen Faktoren des Modells gemeinsam mit dem kategorialen Faktor Sortierstrategie analysieren zu können, wird in Abbildung 52 erneut auf eine Histogramm-basierte Ansicht gewechselt, jeweils gefiltert nach Clusterzugehörigkeit. Da das hier besprochene, einfache Single-Server-Modell nur wenige Faktoren beinhaltet, können alle Faktoren gemeinsam betrachtet werden. Die drei Faktoren für die Mixturanteile der drei Produkttypen werden in dieser Darstellung durch die aggregierte Kennzahl Produktmix ersetzt, um die Heterogenität des Produktmixes abschätzen zu können.

Abbildung 52: Histogramme über Faktoren gefiltert nach Clusterzuordnung.

Abbildung 52 bestätigt die Erkenntnisse über die Verteilung der Zwischenankunftszeit in den Clustern 1 und 5.

Der Faktor Sortiererkapazität hingegen bleibt über sämtliche Cluster hinweg gleichverteilt, sodass hier kein Einfluss auf die Clusterzuordnung unterstellt werden kann. Große Unterschiede zwischen Cluster 1 und 5 lassen sich allerdings beim Faktor Sortierstrategie feststellen. Während in Cluster 1 die rüstoptimale Sortierstrategie unterrepräsentiert ist, ist diese Strategie in Cluster 5 zu 98,9 % vertreten. Betrachtet man zusätzlich den Produktmix, ergibt sich folgendes Gesamtbild: Eine gute Systemperformanz folgt aus einer niedrigen Zwischenankunftszeit im Zusammenspiel mit einem möglichst homogenen Produktmix unter der Voraussetzung, dass bei heterogenem Produktmix rüstoptimal sortiert wird. Insofern ist eine geringe Zwischenankunftszeit die Grundvoraussetzung, um für eine gewisse Grundlast und damit gute Systemperformanz zu sorgen. Bei geringerer Systemlast kann eine gute Performanz nur gewährleistet werden, wenn durch einen homogenen Produktmix und rüstoptimales Sortieren Blockaden möglichst vermieden werden. Dieser Zusammenhang wird zusätzlich auch in Abbildung 53 (rechte Seite) deutlich, welche einen Scatterplot über die Faktoren Produktmix und Zwischenankunftszeit für Cluster 1 und Cluster 5 zeigt. Bei geringer Zwischenankunftszeit sind auch sehr heterogene Produktmixe in Cluster 5 vertreten. Ab einer mittleren Zwischenakunftszeit von ca. 100 Sekunden muss aber eine gewisse Grundhomogenität des Produktmixes vorhanden sein, um die Station nicht durch häufiges Rüsten auszubremsen. Auf der anderen Seite ist bei schlechtem Systemverhalten die gegenteilige Situation vorzufinden (Abbildung 53, linke Seite). Eine geringe Zwischenankunftszeit führt zwar zu viel Last auf dem System, diese führt dann aber durch einen sehr heterogenen Produktmix und viele Rüstvorgänge zu Blockaden. Bei einer höheren durchschnittlichen Zwischenankunftszeit sind auch homogenere Produktmixe vorzufinden. Die Systemlast ist dann aber zu gering, sodass die Systemperformanz dennoch schlecht ausfällt.

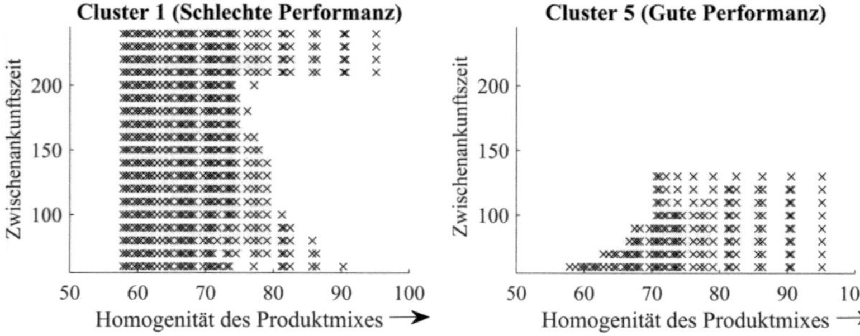

Abbildung 53: Produktmix vs. Zwischenankunftszeit in Cluster 1 und Cluter 5.

Zusammenfassend sind die gewonnenen Erkenntnisse in einem wie hier gezeigten, einfachen Single-Server-Modell wenig überraschend und intuitiv zu erwarten gewesen. Durch strukturierte Anwendung von Data-Mining-Verfahren in Verknüpfung mit einer visuellen Analyse konnten diese bestätigt werden. Dies zeigt somit die grundsätzliche Anwendbarkeit des Konzepts der Wissensentdeckung in Simulationsdaten auf.

5.2 Laborstudie 2 – Automatisierte Fließfertigung mit Produktvarianten und variablem Produktmix

In dieser Laborstudie wird ein komplexeres Modell einer Fließfertigung betrachtet, welches sowohl automatisierte Bearbeitungsstationen als auch manuelle Arbeitsplätze enthält, die jeweils über ein System von Förderbändern und Werkstückträgern miteinander verbunden sind.[20] In diesem Modell gibt es fünf verschiedene Produkttypen, die sich stark in Bearbeitungs- und Rüstzeiten voneinander unterscheiden. Der Fokus dieser Untersuchung liegt daher insbesondere auf Gesichtspunkten der Robustheit. Unter der Prämisse, dass der Auftragsmix zumindest nicht unmittelbar und kurzfristig beeinflusst werden kann, soll hierbei also analysiert werden, wie sich das Fertigungssystem gegenüber Schwankungen im Produktmix verhält. Abbildung 54 zeigt eine 2D-Ansicht des Modells. Als Simulator wurde Siemens Plant Simulation[21] verwendet.

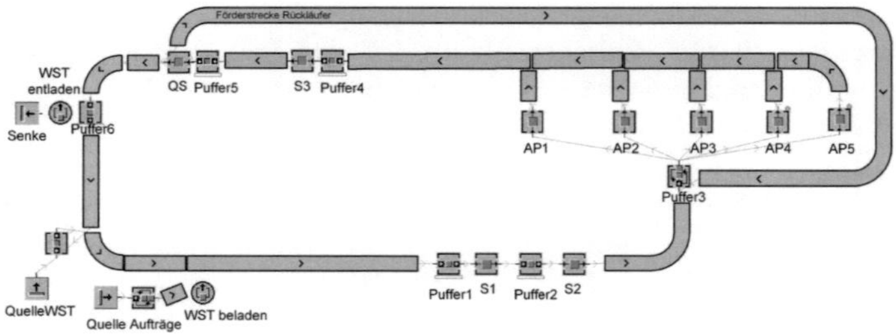

Abbildung 54: 2D-Übersicht des Modellaufbaus in Anlehnung an [Fe+2017b, S. 3957].

---

[20] Auszüge zur Demonstration der Methode der Wissensentdeckung in Simulationsdaten auf Grundlage des hier gezeigten Modells wurden in [Fe+2017b; Fe+2017c] vorgestellt. Implementierungsdetails sowie der Experimentplan des Modells wurden in der hier besprochenen Fallstudie modifiziert, sodass die hier gezeigten Analyseergebnisse von denen in den Veröffentlichungen abweichen können.

[21] https://www.plm.automation.siemens.com/store/de-de/plant-simulation/

In diesem Modell können fünf verschiedene Produkttypen (A, B, C, S, X) in das System eingebracht werden. Ein Produkt wird dazu auf einen Werkstückträger (WST) montiert, um dann den Weg durch das System über die Förderstrecke nehmen zu können. Ankommende Produktionsaufträge werden in einem Sortierpuffer abgefangen, bevor sie das eigentliche Förderbandsystem betreten. Hierbei können die Produkte nach Produkttyp vorsortiert werden, wobei die Losgröße dieser Vorsortierung variiert werden kann. Im System müssen dann sowohl automatisierte Bearbeitungsstationen (S1, S2, S3) mit festem Takt als auch manuelle Arbeitsplätze (AP) mit normalverteilter Bearbeitungszeit durchlaufen werden. Hierbei bestehen je nach Produkttyp unterschiedliche Rüst- und Bearbeitungszeiten

Die Anzahl der parallel arbeitenden Arbeitsplätze kann zwischen einem bis maximal fünf variiert werden. Nach Abschluss des Bearbeitungsprozesses folgt eine finale Qualitätsüberprüfung (QS) mit normalverteilter Bearbeitungszeit, wobei ein bestimmter Prozentsatz der Produkte als Rückläufer zur Nachbearbeitung eingereiht wird. Für die Durchführung von Robustheitsanalysen ist es notwendig, die Faktoren des Systems in Entscheidungs- und Störfaktoren aufzuteilen und einen gekreuzten Experimentplan aus beiden Kategorien zu erstellen[22]. Tabelle 20 zeigt eine Übersicht über die Entscheidungsfaktoren.

[22] Siehe hierzu S. 89f.

Tabelle 20: Übersicht über die Entscheidungsfaktoren des Modells.

Name des Faktors	**Beschreibung**	**Wertebereich**
Förderbandgeschwindigkeit	Geschwindigkeit in m/s	1 – 5
Aufladezeit	Zeit für das Aufladen auf Werkstückträger	10 – 60s
Entladezeit	Zeit für das Abladen vom Werkstückträger	10 – 60s
Zwischenankunftszeit	Zwischenankunftszeit von Aufträgen	100 – 300s
Freigabestrategie	Sortierstrategie für eingehende Aufträge	Losgröße [1/5/10/100]
Puffer*-Kapazität	Puffergröße (*Ein Faktor je Puffer)	1 – 100
Anzahl Arbeitsplätze	Anzahl parallel arbeitender Arbeitsplätze	1 – 4
Anzahl Werkstückträger	Anzahl Werkstückträger im Förderbandsystem	1 – 100
S*-Prozesszeit	Prozesszeit der Bearbeitungsstationen (*Ein Faktor je Station)	100 – 300s
Stationsverfügbarkeit	Durchschnittliche Verfügbarkeit der Station (bzgl. Störungen)	90 – 99 %
Stations-MTTR	Mittlere Reparaturzeit nach einer Störung auf einer Station	10 – 1000s
QS-Prozesszeit	Mittlere Prozesszeit der QS-Station	100 – 300s
QS-Prozesszeit Var.	Varianz der Prozesszeit der QS-Station	100 – 150
QS-OK-Anteil	Durchschnittlicher Anteil von ok-Teilen	90 – 99 %

Für den Experimentplan der Entscheidungsfaktoren wurde ein NOLH-Design mit 512 Zeilen[23] verwendet. Jede Zeile dieses Experimentplans entspricht einer Systemkonfiguration. Als Störfaktoren wurden die Anteile der fünf Produkte am Produktmix definiert, d. h. jeder Produktmix kann als eine Störkonfiguration (Noise Configuration) angesehen werden. Hierzu wurde eine sehr große Zahl zufälliger Produktmixe erzeugt und anschließend wie in der vorherigen Fallstudie eine Homogenitätskennzahl auf Basis der Euklidischen Norm berechnet. Aus dieser Menge wurden dann 40 Produktmixe ausgewählt, sodass die Produktmixkennzahl über die gezogene Stichprobe möglichst gleichverteilt ist. Somit kann ein weites Spektrum verschiedener Produktmixcharakteristika abgebildet und gleichzeitig eine systematische Verzerrung über die Gesamtheit der Störkonfigurationen vermieden werden. Zu Erstellung des finalen Gesamtexperi-

[23] Für das verwendete Designspreadsheet siehe [Sa2011b].

mentplans wurden dann die Teilexperimentpläne gekreuzt, d. h. jede Systemkonfiguration mit jeder Störkonfiguration kombiniert. Dies erzeugte eine Gesamtmenge von 20480 Simulationsexperimenten. Die Simulationszeit betrug jeweils 6 Tage mit einer Einschwingphase von 2 Tagen.

Als Richtschnur für die Analyse wurden folgende Analyseleitfragen ausgewählt:[24]

1. Wie verteilen sich die Ergebnisdaten?
2. Welche Faktoren haben den größten Einfluss auf die Ergebnisdaten?
3. Existieren Wechselwirkungen zwischen den Faktoren?
4. Welche Systemkonfigurationen sind robust gegenüber nicht beeinflussbaren Störgrößen?
5. Welche Störkonfigurationen sind kritisch hinsichtlich der Systemleistung?
6. Welche Faktoren haben einen (positiven oder negativen) Einfluss auf die Robustheit von Konfigurationen?

Die Analysefragen 1 bis 3 befassen sich zunächst mit dem Systemverhalten im Allgemeinen. Analysefragen 4 bis 6 behandeln dann Robustheitsaspekte. Im Folgenden werden nun die Analysefragen der Reihenfolge nach bearbeitet.

Wie verteilen sich die Ergebnisdaten?

Insgesamt sind im Simulator 85 verschiedene Ergebnisparameter verfügbar und wurden vollständig erfasst. Allerdings sind bedingt durch Modellierung und Modelleigenschaften nicht alle Parameterwerte vom Simulator tatsächlich mit sinnvollen Werten besetzt und infolgedessen nicht auswertbar. Diese lassen sich über eine Histogrammanalyse identifizieren und aussortieren. Zudem existieren redundante Parameter, die vollständig miteinander korrelieren. Diese können wiederum mithilfe einer Korrelationsmatrix identifiziert werden. Abbildung 55 zeigt Histogramme über eine Auswahl von Ergebnisparametern.

[24] Siehe hierzu Kapitel 4.1.

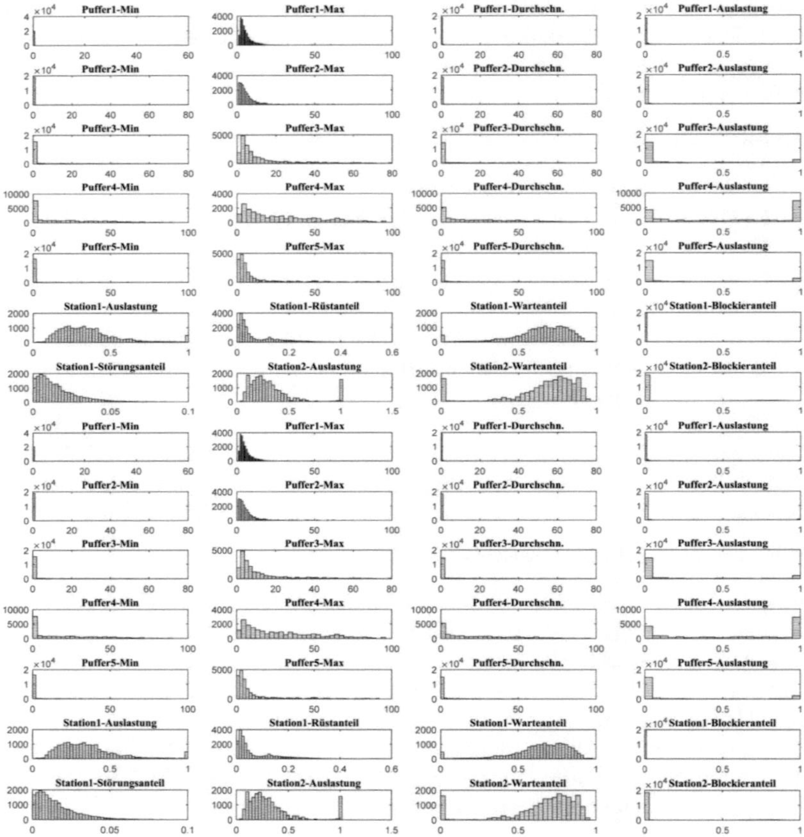

Abbildung 55: Histogramme über eine Auswahl von Ergebnisparametern.

Insgesamt sind sehr unterschiedliche Verteilungen der Ergebnisparameter zu beobachten. Die allermeisten Parameter weisen eine Normalverteilung bzw. eine logarithmische Normalverteilung (Normalverteilung über positiv reelle Zahlen) auf. Hingegen weisen insbesondere die mit Puffern in Verbindung stehenden Parameter zum größten Teil sehr einseitige, exponentialverteile Werteverläufe auf. Somit scheinen die durch den Experimentplan abgebildeten Stellgrößen keinen besonders großen Einfluss auf die Kennzahlen der Puffer zu haben. Einzig Puffer 4 bildet hier eine Ausnahme. Die Verteilungen der Auslastung und Maximalbelegung unterscheiden sich deutlich von denen der anderen Puffer.

Weiter fällt auf, dass die Qualitätssicherungsstation in den allermeisten Fällen voll ausgelastet ist. Hier lässt sich daher bereits ein Systemengpass vermuten, was in weiteren Analysen überprüft werden muss. Der Durchsatz bewegt sich zwischen 350 und 2700 Stück. Somit liefert das System selbst unter den günstigsten Bedingungen (im Rahmen der gewählten Faktorgrenzen und in der betrachteten Simulationszeit) bestenfalls einen Durchsatz von 2700, respektive unter den ungünstigsten Bedingungen einen Mindestdurchsatz von 350 Stück im Simulationszeitraum.

Welche Faktoren haben den größten Einfluss auf die Ergebnisdaten?

Um einen ersten Eindruck zur Beziehung zwischen Faktoren und Ergebnisparametern zu bekommen, bietet sich die Analyse der bereits angesprochenen Korrelationsmatrix an. Bei einer großen Anzahl von Faktoren und Ergebnisparametern muss diese interaktiv exploriert werden durch Zoomen und Scrollen, wie Abbildung 56 zeigt. Gefärbte Zellen zeigen hierbei interessante Regionen auf. Analog zur oben beschrieben Auslastung der QS-Station fällt auf, dass insbesondere die mit der QS-Station zusammenhängenden Faktoren (QS-Prozesszeit und QS-Prozesszeit Var.) mit sehr vielen Ergebnisparametern stark positiv oder stark negativ korreliert sind. Dies ist ein weiterer Indikator dafür, dass die QS-Station ein Schlüsselelement für das Systemverhalten darstellt.

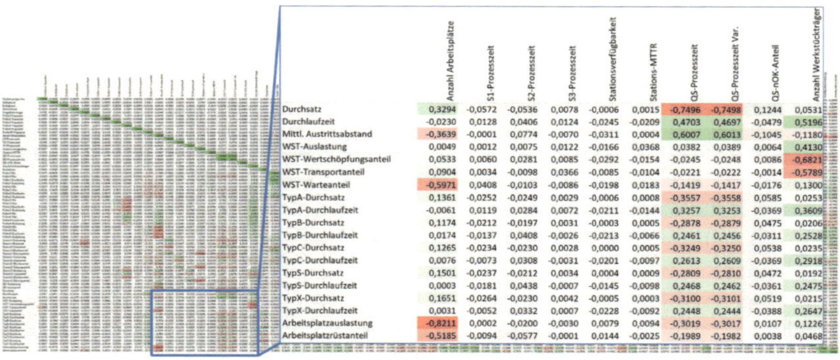

	Anzahl Arbeitsplätze	S1-Prozesszeit	S2-Prozesszeit	S3-Prozesszeit	Stationsverfügbarkeit	Stations-MTTR	QS-Prozesszeit	QS-Prozesszeit Var.	QS-nOK-Anteil	Anzahl Werkstückträger
Durchsatz	0,3294	-0,0572	-0,0536	0,0078	-0,0006	0,0015	-0,7496	-0,7498	0,1244	0,0531
Durchlaufzeit	-0,0230	0,0128	0,0406	0,0124	-0,0245	-0,0209	0,4703	0,4697	-0,0479	0,5196
Mittl. Austrittsabstand	-0,3639	-0,0001	0,0774	-0,0070	-0,0311	0,0004	0,6007	0,6013	-0,1045	-0,1180
WST-Auslastung	0,0049	0,0012	0,0075	0,0122	-0,0166	0,0368	0,0382	0,0389	0,0064	0,4130
WST-Wertschöpfungsanteil	0,0533	0,0060	0,0281	0,0085	-0,0292	-0,0154	-0,0245	-0,0248	0,0086	-0,6821
WST-Transportanteil	0,0904	0,0034	-0,0098	0,0366	-0,0085	-0,0104	-0,0221	-0,0222	-0,0014	-0,5789
WST-Warteanteil	-0,5971	0,0408	-0,0103	-0,0086	-0,0198	0,0183	-0,1419	-0,1417	-0,0176	0,1300
TypA-Durchsatz	0,1361	-0,0252	-0,0249	0,0029	-0,0006	0,0008	-0,3557	-0,3558	0,0585	0,0253
TypA-Durchlaufzeit	-0,0061	0,0119	0,0284	0,0072	-0,0211	-0,0144	0,3257	0,3253	-0,0369	0,3609
TypB-Durchsatz	0,1174	-0,0212	-0,0197	0,0031	-0,0003	0,0005	-0,2878	-0,2879	0,0475	0,0206
TypB-Durchlaufzeit	0,0174	-0,0137	0,0408	-0,0026	-0,0213	-0,0066	0,2461	0,2456	-0,0311	0,2528
TypC-Durchsatz	0,1265	-0,0234	-0,0230	0,0028	0,0000	0,0005	-0,3249	-0,3250	0,0538	0,0235
TypC-Durchlaufzeit	0,0076	-0,0073	0,0308	-0,0031	-0,0201	-0,0097	0,2613	0,2609	-0,0369	0,2918
TypS-Durchsatz	0,1501	-0,0237	-0,0212	0,0034	0,0004	0,0009	-0,2809	-0,2810	0,0472	0,0192
TypS-Durchlaufzeit	0,0003	-0,0181	0,0438	-0,0007	-0,0145	-0,0098	0,2468	0,2462	-0,0361	0,2475
TypX-Durchsatz	0,1651	-0,0264	-0,0230	0,0042	-0,0005	0,0003	-0,3100	-0,3101	0,0519	0,0215
TypX-Durchlaufzeit	0,0031	-0,0052	0,0332	0,0007	-0,0228	-0,0092	0,2448	0,2444	-0,0388	0,2647
Arbeitsplatzauslastung	-0,8211	0,0002	-0,0200	-0,0030	0,0079	0,0094	-0,3019	-0,3017	0,0107	0,1226
Arbeitsplatzrüstanteil	-0,5185	-0,0094	-0,0577	-0,0001	0,0144	-0,0025	-0,1989	-0,1982	0,0038	0,0468

Abbildung 56: Korrelationsmatrix über alle Faktoren- und Ergebnisparameter in Anlehnung an [Fe+2017c, S. 174].

Wie bereits in der Fallstudie zuvor soll das Systemverhalten wieder multidimensional betrachtet werden, was durch die Klassifizierung der Ergebnisparameter mittels Clustering ermöglicht wird. Als Eingabeparameter für das Clustering wurden die Ergebnisparameter Durchsatz, durchschnittliche Arbeitsplatz- und

Werkstückträgerauslastung, sowie durchschnittliche Durchlaufzeit eines Produkts ausgewählt, um ein möglichst breites aber gleichzeitig relevantes Spektrum von Systemelementen zu berücksichtigen. Um die beste Strukturierung der Daten durch Clustering zu finden, wurde der Silhouettenkoeffizient für verschiedene Clustergrößen und Distanzmaße berechnet. Abbildung 57 zeigt die Ergebnisse dieser Berechnung. Als beste Variante wurde dann entsprechend ein korrelationsbasiertes Distanzmaß[25] mit vier Clustern ausgewählt.

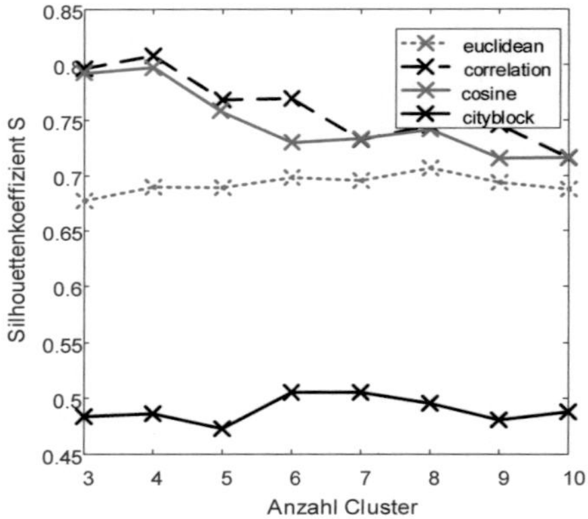

Strukturierung	Silhouettenkoeff
stark	0,75 < S ≤ 1,00
mittel	0,50 < S ≤ 0,75
schwach	0,25 < S ≤ 0,50
keine Struktur	0,00 < S ≤ 0,25

Abbildung 57: Silhouettenkoeffizient für verschiedene Clusteranzahlen und Distanzmaße [Fe+2017c, S. 175].

Abbildung 58 zeigt einen Matrixplot über die Ergebnisparameter, jeweils gefärbt nach Clusterzugehörigkeit. Cluster 1 (blau) erstreckt sich beim Durchsatz, der Arbeitsplatzauslastung und der Auslastung der Werkstückträger über fast die gesamte Bandbreite der Parameterwerte. Insbesondere bei der Werkstückträgerauslastung finden sich einige Ausreißer um 0,7, die von diesem Cluster mitabgedeckt werden. Bei der durchschnittlichen Durchlaufzeit deckt dieser Cluster ungefähr die rechte Hälfte des Parameterspektrums, also die im Schnitt höheren Durchlaufzeiten ab. Cluster 2 hingegen beschränkt sich bei Durchsatz, Werkstückträgerauslastung sowie Durchlaufzeit auf einen sehr kleinen, aus Sicht der Systemperformanz günstigen Wertebereich. Lediglich beim Parameter Arbeitsplatzauslastung streut dieser Cluster über einen etwas größeren Wertebereich. Da das vorliegende Clustering bereits die rechnerisch beste Gruppierung reprä-

[25] Für die Dokumentation der entsprechenden Formel zur Berechnung des Distanzmaßes siehe [Ma2019a].

sentiert, scheinen somit in den vorhandenen Daten keine Simulationsexperimente zu existieren, die in jeweils allen vier betrachteten Ergebnisparametern eine sehr gute Performanz haben. Nach dem ersten optischen Eindruck kann Cluster 2 (orange) insofern als bester Trade-off zwischen den vier betrachteten Ergebnisparametern angesehen werden.

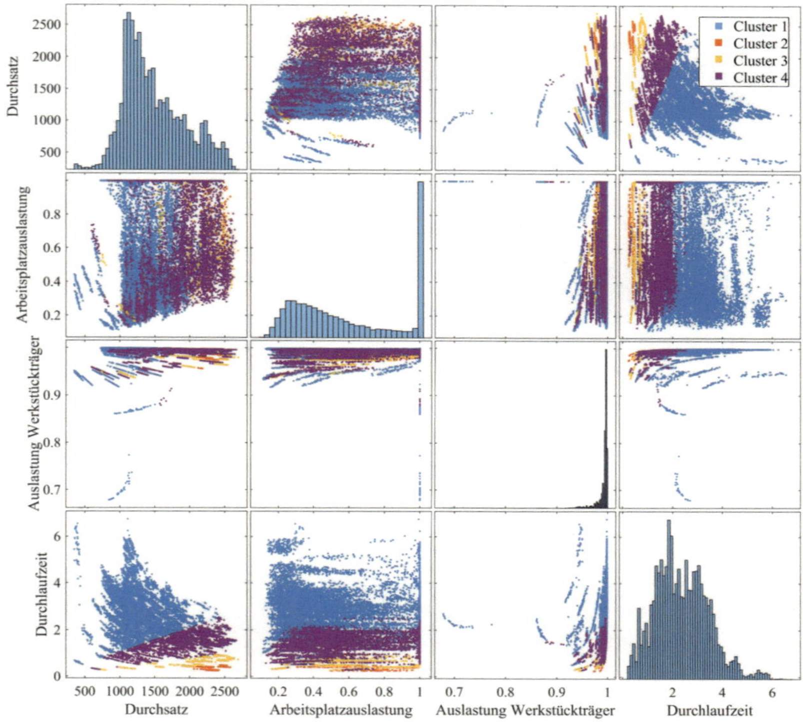

Abbildung 58: Matrixplot für Ergebnisparameter gefärbt nach Clusterzugehörigkeit in Anlehnung an [Fe+2017c, S. 175].

Eine erste Analyse der Beziehungen zwischen Faktoren und Clusterzuordnung ergab, dass die Kapazität von Puffer 3 einen wesentlichen Einfluss auf die Clusterzuordnung hat, wie exemplarisch der in der Mitte von Abbildung 59 dargestellte Boxplot aufzeigt. Dieser Zusammenhang erschien zunächst nicht logisch und nicht erklärbar. Weitergehende Analysen zeigten einen starken Zusammenhang zwischen der Kapazität von Puffer 3 und der durchschnittlichen Durchlaufzeit, wie der Scatterplot auf der linken Seite von Abbildung 59 zeigt. Der Zusammenhang zwischen Puffer 3 Kapazität und Durchlaufzeit schlägt dann wiederrum auf die Clusterzuordnung durch. Auf der rechten Seite von Abbildung 59 ist das Ergebnis einer logistischen Regression zwischen der Kapazität von Puffer 3 und der Clusterzuordnung dargestellt. Die Wahrscheinlichkeit für die Zuordnung zum Cluster 2 mit guter Systemleistung (orange) nimmt mit zunehmender Pufferkapazität ab, während die Wahrscheinlichkeit für die Zuordnung zu Cluster 4 mit höher Pufferkapazität zunimmt und bei einer Maximalkapazität von 100 nahe 100 % liegt.

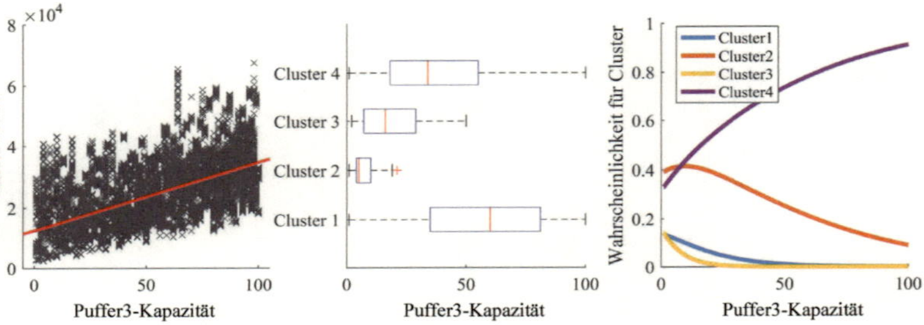

Abbildung 59: Scatterplot, Boxplot und logistische Regression für den Faktor Puffer3-Kapazität.

Weitergehende Analysen des Simulationsmodells ergaben, dass bei vollständiger Auslastung von Puffer 3 ein Rückstau entstehen kann, der sich im ungünstigsten Fall bis zur Quelle ausdehnt. In diesen Fällen kommt die Eigenschaft des verwendeten Simulators Plant Simulation zum Tragen, dass Wartezeiten auf der Quelle nicht zur Durchlaufzeit eines Produkts hinzugerechnet werden. Somit ist die durchschnittliche Durchlaufzeit nicht mehr über alle Simulationsexperimente vergleichbar, da ein vollständig gefüllter Puffer 3 im Vergleich zu eher kürzeren Durchlaufzeiten führt. Dies zeigt auf, dass die Methode der Wissensentdeckung in Simulationsdaten neben der Aufdeckung von Wirkzusammenhängen auch dazu geeignet ist, Anomalien bzw. abnormales Systemverhalten aufzudecken und insofern auch zur Modellvalidierung verwendet werden kann.

Als Alternative zum Ergebnisparameter Durchlaufzeit wurde dann der an der Senke gemessene mittlere Austrittsabstand herangezogen. Das erneut durchgeführt Clustering-Ergebnis ist abermals in einem Matrixplot in Abbildung 60 dargestellt. Die bereits diskutierten Ergebnisse bleiben insgesamt gleich: Cluster 2 (orange) deckt eine gute Systemperformanz unter der Berücksichtigung ab, dass die durchschnittliche Arbeitsplatzauslastung gegenüber den anderen drei Parametern in einem verhältnismäßig großen Wertebereich streut. In Cluster 1 (blau) hingegen finden sich Ausreißer der durchschnittlichen Auslastung der Werkstückträger sowie der durchschnittlichen Austrittsrate.

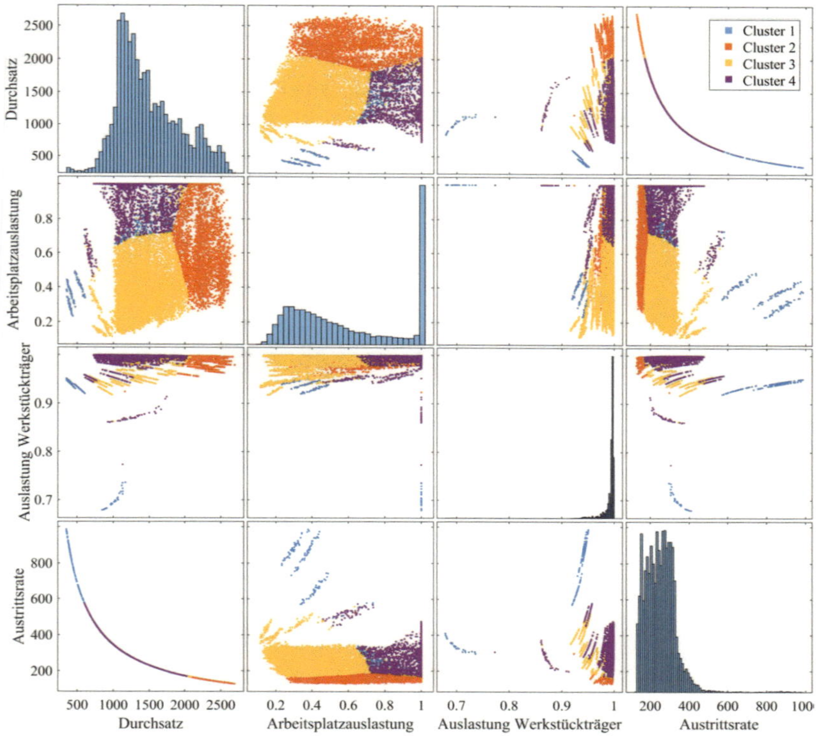

Abbildung 60: Matrixplot für Ergebnisparameter gefärbt nach Clusterzugehörigkeit nach der veränderten Parameterauswahl.

Für die Untersuchung der Beziehungen zwischen Faktoren und Clusterzuordnung wurde eine Parallelkoordinatendarstellung gewählt, welche in Abbildung 61 dargestellt ist. Die hier gewählte Darstellung zeigt nicht wie zuvor sämtliche Simulationsexperimente als horizontale Linien, sondern die jeweiligen Quantile und Mittelwerte. Diese Darstellung zeigt also die durch die Clusterzuordnung entstandene Schiefe der ursprünglich gleichverteilten Faktorwerte an. Je enger die Linien beieinanderliegen, desto schiefer ist die Werteverteilung und desto größer ist der Einfluss eines Faktors auf die Clusterzuordnung.

Hierbei zeigt sich, dass bei Cluster 2 (orange) die Faktoren der QS-Station eine wesentliche Rolle spielen. In Cluster 1 (blau) sind diese hingegen nahezu gleichverteilt. Weiterhin spielt die Anzahl der parallel arbeitenden Arbeitsplätze eine wesentliche Rolle. So ist die Mindestanzahl bzw. das untere Quartil der Arbeitsplätze in Cluster 2 deutlich höher als in den anderen Clustern, wohingegen in Cluster 1 fast ausschließlich Experimente mit Arbeitsplatzanzahl = 1 aufzufinden sind und der Faktor Arbeitsplatzanzahl offenkundig der einzige wesentliche Einflussfaktor in diesem Cluster ist.

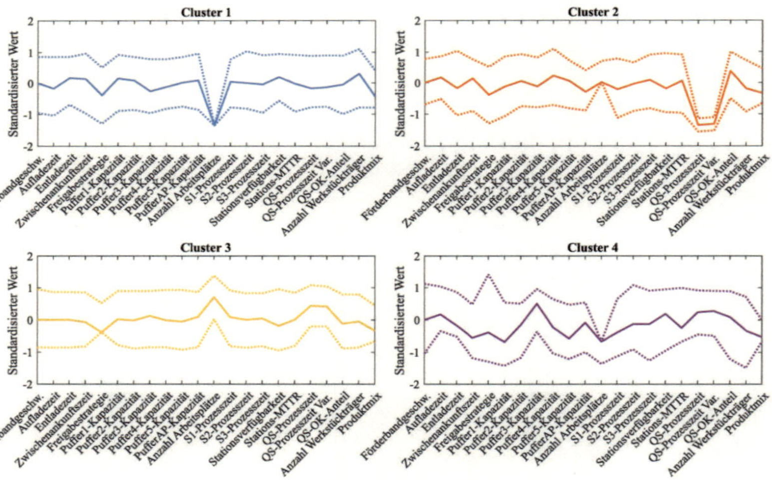

Abbildung 61: Parallelkoordinatenvisualisierungen der Faktoren gefiltert nach Clusterzugehörigkeit.

Existieren Wechselwirkungen zwischen den Faktoren?

Die oben gezeigte Parallelkoordinatendarstellung zeigt einen ersten Eindruck über den Zusammenhang von Faktoren und Clusterzuordnung. Für eine genauere Betrachtung sowohl der genauen Faktorwerte als auch des Zusammenspiels von Faktoren für eine bestimmte Clusterzuordnung wurde ein Entscheidungsbaum generiert. Dieser ist sehr komplex und kann nur interaktiv durch Pruning, Zoomen und Nachverfolgung der einzelnen Äste untersucht werden. Abbildung 62 zeigt beispielhaft einen Ausschnitt des Baums.

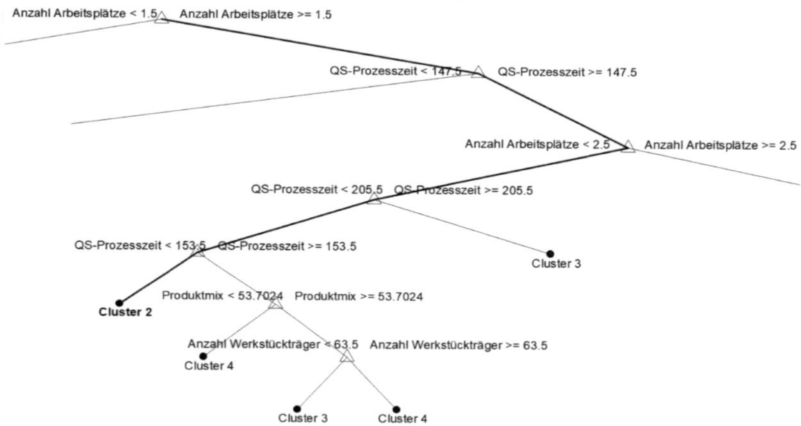

Abbildung 62: Visualisierung des Entscheidungsbaummodells (Ausschnitt).

Der ausgewählte, fett gezeichnete Ast zeigt exemplarisch eine Regel, welche Faktorwerte beschreibt, die zur Zuteilung des Simulationsexperiments zu Cluster 2 führen: Mindestens 3 parallel arbeitende Arbeitsplätze sowie eine Prozesszeit der QS-Station zwischen 147 Sekunden und 153 Sekunden.

Weitere, nicht abgebildete Regeln zeigen, dass beispielsweise bei einer QS-Prozesszeit kleiner 139 Sekunden die Anzahl der parallel arbeitenden Arbeitsplätze höchstens 4 sein darf, da sonst die von Cluster 2 erfasste, hohe durchschnittliche Auslastung der Arbeitsplätze nicht mehr gewährleistet werden kann. Im Detail weisen die relevanten Faktoren also durchaus Wechselwirkungen auf. Der eingangs vermutete Engpass durch die QS-Station kann zwar als bestätigt angesehen werden, allerdings besteht eine Verbindung mit der Anzahl von Arbeitsplätzen, die berücksichtigt werden muss, um überhaupt eine gute Systemperformanz zu erzielen.

Die Produktmixkennzahl spielt im Entscheidungsbaum zumindest für die Zuteilung von Cluster 2 eine sehr untergeordnete Rolle. Dies liegt daran, dass die Clusterzuordnung über alle Produktmixkonfigurationen berechnet wurde und somit Cluster 2 die im Durchschnitt beste Systemleistung repräsentiert. Ausreißer gegenüber bestimmten Störkonfigurationen fallen hier nicht oder nur wenig ins Gewicht. Im nächsten Schritt soll daher die Robustheit der Systemkonfigurationen analysiert werden.

Welche Konfigurationen sind robust gegenüber nicht beeinflussbaren Störgrößen und welche Produktmixe sind kritisch hinsichtlich bestimmter Zielgrößen?

Zur Analyse der Robustheit der einzelnen Systemkonfigurationen wurde das gekreuzte Experimentdesign verwendet. Hierfür kann für jede Kombination von System- und Störgrößenkonfiguration ein Wert entsprechend der Verlustfunktionen[26] berechnet werden sowie ein Gesamtverlust je Systemkonfiguration. Die entsprechenden Formeln zur Berechnung finden sich in Tabelle 21. In den gezeigten Formeln stehen y und $\bar{y}$ für den Wert der betrachteten Zielgröße bzw. für den Mittelwert über eine gesamte Systemkonfiguration. σ^2 steht analog dazu für die Varianz einer Zielgröße. Zusätzlich stehen k für einen optionalen, projektspezifischen Kostenfaktor sowie τ für den vorgegeben Zielwert.

Tabelle 21: Formeln für verschiedene Typen der Verlustfunktion in Anlehnung an [Ta1988; Ph1989; Pa+2006a].

Typ der Verlustfunktion	**Verlust für eine Kombination aus System-und Störkonfiguration**	**Gesamtverlust für eine Systemkonfiguration**
Nominal-the-best	$L = k(y - \tau)^2$	$\bar{L} = k[\sigma^2 + (\bar{y} - \tau)^2]$
Smaller-the-better	$L = ky^2$	$\bar{L} = k[\bar{y}^2 + \sigma^2]$
Larger-the-better	$L = k(1/y^2)$	$\bar{L} = \left(\sum(1/y^2)\right)/n$

Abbildung 63 zeigt exemplarisch die Berechnung für den Parameter Durchsatz nach der Larger-the-better-Formel in Form einer Heatmap. Hierzu wurden System- und Störkonfigurationen in einer Matrix angeordnet, wobei jede Zelle den Wert der Verlustfunktion für den Durchsatzwert des jeweiligen Simulationsexperimentes angibt. Zusätzlich wurden die Systemkonfigurationen entsprechend der Gesamtrobustheit sortiert. Die farbliche Kodierung von grün nach rot zeigt hierbei die Höhe des Verlustes an. Die robustesten Systemkonfigurationen sind dementsprechend an der Spitze der Liste zu finden.

[26] Siehe hierzu S. 88.

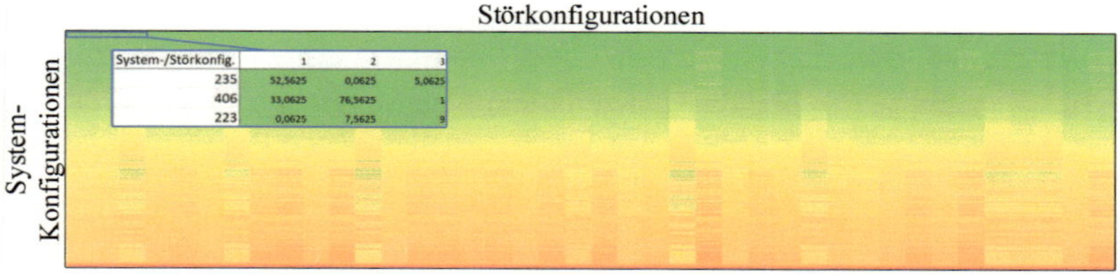

Abbildung 63: Heatmap für Verlustwerte des Parameters Durchsatz in Anlehnung an [Fe+2017b, S. 3958].

Es fallen auch einige Störkonfigurationen auf, die über alle Systemkonfigurationen hinweg (vertikale Streifen) und insbesondere in den oberen Regionen eine schlechtere Robustheit aufweisen als andere. Diese Störkonfigurationen können also als besonders kritisch gegenüber der Systemrobustheit angesehen werden. Abbildung 64 zeigt eine Parallelkoordinatenvisualisierung, in welcher jene Störkonfigurationen farblich hervorgehoben sind. Auffallend ist, dass in diesen Konfigurationen der Anteil von Produkt A, B, und C tendenziell eher niedriger ausfällt und der Anteil bei Produkt S und X deutlich höher ausfällt als bei den anderen Konfigurationen. Insofern lässt sich feststellen, dass ein hoher Anteil von Produkt S und X in Kombination die Robustheit des Systems unabhängig von der gewählten Systemkonfiguration allgemein verschlechtert.

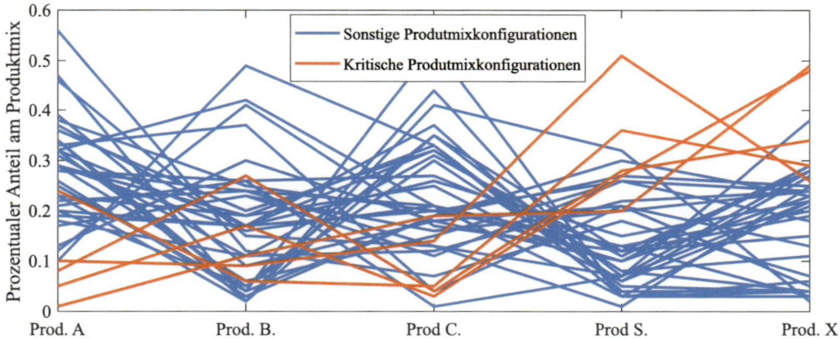

Abbildung 64: Verteilung der Produktanteile nach kritischen und sonstigen Produktmixkonfigurationen.

Weiter kann nun der Zusammenhang zwischen den Faktoren und sehr robusten Systemkonfigurationen untersucht werden. Allerdings muss die Robustheit des Systems analog zu den obigen Analysen multidimensional betrachtet werden, da, wie bereits festgestellt, mehrere Ergebnisparameter für die Bewertung der Systemleistung relevant sind.

Die Robustheit für die Parameter Arbeitsplatzauslastung und Werkstückträgerauslastung wurde jeweils mit der Larger-the-better-Formel berechnet. Für den Parameter mittlerer Austrittsabstand wurde die Smaller-the-better-Formel verwendet. Danach wurde erneut ein Clustering durchgeführt, dessen Ergebnis in Abbildung 65 gezeigt wird. Für das Clustering wurde jeweils der Robustheitswert, d. h. der jeweilige Wert der Verlustfunktion, für die Systemkonfigurationen in den oben genannten Ergebnisparametern herangezogen. Ein möglichst kleiner Wert ist zu präferieren. Cluster 1(blau) ist somit als Zielcluster anzusehen, der in allen vier Dimension im Schnitt jeweils den geringsten Verlust aufweist.

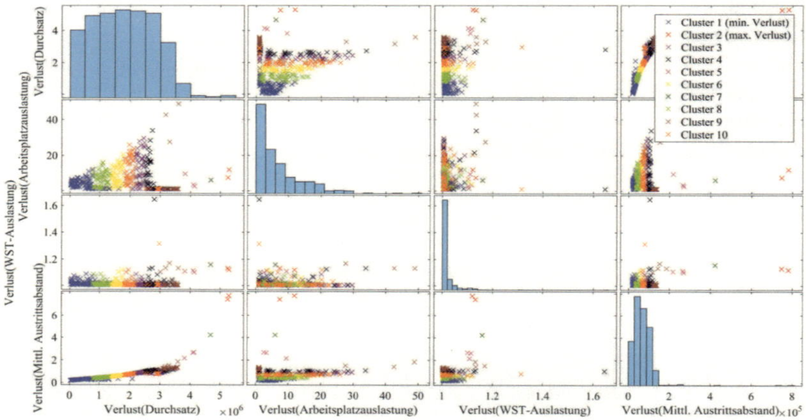

Abbildung 65: Clustering für Robustheitswerte der Systemkonfigurationen in vier Ergebnisparametern in Anlehnung an [Fe+2017b, S. 3959].

Welche Faktoren haben einen (positiven oder negativen) Einfluss auf die Robustheit von Konfigurationen?

Zur Untersuchung der Beziehung zwischen Faktoren und Systemrobustheit stehen analog dieselben Methoden zur Verfügung wie bei der Untersuchung der Beziehung zwischen Faktoren und normalen Ergebnisparametern. In der vorliegenden Fallstudie wurde hierfür erneut ein Entscheidungsbaum generiert, welcher in Abbildung 66 ausschnittsweise gezeigt wird. Ausschließlich die in der Abbildung gezeigte linke Hälfte nach dem ersten Split des Baums beinhaltet Äste, die zu Cluster 1 (Cluster mit geringstem Verlust) führen. Im Vergleich mit dem zuvor generierten Entscheidungsbaum über alle Simulationsexperimente zur allgemeinen Systemperformanz (siehe Abbildung 62, S. 145) ist die Prozesszeit der QS-Station für ein robustes Systemverhalten deutlich wichtiger als die Anzahl der Arbeitsplätze. Darüber hinaus steht die QS-Prozesszeit zur Erreichung der besten Systemrobustheit in einer Wechselwirkung mit dem Faktor für den prozentualen Anteil der ok-Teile. Dies ist aus den Ästen des abgebildetenen Baumes ersichtlich ist.

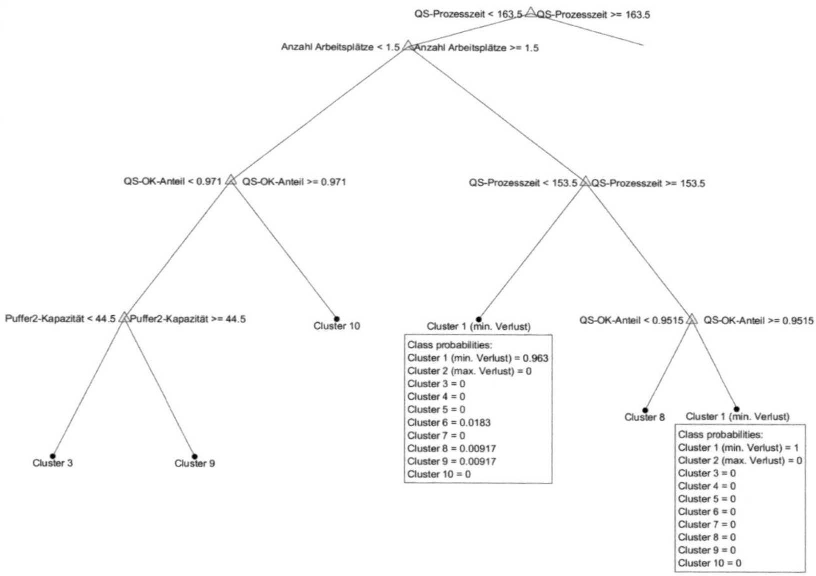

Abbildung 66: Visualisierung des Entscheidungsbaummodells (Aussschnitt) über die Systemrobustheit in Anlehnung an [Fe+2017b, S. 3960].

Diesen Zusammenhang bestätigt die in Abbildung 67 gezeigte Berechnung der Prädiktorenwichtigkeit für die zwei generierten Entscheidungsbäume. Je höher ein Baumprädiktor, d. h. Faktor des Simulationsmodells, bewertet ist, desto größer ist sein Informationsgehalt für die Aufsplittung der Äste im Baum und umso größter ist damit auch sein Einfluss auf die Variabilität der Ergebnisdaten. Anders dargestellt beschreibt der erste Baum den Einfluss von Faktoren auf die allgemeine, durchschnittliche Systemperformanz. Der zweite Baum beschreibt hingegen den Einfluss von Faktoren auf die Robustheit von Systemkonfigurationen unter der Berücksichtigung von Schwankungen bzw. Varianz in der Systemperformanz.

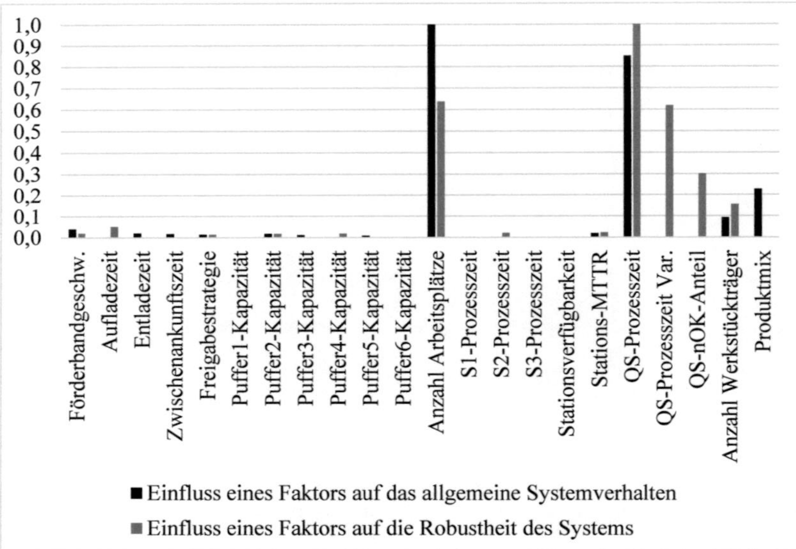

Abbildung 67: Wichtigkeit der Prädiktoren der Entscheidungsbäume im Vergleich.

Abschließend wurden zur Validierung der Robustheitsanalysen die im Baum dargestellten, zum Cluster 1 (min. Verlust) führenden Regeln auf die Gesamtmenge der Systemkonfigurationen angewandt. Dies zeigen die in Abbildung 68 dargestellten Scatterplots.

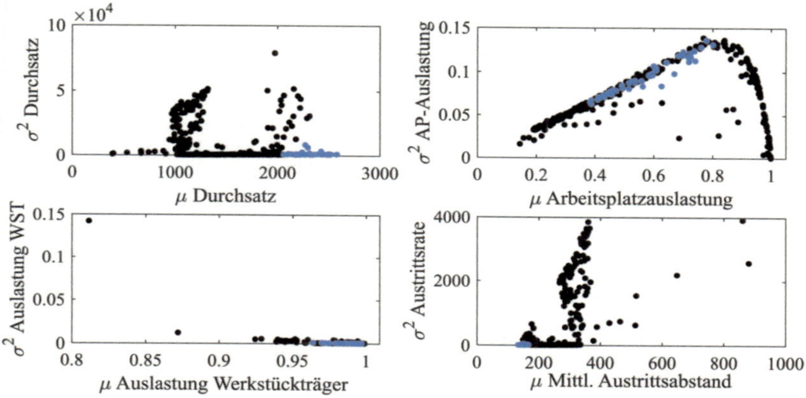

Abbildung 68: Mittelwert/Varianzplots der betrachteten Ergebnisparameter in Anlehnung an [Fe+2017b, S. 3961].

Dargestellt sind jeweils Mittelwert und Varianz einer Systemkonfiguration in den vier untersuchten Ergebnisparametern, wobei die von den entsprechenden Regeln betroffenen Punkte farblich blau hervorgehoben sind. Hier zeigt sich der über alle vier Parameter durch das Clustering implizit getroffene Trade-off: Für die Parameter Durchsatz und mittlerer Austrittsabstand sind jeweils die Konfigurationen markiert, die sowohl im Mittelwert zu präferieren sind als auch die geringste Varianz aufweisen. Für den Parameter Auslastung der Werkstückträger existieren einzeln betrachtet auch Konfigurationen mit noch besseren Werten. In diesem Beispiel wird hierbei unterstellt, dass eine maximale Auslastung als wünschenswert betrachtet wird. Für den Parameter Arbeitsplatzauslastung streuen die markierten Systemkonfigurationen im mittleren Bereich sowohl bezüglich Mittelwert als auch Varianz.

Insbesondere beim Parameter Durchsatz sind die im Mittelwert zu präferierenden Konfigurationen auch gleichzeitig die varianzärmsten Konfigurationen. Es kann keine Konfiguration mit durchschnittlich schlechterem Durchsatz zugunsten einer Varianzreduktion des Durchsatzes gewählt werden. Dies liegt am konkreten Verhalten des in dieser Fallstudie verwendeten Modells und muss nicht allgemein für andere Modelle gelten. Darüber hinaus wurde als Verlustfunktion der Larger-the-better-Typ bzw. Smaller-the-Better-Typ gewählt. Bei Verwendung der Nominal-the-best-Verlustfunktion, bei der die Abweichung von einem vorgegebenen Zielwert sowohl nach unten als auch nach oben bestraft wird, würde sich die Sachlage entsprechend anders darstellen. Denkbar wäre in einem

Realsystem beispielsweise die Festlegung eines Zielwerts für Auslastungsparameter. Auch beim Durchsatz könnte ein Zielwert angestrebt werden, um nachfolgende System hinter der Systemgrenze des Modells nicht zu überlasten bzw. zielgerichtet auszulasten.

5.3 Feldstudie 1 – Intralogistik im Untertagebergbau

Die vorliegende Feldstudie behandelt das Modell einer Untertage-Goldmine in Westaustralien.[27] Konkret werden hier die intralogistischen Prozesse innerhalb der Anlage betrachtet. Für den Transport des geschürften Materials von der Schürfstelle bis zur Oberfläche werden Muldenkipperfahrzeuge verwendet, die das Material an sogenannten Loadingports aufnehmen können, um dieses dann über Tunnelsysteme zur Weiterverarbeitung an die Oberfläche zu bringen. Die Transportrouten sind auf einem sehr detaillierten, mikroskopischen Level implementiert, d. h., dass die Fahrzeugführer mit anderen Fahrzeugen interagieren und es insbesondere an Engstellen zu Staus und Blockaden kommen kann. Einige der Engstellen sind sogar nur von jeweils einem Fahrzeug passierbar, sodass Fahrzeuge eventuell aufeinander warten müssen. Aufwärtsfahrende Muldenkipper haben dabei immer Vorfahrt, um das Anfahren an Steigungen zu vermeiden. Das Simulationsmodell wurde mit Wolverine SLX[28] entwickelt und war bereits in einem anderweitigen Vorprojekt im Einsatz. Zum Zeitpunkt der Modellerstellung operierte die Mine mit zwei Basis-Loadingpoints auf 1100 m und 1200 m unter der Erdoberfläche. Die Mine wird saisonal mit der Option zum Vorstoß auf tiefere Schürfebenen in Abhängigkeit des zur jeweiligen Saison zu erzielendem Marktpreises für Gold betrieben. Schürftiefen bis hin zu 2000m unter der Erdoberfläche waren bereits im Simulationsmodell vorgesehen. Abbildung 69 zeigt exemplarisch einige Screenshots des Modells.

[27] Auszüge dieser Fallstudie wurden in [Fe+2016] veröffentlicht.

[28] Siehe [He1999].

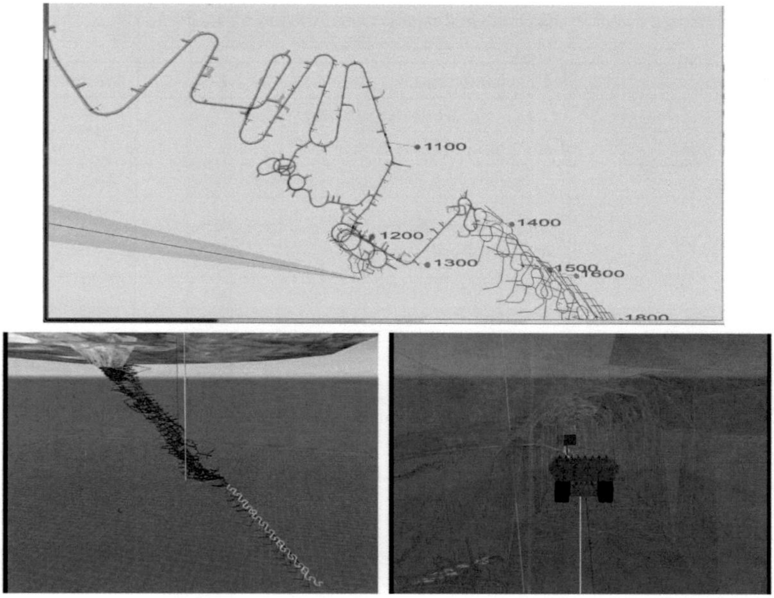

Abbildung 69: Zusammenstellung von 2D- bzw. 3D-Screenshots des Simulationsmodells [Fe+2016, S. 1609].

Im Fokus der Betrachtung steht die Gestaltung des Portfolios von Muldenkippern. Diese werden üblicherweise durch Leasingverträge beschafft, sodass das Portfolio an Fahrzeugen hier relativ flexibel gestaltet bzw. erweitert werden kann. Auf der anderen Seite verursachen die Wartung der Fahrzeuge sowie die notwendige Schulung von Mitarbeitern hohe Kosten, sodass ein homogenes Portfolio präferiert wird. Unterschieden werden muss hierbei zwischen geplanter Wartung und ungeplanter Reparatur der Fahrzeuge. Beides wird in einer speziell dafür eingerichteten Werkstatt über Tage durchgeführt. Der Weg vom Loadingport bis zur Oberfläche dauert bei einer Durchschnittsgeschwindigkeit von wenigen Kilometern pro Stunde bergaufwärts deutlich länger als bergabwärts. Dieses Problem ist auch für Schichtwechsel relevant, welche ebenfalls an der Oberfläche vollzogen werden. Der Experimentplan wurde in Absprache mit den Domänenexperten entwickelt. Hierzu wurden die Faktoren in Entscheidungs- und Störfaktoren unterteilt, wie Tabelle 22 zeigt.

Tabelle 22: Faktoren des Simulationsmodells in Anlehnung an [Fe+2016, S. 1610].

Faktorname	Beschreibung	Wertebereich
	Entscheidungsfaktoren	
#Fahrzeuge	Anzahl der Muldenkipper	10 – 20
Tonnage	Nutzlast eines Muldenkippers in Tonnen	[20/30/40/50]
LoadingPort	Tiefe des Loadingports in Metern unterhalb der Erdoberfläche	[1100 – 2000] Jeweils in 100er Schritten
Schicht	Aktive Arbeitsstunden in einer Schicht	[9/10/11]
	Störfaktoren	
Abwärtsgeschwindigkeit	Geschwindigkeit eines Muldenkippers beim Herunterfahren eines Tunnels	8 – 14
Beladezeit	Beladezeit für einen Muldenkipper in Minuten	2 – 5
Werkstattrate	Wahrscheinlichkeit für ungeplantes Anfahren der Werkstatt für Reparaturen	10 – 20

Es wurde keine explizite Robustheitsanalyse im Sinne einer Varianzminimierung nach Taguchi durchgeführt. Dennoch war es in dieser Fallstudie wichtig, zwischen in der Realität kontrollierbaren und nicht kontrollierbaren Faktoren zu unterscheiden, da über das gekreuzte Experimentdesign das Systemverhalten je Kontrollfaktorkonfiguration jeweils über die gesamte Ausprägungsbandbreite der Störfaktoren durchschnittlich bewertet werden kann. Für beide Faktorkategorien wurde jeweils ein 512-zeiliges NOLH-Design[29] erstellt. Anschließend wurden beide Experimentpläne gekreuzt, sodass ein Gesamtexperimentplan mit 262.144 Simulationsexperimenten entstand. Jedes Simulationsexperiment hatte eine Simulationszeit 31 Tagen, wobei der erste Tag als Aufwärmphase und die übrigen 30 Tage für das Sammeln der Ergebnisdaten verwendet wurde. Auf Seite der Ergebnisdaten wurden 12 verschiedene Ergebnisparameter erfasst. Kostenbetrachtungen sind in diesem Modell für die Entscheidungsträger im Zusammenhang mit der Verwaltung des Fahrzeugportfolios von sehr großer Wichtigkeit, weshalb zusätzlich zu den technisch-organisatorischen Ergebnisparametern auch einige kostenbezogene Parameter erfasst wurden, wie Tabelle 23 zeigt.

[29] Für das verwendete Designspreadsheet siehe [Sa2011b].

Tabelle 23: Übersicht über erfasste Ergebnisparameter.

Ergebnisparameter	Beschreibung
Produktivität	Tägliche Ausbringungsmenge von geschürftem Material in Tonnen
Zykluszeit	Durchschnittliche Zeit in Minuten, die ein Muldenkipper für einen kompletten Be- und Entladezyklus benötigt.
WZ-Herunterfahren	Durchschnittliche Wartezeit (WZ) während des Herunterfahrens
WZ-Hochfahren	Durchschnittliche Wartezeit während des Hochfahrens
WZ-Beladen	Durchschnittliche Wartezeit vor dem Beladepunkt
WZ-Entladen	Durchschnittliche Wartezeit vor dem Entladepunkt
Gesamtwartezeit	Durchschnittliche Gesamtwartezeit (Summe der oben genannten Wartezeiten)
KostenTonne	Kosten pro geförderter Tonne Material exklusive Kraftstoffkosten
Kraftstoffkosten-Tonne	Kraftstoffkosten pro geförderter Tonne
GesamtkostenTonne	Gesamtkosten pro geförderter Tonne
Kosten	Absolute Gesamtkosten
GefahreneKM	Von Muldenkippern insgesamt zurückgelegte Fahrtstrecke

Als Orientierung zur Durchführung der Analyse wurden in Absprache mit den Domänenexperten folgende Analyseleitfragen aufgestellt:

1. Können interessante Muster und Zusammenhänge aus den Simulationsdaten extrahiert werden, aus welchen dann nützliches Wissen für die Bergbauingenieure geniert werden kann?
2. Welches Portfolio von Muldenkippern ist performant auf der bestehenden Basistiefe von 1100 m unter der Erdoberfläche?
3. Welches Portfolio ist auch auf tieferen Schürfebenen konsistent performant und wie verhalten sich dazu relevante Kostenparameter?

Diese Analyseleitfragen werden nun im Folgenden bearbeitet.

Interessante Muster und Zusammenhänge: Modellverständnis und wichtige Einflussfaktoren

Für einen ersten Eindruck der Beziehungen zwischen Ergebnisparametern untereinander sowie zwischen Faktoren und Ergebnisparametern, wurde eine Korrelationsmatrix erstellt, die in Abbildung 70 gezeigt wird. Hier sind bereits einige Auffälligkeiten zu erkennen.

	Faktoren							Ergebnisparameter											
	#Fahrzeug	Tonnage	Abwärtsgeschw.	Beladezeit	LoadingPort	Schicht	Werkstattrate	Produktivität	Zykluszeit	Gesamtwartezeit	WZ-Herunterfahren	WZ-Hochfahren	WZ-Beladen	WZ-Entladen	KostenTonne	GefahreneKM	KraftstoffkostenTonne	GesamtkostenTonne	Kosten
#Fahrzeug	1,00	0,00	0,00	-0,01	0,00	0,00	0,00	0,80	0,40	0,96	0,96	0,24	0,38	0,09	0,97	0,33	0,00	0,30	0,81
Tonnage	0,00	1,00	0,01	-0,01	0,00	0,00	0,00	0,43	0,12	0,06	0,06	0,01	-0,01	-0,02	-0,05	0,10	0,99	0,43	0,52
Abwärtsgeschw.	0,00	0,01	1,00	0,00	0,00	0,00	0,00	0,09	-0,28	0,07	0,07	-0,05	0,21	0,03	0,10	-0,26	0,00	-0,24	0,01
Beladezeit	-0,01	-0,01	0,00	1,00	0,00	0,00	0,00	-0,01	0,03	0,00	-0,02	-0,07	0,56	-0,06	-0,03	0,03	-0,01	0,03	0,01
LoadingPort	0,00	0,00	0,00	0,00	1,00	0,00	0,00	-0,28	0,86	0,18	0,17	0,86	-0,40	-0,03	0,08	0,80	0,00	0,72	-0,05
Schicht	0,00	0,00	0,00	0,00	0,00	1,00	0,00	0,14	-0,04	-0,07	-0,08	-0,01	-0,01	-0,10	0,17	-0,39	0,00	-0,35	0,02
Werkstattrate	0,00	0,00	0,00	0,00	0,00	0,00	1,00	-0,01	0,03	-0,01	-0,01	0,00	-0,01	0,00	-0,01	0,03	0,00	0,03	0,00
Produktivität	0,80	0,43	0,09	-0,01	-0,28	0,14	-0,01	1,00	0,09	0,73	0,74	-0,08	0,47	0,05	0,76	0,01	0,42	0,15	0,94
Zykluszeit	0,40	0,12	-0,28	0,03	0,86	-0,04	0,03	0,09	1,00	0,54	0,53	0,85	-0,24	0,00	0,41	0,93	0,12	0,88	0,34
Gesamtwartezeit	0,96	0,06	0,07	0,00	0,18	-0,07	-0,01	0,73	0,54	1,00	1,00	0,39	0,27	0,09	0,93	0,49	0,07	0,47	0,81
WZ-Herunterfahren	0,96	0,06	0,07	-0,02	0,17	-0,08	-0,01	0,74	0,53	1,00	1,00	0,38	0,26	0,09	0,93	0,49	0,07	0,46	0,81
WZ-Hochfahren	0,24	0,01	-0,05	-0,07	0,86	-0,01	0,00	-0,08	0,85	0,39	0,38	1,00	-0,37	0,02	0,31	0,79	0,01	0,72	0,15
WZ-Beladen	0,38	-0,01	0,21	0,56	-0,40	-0,01	-0,01	0,47	-0,24	0,27	0,26	-0,37	1,00	-0,01	0,33	-0,23	-0,01	-0,21	0,34
WZ-Entladen	0,09	-0,02	0,03	-0,06	-0,03	-0,10	0,00	0,05	0,00	0,09	0,09	0,02	-0,01	1,00	0,07	0,03	-0,02	0,02	0,06
KostenTonne	0,97	-0,05	0,10	-0,03	0,08	0,17	-0,01	0,76	0,41	0,93	0,93	0,31	0,33	0,07	1,00	0,29	-0,05	0,24	0,75
GefahreneKM	0,33	0,10	-0,26	0,03	0,80	-0,39	0,03	0,01	0,93	0,49	0,49	0,79	-0,23	0,03	0,29	1,00	0,11	0,94	0,28
KraftstoffkostenTonne	0,00	0,99	0,00	-0,01	0,00	0,00	0,00	0,42	0,12	0,07	0,07	0,01	-0,01	-0,02	-0,05	0,11	1,00	0,44	0,53
GesamtkostenTonne	0,30	0,43	-0,24	0,03	0,72	-0,35	0,03	0,15	0,88	0,47	0,46	0,72	-0,21	0,02	0,24	0,94	0,44	1,00	0,43
Kosten	0,81	0,52	0,01	0,01	-0,05	0,02	0,00	0,94	0,34	0,81	0,81	0,15	0,34	0,06	0,75	0,28	0,53	0,43	1,00

Abbildung 70: Korrelationsmatrix über Faktoren und Ergebnisparameter [Fe+2016, S. 1612].

Die Anzahl der Fahrzeuge korreliert sehr stark mit der durchschnittlich gemessenen Wartezeit. Das Problem der verkehrsbedingten Blockaden, die durch die sehr engen Tunnelsysteme bedingt sind, verstärkt sich bei Erhöhung der Fahrzeuganzahl. Die Kosten pro Tonne korrelieren mit der Produktivität, d. h. Skaleneffekte im Sinne einer Kostensenkung pro Tonne bei Steigerung der Produktionsmenge gibt es in diesem System nicht. Im Gegenteil führt eine Erhöhung der Produktionsmenge sowohl zu höheren Kosten pro Tonne als auch zu höheren Gesamtkosten.

Bei den gemessenen durchschnittlichen Wartezeiten fällt auf, dass die Gesamtwartezeiten vollständig positiv mit den durchschnittlichen Wartezeiten beim Herunterfahren korrelieren. Eine Erklärung hierfür zeigen die in Abbildung 71 abgebildeten Histogramme der Wartezeitenparameter.

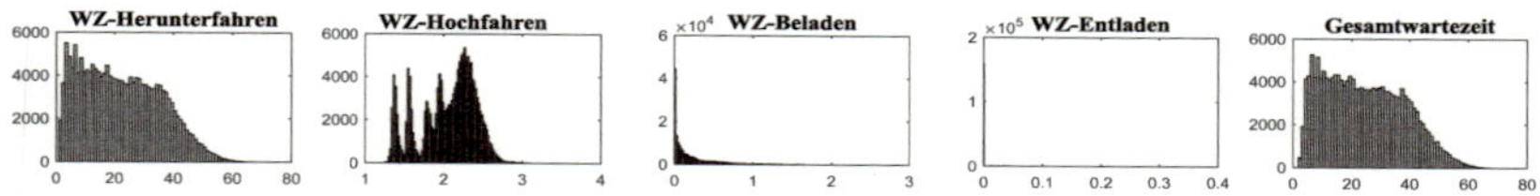

Abbildung 71: Histogramme der Wartezeitenparameter (Zeitangaben jew. in Minuten).

Hierbei wird ersichtlich, dass sich die Wartezeiten beim Herunterfahren auf einen Wertebereich zwischen 0 und 80 Minuten erstrecken, während der abgedeckte Wertebereich bei den anderen Wartezeitenparametern deutlich kleiner ausfällt. Bei der Wartezeit vor der Entladestation liegt die maximal gemessene, durchschnittliche Wartezeit bei gerade einmal 0,4 Minuten. Für die Berechnungen der Gesamtwartezeit fallen die drei anderen Parameter also so gut wie gar nicht ins Gewicht. Somit lässt sich feststellen, dass nur beim Herunterfahren relevante Wartezeiten anfallen. Dies liegt an der bereits eingangs erwähnten Vorfahrtsreglung und ist ein weiterer Hinweis darauf, dass die Tunneltransportwege den Engpass im System bilden.

In Absprache mit den Systemexperten sind in diesem Modell die mit Abstand wichtigsten Ergebnisparameter die tägliche Ausbringungsmenge (Produktivität) sowie die Gesamtkosten pro Tonne. Zusätzlich muss für die Menge des geförderten Materials ein Tageslimit von ca. 5000 Tonnen beachtet werden, da mehr Material an der Oberfläche der Mine nicht gelagert bzw. weiterverarbeitet werden kann. Daher fokussiert sich die weitere Analyse auf diese beiden Ergebnisparameter. Für eine Strukturierung der Ergebnisdaten wurde ein Clustering basierend auf diesen beiden Dimensionen durchgeführt. Dies zeigt Abbildung 72 anhand eines Scatterplots.

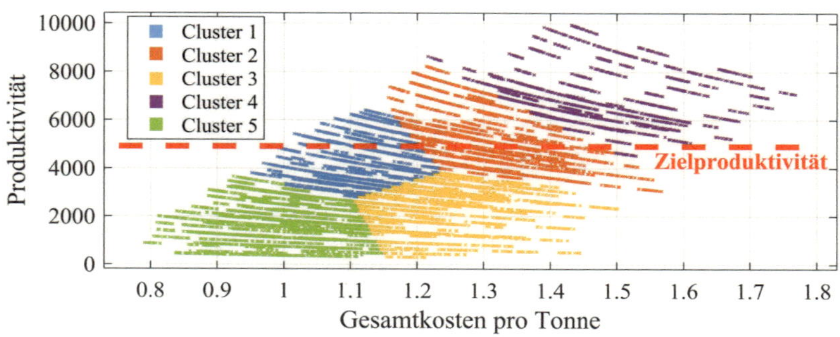

Abbildung 72: Clustering-Ergebnis und Zielproduktivität [Fe+2016, S. 1613].

Cluster 1 (blau) und Cluster 2 (orange) treffen im Durchschnitt die Zielproduktivitätslinie sehr gut. Selbst ohne Detailuntersuchung der Cluster wird schon deutlich, dass die Spannbreite der Gesamtkosten pro Tonne in den Clustern höher ist als die Spannbreite der Produktivität. Anders ausgedrückt unterscheiden sich die Cluster deutlich stärker in den Gesamtkosten pro Tonne als in der Produktivität. Somit sind insbesondere die Einflussfaktoren für die Gesamtkosten pro Tonne für weitere Analysen interessant.

Die Analyse mit Hilfe eines schrittweise trainierten Regressionsmodells[30] zeigte, dass bei den Gesamtkosten pro Tonne ein Interaktionseffekt zwischen der Anzahl der Fahrzeuge und der Tonnage besteht. Interessanterweise hat aber auch der Faktor Schichtlänge einen starken, direkten Effekt auf diesen Ergebnisparameter. Die Anzahl der Fahrzeuge sowie die Tonnage hat einen direkten Einfluss auf die Produktivität, hierbei besteht allerdings wiederum ein Interaktionseffekt mit der Schichtlänge. Diesen Zusammenhang verdeutlicht Abbildung 73. Hier wurden jeweils zwei Regressionslinien eingezeichnet, die einmal gefiltert auf Schichtlänge = 9 h und einmal gefiltert auf Schichtlänge = 11 h berechnet worden sind. Im linken Scatterplot ist der Interaktionseffekt deutlich zu erkennen, da die Linien schräg zueinander verlaufen. Das bedeutet, dass der Einfluss, den die Anzahl der Fahrzeuge auf die Produktivität hat, durch die Ausprägung des Faktors Schichtlänge gehebelt wird. Auf der rechten Seite hingegen ist zwar ein Einfluss der Anzahl der Fahrzeuge auf die Gesamtkosten pro Tonne durch die Steigung der Linien zu erkennen, jedoch kein Interaktionseffekt mit der Schichtlänge, da beide Linien nahezu parallel zueinander verlaufen. Die Schichtlänge wirkt direkt auf die Gesamtkosten pro Tonne, da der Achsenabschnitt der violetten Linie (Schichtlänge = 9 h) und damit die durchschnittlichen Gesamtkosten pro Tonne grundsätzlich höher sind.

[30] Für die Dokumentation der entsprechenden Matlab-Funktionalität siehe [Ma2018].

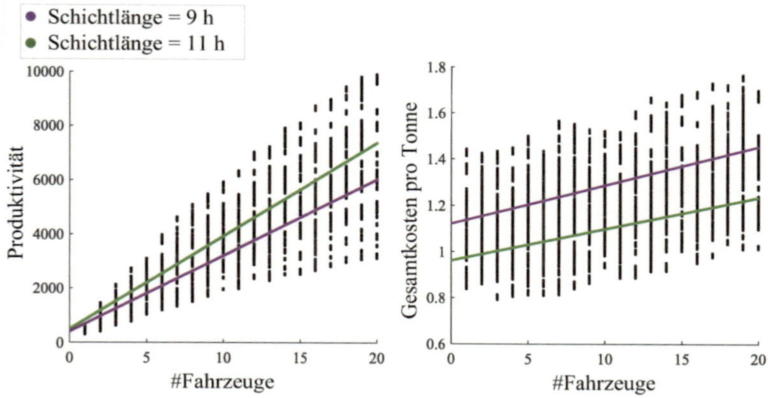

Abbildung 73 Interaktion zwischen Schichtlänge und der Anzahl von Fahrzeugen.

Somit sind längere Schichten generell zu präferieren. Zunächst sind dabei zwar mehr und längere Pausen für die Fahrzeugführer vorgesehen, das häufigere Hinauffahren der Mine, welches durch kürzerer Schichten verursacht wird, scheint aber offensichtlich größerer Auswirkungen auf Produktivität und Kosten zu haben.

Analyse einer geeigneten Muldenkipperkonfiguration

Die Konfiguration der Muldenkipper setzt sich aus der Anzahl der Fahrzeuge sowie deren Tonnage zusammen. Daher wurden, wie Abbildung 74 zeigt, jeweils zwei Regressionsebenen berechnet, welche die Auswirkungen dieser beiden Faktoren auf die bereits betrachteten Ergebnisparameter Produktivität und Gesamtkosten pro Tonne darstellen. Ein Punkt zeigt die Ausprägungen eines Experiments in den drei Dimensionen an. Hierbei fällt auf, dass zu jeder Kombination von Fahrzeuganzahl und Tonnage mehrere Ausprägungen des jeweiligen Ergebnisparameters existieren. Dies liegt, wie bereits festgestellt, hauptsächlich an den verschiedenen Ausprägungen des Faktors Schichtlänge sowie an den unterschiedlichen Ausprägungen der Störfaktoren. Deren Einfluss auf die zwei betrachteten Ergebnisparameter ist allerdings im Vergleich zur Schichtlänge relativ gering, wie die bereits durchgeführte Regressionsanalyse gezeigt hat.

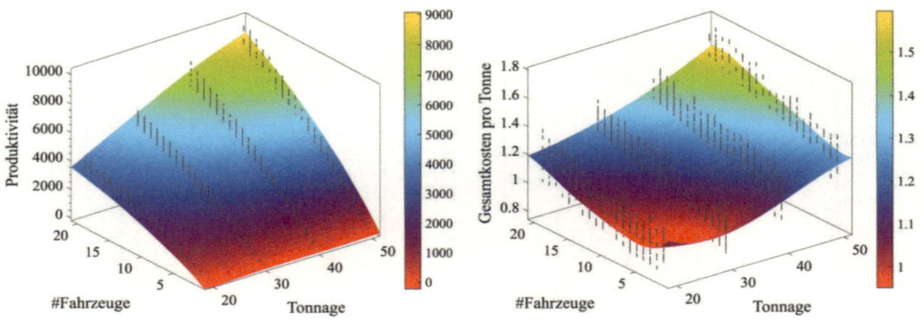

Abbildung 74: Regressionsebenen für verschiedene Muldenkipperkonfigurationen in Anlehnung an [Fe+2016, S. 1615].

Da die Produktivität im Zielkorridor von ca. 5000 Tonnen liegen soll, kommt hierfür jede Muldenkipperkonfiguration in Betracht, die im hellblauen Bereich liegt (Abbildung 74, linke Seite). Allerdings weisen die in Frage kommenden Konfigurationen äußerst unterschiedliche Gesamtkosten pro Tonne auf (Abbildung 74, rechte Seite). Zu präferieren sind nun diejenigen Konfigurationen, die bei den Gesamtkosten je Tonne möglichst weit im farblich roten Bereich liegen. Dies ist bei 10 – 16 Fahrzeugen mit einer Nutzlast von 30 Tonnen der Fall. Eine Validierung dieser Konfiguration zeigt Abbildung 75. Das farblich hervorgehobene, ausgewählte Portfolio von Muldenkippern trifft den benötigten Produktivitätskorridor bei gleichzeitig geringstmöglichen Gesamtkosten pro Tonne.

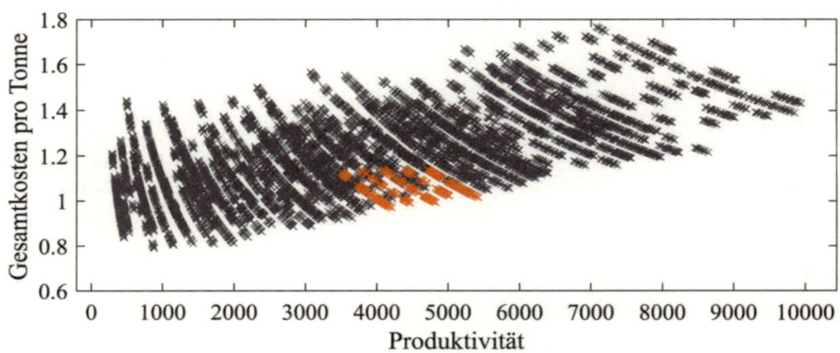

Abbildung 75: Produktivität und Gesamtkosten pro Tonne der ausgewählten Muldenkipperkonfiguration.

Analyse von tieferen Schürfebenen

Im nächsten Schritt wurde nun die Verteilung der Ergebnisparameter bei Vordringen in tiefere Schürfebenen (Loadingports) über sämtliche Muldenkipperkonfigurationen analysiert. Abbildung 76 zeigt hierfür Boxplots über die zwei Verteilungen der betrachteten Ergebnisparameter.

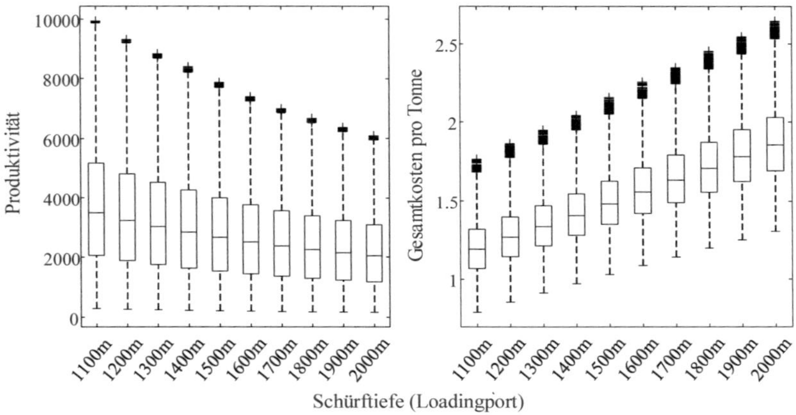

Abbildung 76: Boxplots für Ergebnisparameter auf verschiedenen Schürftiefen.

Diese zeigen, dass bei tieferen Schürfebenen die Produktivität sowohl im Durchschnitt als auch im Hinblick auf die maximal mögliche Ausbringungsmenge abnimmt. Zusätzlich sinkt auch die von den anderen Faktoren des Modells abhängige Spannbreite der Produktivität. Mit zunehmender Schürftiefe wird diese somit auch zum dominierenden Faktor auf die Produktivität. Allerdings nimmt der Produktivitätsverlust auf tieferen Schürfebenen weniger stark zu. Die Gesamtkosten pro Tonne hingegen steigen bezogen auf den Durchschnitt streng linear mit zunehmender Schürftiefe.

Abschließend wurde nun die zuvor festgestellte Muldenkipperkonfiguration hinsichtlich tieferer Schürfebenen untersucht. Dies ist in Abbildung 77 dargestellt. Gut zu erkennen ist, dass sich, wie zuvor schon festgestellt, die Gesamtmenge von Ergebnisdaten mit zunehmender Schürftiefe weiter nach rechts bewegt und flacher wird, also höhere Gesamtkosten pro Tonne und weniger Produktivität aufweist. Die präferierte Konfiguration (orange markiert) trifft die Zielproduktivität bis zu einer Schürftiefe von 1300m. Darüber hinaus können weitere Fahrzeuge derselben Konfiguration entsprechend den Vorgaben für ein homogenes Fahrzeugportfolio hinzugefügt werden.

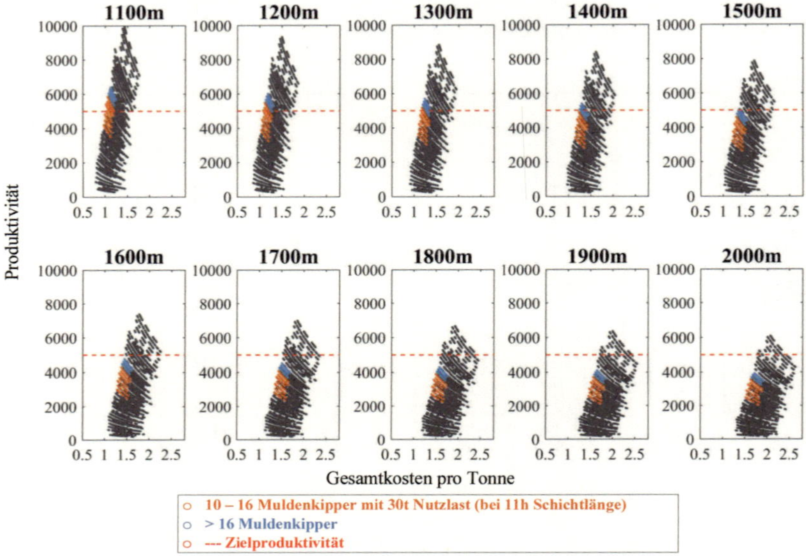

Abbildung 77: Produktivität der Muldenkipperkonfiguration auf verschiedenen Schürftiefen (Loadingport) in Anlehnung an [Fe+2016, S. 1616].

Ab einer Schürftiefe von 1600m kann das Produktivitätsniveau mit diesem Portfolio allerdings nicht mehr erreicht werden. Da der Weg von der Oberfläche bis zum Beladepunkt und zurück dann sehr lang ist, müssen hier die größten Muldenkipper mit der maximal möglichen Nutzlast eingesetzt werden, um die Anzahl der Fahrten zu verringern und das Produktivitätsniveau zu halten. Dies zieht dann allerdings entsprechend deutlich erhöhte Gesamtkosten pro geförderter Tonne nach sich.

In dieser Praxisfallstudie konnte durch Anwendung des Konzeptes der Wissensentdeckung gezeigt werden, welche Faktoren den größten Einfluss auf die relevanten Ergebnisparameter haben sowie diese für die Erreichung der Zielproduktivität einzustellen sind. Des Weiteren konnte das Fahrzeugportfolio mit dem besten Kompromiss zwischen Produktivität und Kosten pro Tonne gefunden werden, welches zudem auch performant auf tieferen Schürfebenen ist.

5.4 Feldstudie 2 – Endmontage einer Nutzfahrzeugfertigung

Bei dieser Fallstudie handelt es sich um eine Montagelinie für Nutzfahrzeuge.[31] Das Simulationsmodell stammt wie bei der vorherigen Feldstudie aus einem Industrieprojekt und wurde für die Wissensentdeckungsfallstudie entsprechend nachgenutzt. In dem Modell sind 50 Montagestationen enthalten, die sich in Haupt- und Nebenlinien unterteilen, sowie 14 Puffer und über 50 Werker. Für die Werker kann im Simulationsmodell ein sog. Normzeitkoeffizient gesetzt werden, welcher das Verhältnis zwischen der planerischen und tatsächlichen Prozesszeit einer von Werken durchführten Aufgabe widerspeigelt. Der Normzeitkoeffizient ist eine projektplanerische Größe und kann simulationstechnisch als ein Hebel für Werkereffizienz bzw. Werkergeschwindigkeit angesehen werden. Der Normzeitkoeffizient kann zwischen 1 und 1,3 variiert werden, wobei ein größerer Wert die Geschwindigkeit der Werker erhöht. Des Weiteren kann für die Werker eine Flexibilitätsstufe festgelegt werden. Auf der ersten Stufe ist ein Werker spezialisiert und kann nur die Aufgaben an der ihm in der Linie zugewiesenen Station wahrnehmen. Bei Stufe 2 hingegen kann er bei Bedarf auch Aufgaben an seinen unmittelbaren Vorgänger- und Nachfolgerstationen durchführen. Die Montagelinie ist in fünf Zonen unterteilt, die zwar verkettet sind, aber in ihrer Arbeitsorganisation autark agieren können. Daher können Normzeitkoeffizient und Flexibilitätsstufe für jede Zone individuell gesetzt werden. Zusammen mit den Kapazitäten der 14 Puffer wurden somit insgesamt 24 Faktoren im Experimentplan berücksichtigt. Als Experimentdesignmethode wurde ein LHS-Design mit 5000 Zeilen gewählt.

Die Produktpalette im System ist durch diverse Individualisierungsmöglichkeiten von einer sehr hohen Variantenvielfalt geprägt. Die Varianten setzen sich aus Optionscodes zusammen, welche die Bestandteile einer gewählten Produktvariante repräsentieren. In einem auf historischen Daten basierenden Produktmix wurden 718 verschiedene Varianten identifiziert, rechnerisch möglich sind mehrere tausend. Ausgehend von dem auf historischen Daten basierenden Produktionsprogramm (welches sich aus Sequenz, Produktmix und Varianten zusammensetzt) wurden neun weitere Produktionsprogramme (Konfigurationen) erstellt. Diese weichen in einem randomisierten Korridor vom Basisprogramm ab. Somit standen zehn verschiedene Produktionsprogramme zur Verfügung, welche daraufhin mit dem Experimentplan der anderen Faktoren gekreuzt wurden. Der finale Experimentplan umfasste dann 50.000 Experimente. Das Modell

[31] Auszüge zur Demonstration der Methode der Wissensentdeckung in Simulationsdaten auf Grundlage des hier gezeigten Modells wurden in [Fe+2017a] und [Sc+2018] veröffentlicht. Der zugrundeliegende Experimentplan wurde in diesem Kapitel gegenüber den genannten Veröffentlichungen geändert und erweitert, sodass einige Ergebnisse im Detail abweichen.

wurde im Simulator Wolverine SLX implementiert und wies eine Laufzeit zwischen 208 und 529 Sekunden auf. Der rechnerische Durchschnitt belief sich hierbei auf ca. 373 Sekunden. Die Gesamtrechenzeit des Experimentplan belief sich auf 215,72 Tage, was bei einer Aufteilung auf 50 parallele SLX-Instanzen eine tatsächliche Rechenzeit von etwas über vier Tagen ergab.

Eine erste Korrelations- und Histogrammanalyse ergab, dass sowohl die Faktoren der Pufferkapazitäten als auch die mit den Puffern in Zusammenhang stehenden Ergebnisparameter wenig bis keine Korrelationen mit anderen Parametern des Modells aufwiesen. Zudem lagen die Auslastungswerte über alle Puffer hinweg in den meisten Fällen bei 100 %. Bei der weiteren Analyse des Modells wurde festgestellt, dass dies mit der Pull-basierten Ankunftssteuerung von Aufträgen im System zusammenhängt, welche die Systemlast im Modell regelt. Da die Systemlast in dieser Studie extern vorgeben wurde, haben die Pufferkapazitäten keinen Einfluss auf andere Ergebnisparameter und wurden daher in der Analyse nicht weiter betrachtet.

Die Gesamtausbringungsmenge bei einer Simulationszeit von 20 Tagen exklusive entsprechender Einschwingphase lag im Mittel bei ca. 249 Stück, mit einer Schwankung zwischen 203 und 299 Stück. Die Ausbringungsmengen gefiltert nach den einzelnen Produktionsprogrammen (Konfigurationen) lagen in einem ähnlichen Bereich. Abbildung 78 zeigt hierzu Histogramme über die Ausbringungsmenge je Konfiguration.

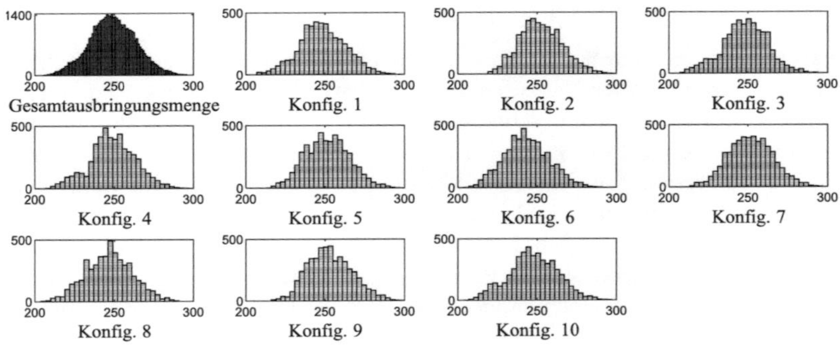

Abbildung 78: Histogramme über Ausbringungsmenge je Konfiguration.

Neben der Ausbringungsmenge war insbesondere die Auslastung der Werker von Relevanz. Die Faktoren der Normzeitkoeffizienten in den einzelnen Zonen zeigten zum Teil einen erheblichen Einfluss auf beide Ergebnisparameter. Allerdings gibt es hier auch deutliche Unterschiede zwischen den einzelnen Zonen.

Diesen Zusammenhang veranschaulicht Abbildung 79 (obere Seite) über Regressionslinien zwischen den Normzeitkoeffizienten der einzelnen Zonen und der Ausbringungsmenge. Bei den Regressionslinien wurde jeweils zudem mit einem entsprechenden Filter zwischen den zwei Flexibilisierungsstufen unterschieden, um etwaige Interaktionseffekte beurteilen zu können.

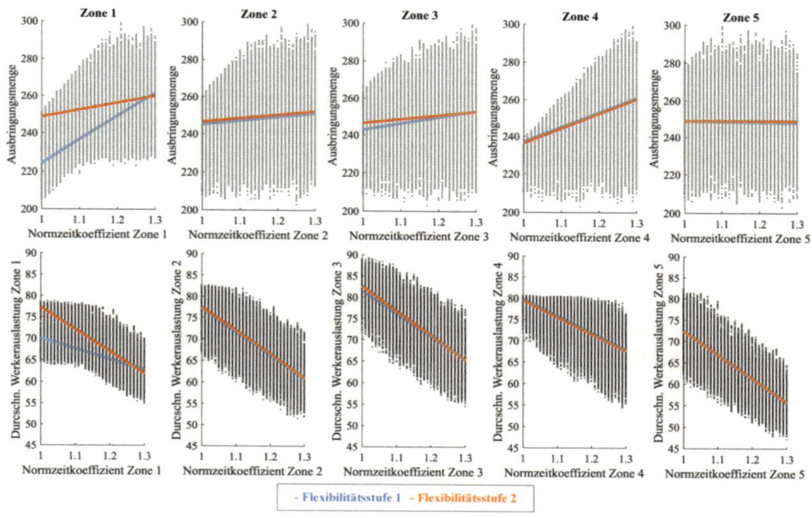

Abbildung 79: Zusammenhang von Normzeitkoeffizienten Ausbringungsmenge und Werkerauslastung.

Der stärkste Zusammenhang zwischen Normzeitkoeffizient und Ausbringungsmenge ist in Zone 4 zu erkennen. Insbesondere die nach oben limitierte Menge der Ausbringung skaliert stark mit dem Normzeitkoeffizienten. In Zone 5 hingegen hat der Wert des Normzeitkoeffizienten keinerlei Einfluss. In Zone 1 besteht ebenfalls ein Zusammenhang, allerdings erreicht der Anstieg der Ausbringungsmenge ab einem Normzeitkoeffizienten von 1,2 ein Plateau. In dieser Zone ist zudem ein Interaktionseffekt zwischen Flexibilitätsstufe und Normzeitkoeffizienten zu erkennen. Bei einer Flexibilitätsstufe von 1 (blaue Linie) ist der Einfluss des Normzeitkoeffizienten auf die Ausbringungsmenge deutlich höher als bei Stufe 2 (orange Linie). Dies liegt wiederum daran, dass die durchschnittliche Ausbringungsmenge bei Flexibilitätsstufe 2 generell höher ist als bei Stufe

1 (Achsenabschnitte der Linien), sodass somit eine Steigerung des Normzeitkoeffizienten weniger Auswirkung hat. Die durchschnittliche Werkerauslastung wurde zunächst getrennt nach Zonen betrachtet (Abbildung 79 unten). In sämtlichen Zonen besteht ein deutlicher Zusammenhang zwischen Normzeitkoeffizient und Werkerauslastung. Dies ist auch naheliegend, denn mit steigender Effizienz werden Aufgaben innerhalb einer Zone schneller abgearbeitet. In Zone 1 zeigt sich analog zur Ausbringungsmenge ein Interaktionseffekt mit der Flexibilitätsstufe. In anderen Zonen hingegen hat die Flexibilitätsstufe keinen Einfluss. Wie sich die Normzeitkoeffizienten der einzelnen Zonen auf die Gesamtauslastung über alle Zonen auswirken, wird in dieser Grafik jedoch nicht ersichtlich. Scatterplots zwischen diesen Faktoren und der durchschnittlichen Gesamtauslastung ließen hier zunächst keinen eindeutigen Schluss zu. Einige der Normzeitkoeffizienten wirken negativ auf die Auslastung der eigenen Zone, wiederum aber positiv auf die Auslastung anderer Zonen. So ist es durchaus möglich und sogar wahrscheinlich, dass die jeweiligen Normzeitkoeffizienten untereinander in Wechselwirkungen stehen. Dies betrifft sowohl die Gesamtauslastung als auch Ausbringungsmenge. Aus diesem Grund wurde das Systemverhalten bezogen auf Ausbringungsmenge und durchschnittliche Gesamtauslastung mittels mehrdimensionaler Mustererkennung klassifiziert, um dann Faktorkombinationen je Cluster getrennt analysieren zu können. Als Clustering-Algorithmus wurde ein Gaussian Mixture Modelling mit 6 Komponenten verwendet, sodass das Systemverhalten entsprechend in 6 verschiedene Cluster gruppiert wurde. Dies wird in Abbildung 80 gezeigt.

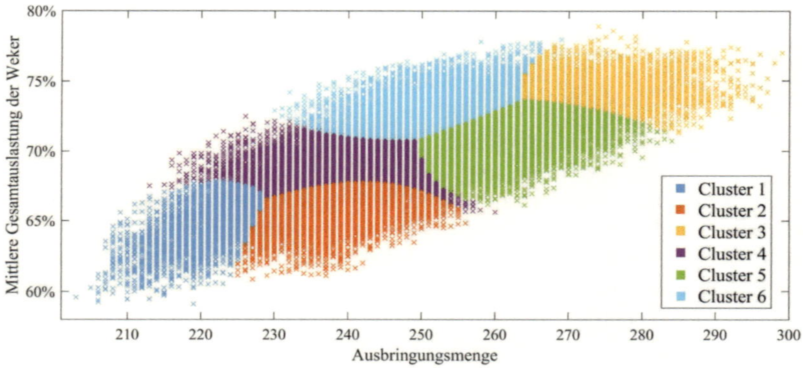

Abbildung 80: Ergebnis des Clustering-Verfahrens.

Cluster 3 (gelb) weist im Schnitt die höchsten Werte für Ausbringungsmenge und Gesamtauslastung auf. Cluster 4 (violett), Cluster 1 (dunkelblau) sowie Cluster 2 (orange) weisen jeweils im Schnitt die niedrigsten Ausbringungsmengen auf und unterscheiden sich dabei hauptsächlich aufgrund ihrer durchschnittlichen Gesamtauslastung. Cluster 1 schneidet hierbei bezogen auf die Gesamtauslastung am schlechtesten ab. Insgesamt betrachtet weist Cluster 3 die besten Werte bezogen auf die Werkerauslastung auf. Dies wird bei Betrachtung von Abbildung 81 deutlich, welche die durchschnittliche Auslastung je Cluster getrennt nach Zonen darstellt. Hier wird ersichtlich, dass Cluster 3 nicht in allen Zonen die im Schnitt beste Werkerauslastung aufweist. Insbesondere in Zone 4 weist überraschenderweise Cluster 2 (orange) eine im Schnitt deutlich höhere Auslastung auf, obwohl Cluster 2 hinsichtlich der durchschnittlichen Gesamtauslastung eigentlich am schlechtesten abschneidet (siehe Abbildung 80). Die Werkerauslastung in Zone 4 scheint also von den Auslastungswerten der anderen Zonen und der Gesamtauslastung unabhängig zu sein.

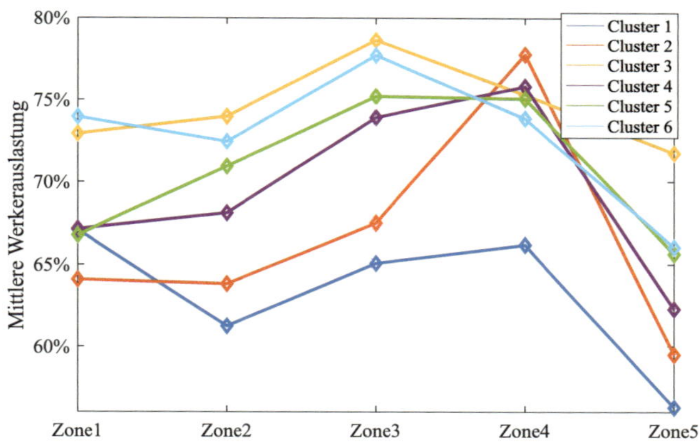

Abbildung 81: Durchschnittliche Werkerauslastung getrennt nach Zonen.

Im nächsten Schritt wurden nun die Beziehungen zwischen Faktoren und Clusterzuordnung ermittelt. Um den Einfluss der Normzeitkoeffizienten zu analysieren, wurden Spinnennetzdiagramme verwendet. Diese zeigt Abbildung 82. In Cluster 3 (gelb) ist der Normzeitkoeffizient von Zone 4 sehr einflussreich. Der Mittelwert (durchgezogene Linie) zeigt eine sehr hohe Ausprägung an und die Quartile (gestrichelte Linien) liegen sehr eng bei einander. Der Normzeitkoeffizient von Zone 1 in diesem Cluster liegt im oberen mittleren Bereich. Dies gilt zwar auch für die Koeffizienten von Zone 2 und 3, allerdings liegen hier die

Quartilslinien weiter auseinander, sodass der Einfluss hier als geringer eingeschätzt werden muss. Der Normzeitkoeffizient von Zone 5 hingegen ist gleichmäßig über alle Ausprägungen verteilt und hat somit keinen Einfluss auf die Zuordnung zu diesem Cluster. Hieraus lässt sich ableiten, dass die Normzeitkoeffizienten für Zone 4 und Zone 1 in der richtigen Kombination für diesen Cluster und damit für eine gute Systemleistung ausschlaggebend sind. Cluster 1 (dunkelblau) zeigt hingegen einen großen Einfluss des Normzeitkoeffizienten für Zone 1 an. Hier sind geringe Ausprägungen dieses Faktors sehr dominant. Ein niedrigerer Normzeitkoeffizient in Zone 1 wirkt sich also negativ auf die Systemleistung aus.

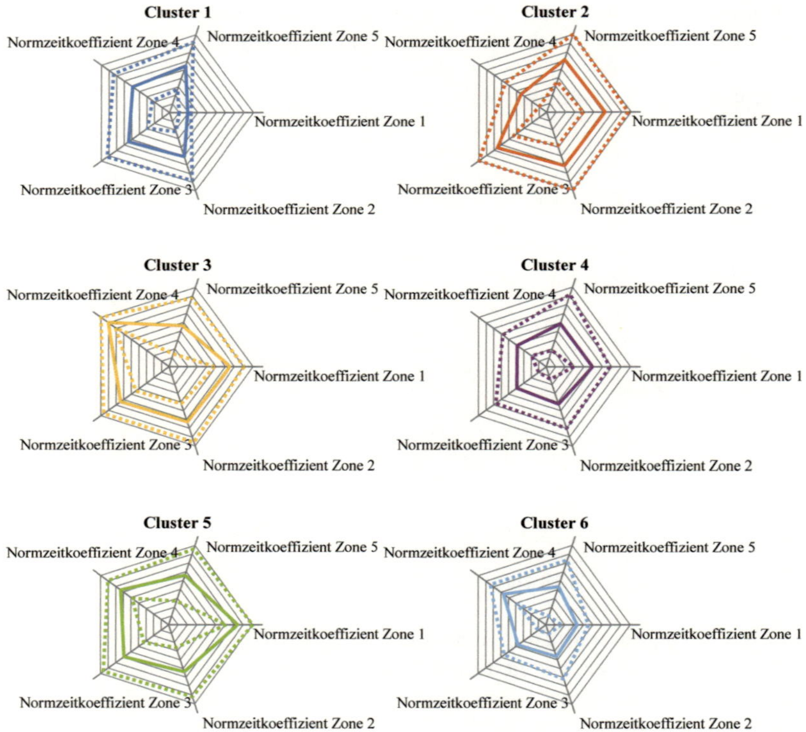

Abbildung 82: Spinnennetzdiagramme für die Normzeitkoeffizienten je Cluster.

Im nächsten Schritt wurde der Einfluss der Flexibilitätsstufen der einzelnen Zonen auf die Clusterzuordnung untersucht. Da es sich bei diesen Faktoren um kategoriale Variablen handelt, können diese nicht in den oben gezeigten, auf Mittelwerten basierenden Spinnennetzdiagrammen abgebildet werden. Für die Analyse dieser Faktoren wurde eine Matrix aus Kreisdiagrammen je Cluster und Faktor gebildet, wie Abbildung 83 zeigt. Die Flexibilitätsstufe hat überraschenderweise nur bei einzelnen Zonen und Clustern einen Einfluss. Dieser ist dann aber dennoch entscheidend. Eine Aufteilung von ungefähr 50 % zu 50 % weist wiederum auf eine Gleichverteilung und damit auf einen geringen bzw. keinen Einfluss eines Faktors auf die Clusterzuordnung hin. In Cluster 3 (gute Systemleistung) ist eine Flexibilitätsstufe von 2 in Zone 1 sehr dominant und auch in Zone 3 sind die Werte für Stufe 2 in diesem Cluster deutlich höher. In Cluster 1 (schlechteste Systemleistung) hingegen ist die Flexibilitätsstufe für Zone 1 fast ausschließlich (99 % der Experimente) auf Stufe 1 gesetzt.

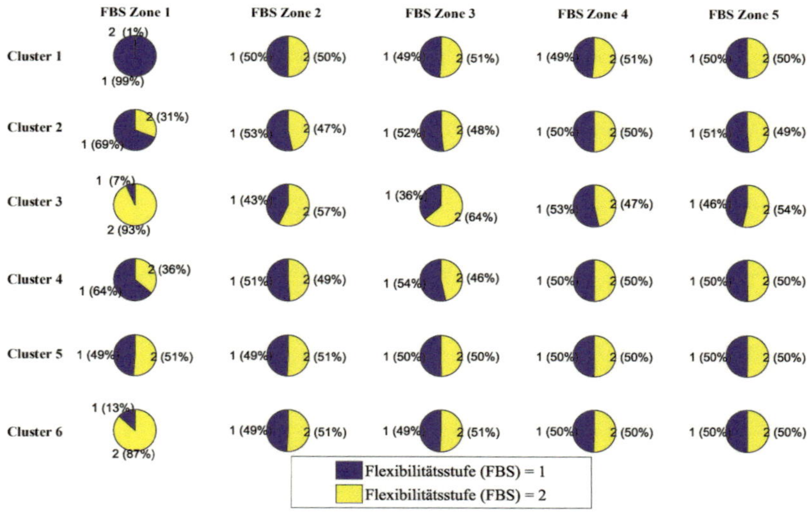

Abbildung 83: Kreisdiagrammmatrix für Flexibilitätsstufe je Zone und Cluster.

Um konkrete Faktorwertekombinationen für Normzeitkoeffizienten und Flexibilitätsstufen hinsichtlich der Clusterzuordnung zu erhalten, wurde abschließend eine Assoziationsregelanalyse durchgeführt. Hierzu wurden die Faktoren in jeweils fünf Ausprägungsstufen diskretisiert, da die Assoziationsregelanalyse nur mit kategorialen Werten durchführbar ist. Die Ergebnisliste wurde dann eingeschränkt, sodass Faktoren ausschließlich auf der linken und die Clusterzuordnung ausschließlich auf der rechten Seite einer Regel stehen. Aus den so entstandenen Regeln lassen sich direkte kausale Zusammenhänge zwischen Faktoren und Clusterzuordnung schließen.[32] Die gefundenen Regeln wurden anschließend hinsichtlich Konfidenz und Liftmaßzahl sortiert, sodass ungültige und nicht sinnvolle Regeln herausgefiltert werden konnten. Tabelle 24 zeigt exemplarisch für Cluster 3 die drei besten Assoziationsregeln bezüglich Konfidenz und Liftmaß.

Tabelle 24: Darstellung der drei besten Assoziationsregeln für Cluster 3.

Regel_Id	**Linke Seite**	**Rechte Seite**	**Konfidenz**	**Liftmaß**
817565	{NZK_Zone1=[1,17; 1,24), NZK_Zone3=[1,24; 1,31], NZK_Zone4=[1,24; 1,31], FBS_Zone1=2, FBS_Zone3=2}	=> {Cluster 3}	100 %	13,19
1664321	{NZK_Zone1=[1,17; 1,24), NZK_Zone2=[1,1; 1,17), NZK_Zone4=[1,24; 1,31], FBS_Zone1=2, FBS_Zone2=2, FBS_Zone3=2}	=> {Cluster 3}	100 %	13,19
1664384	{NZK_Zone1=[1,17; 1,24), NZK_Zone2=[1,1; 1,17), NZK_Zone4=[1,24; 1,31], FBS_Zone1=2, FBS_Zone3=2, FBS_Zone4=2}	=> {Cluster 3}	100 %	13,19

Die Konfidenz der drei Regeln liegt bei 100 %. Das heißt, dass im gesamten Datensatz keine Experimente existieren, die diesen Regeln widersprechen. Das Liftmaß liegt jeweils bei über 13. Irreführende Regelbildung durch zufällige Korrelation kann somit ebenfalls ausgeschlossen werden. Nach den berechneten Assoziationsregeln ist für die Zuordnung zu Cluster 3 (d. h. gute Systemleistung) ein hoher Normzeitkoeffizient in Zone 4 Grundvoraussetzung, ebenso wie ein leicht erhöhter Normzeitkoeffizient (zwischen 1,17 und 1,24) in Zone 1 und eine Flexibilitätsstufe von 2 in den Zonen 1 und 3. Andere Faktoren können jeweils in verschiedenen Kombinationen gesetzt werden, um eine Zuordnung zu Cluster 3 zu erreichen. Beispielsweise kann entweder ein hoher Normzeitkoeffizient in

32 Siehe hierzu auch Tabelle 12, S. 95.

Zone 3 oder eine Flexibilitätsstufe von 2 in Zone 2 gesetzt werden. Dieses Muster wiederholt sich in anderen, hier nicht dargestellten Assoziationsregeln.

Auch in dieser Praxisfallstudie konnte die Anwendbarkeit des Konzeptes gezeigt werden. Insgesamt lassen sich hierbei folgende Erkenntnisse ableiten und zusammenfassen. Die Erhöhung der Flexibilität in Zone 1 hat einen signifikanten Einfluss auf die Systemleistung und ist wichtiger als Geschwindigkeit der Werker. Die Werker sollten hier speziell auf die Durchführung mehrerer Aufgaben trainiert werden, um sich bei Bedarf gegenseitig helfen zu können. Auch in Zone 3 kann die Erhöhung der Flexibilität helfen, die Systemleistung zu verbessern. Der Einfluss bzw. die zu erreichende Verbesserung fällt allerdings erheblich geringer aus im Vergleich zu Zone 1. In Zone 4 hingegen ist die Geschwindigkeit der Werker auschlaggebend für eine gute Systemleistung. Eine Flexibilisierung der Aufgaben ist nicht zielführend. Werker in dieser Zone sollten auf bestimmte Aufgaben spezialisiert werden, um diese schneller abarbeiten zu können. Zone 5 ist weitestgehend entkoppelt von den anderen Zonen. Zwar verringert sich bei einer Erhöhung des Normzeitkoeffizienten die Auslastung innerhalb dieser Zone, auf die Auslastung der anderen Zonen sowie auf die Ausbringungsmenge hat dies aber keinen Einfluss. Die Flexibilitätsstufe in dieser Zone hat auf gar keinen der betrachteten Ergebnisparameter Einfluss.

5.5 Zusammenfassung der Erkenntnisse aus Labor- und Feldstudien

In den vier durchgeführten Fallstudien konnte die Anwendbarkeit und Nützlichkeit des Konzepts der Wissensentdeckung aufgezeigt werden. Die Wahl des richtigen Experimentplans und die damit einhergehende Experimentanzahl hat sich als sehr wichtig erwiesen, um die Laufzeit auf einem adäquaten Niveau zu halten. Das in Kapitel 4.2.2.2 erstellte Flussdiagramm zur Wahl des richtigen Experimentdesigns (siehe Abbildung 18, S. 60) hat sich hierfür als zielführend erwiesen.

Zunächst wurde die allgemeine Anwendbarkeit des Konzepts mit Hilfe einer einfachen, fiktiven Laborfallstudie unter Beweis gestellt. Hierbei konnten die vorher bekannten bzw. naheliegenden Wirkzusammenhänge in einem einfachen Single-Server-Modell mit Hilfe der durchgeführten Analysen bestätigt werden. In einer komplexeren Laborfallstudie konnten dann durch Anwendung des Konzeptes Wirkzusammenhänge gefunden werden, aus denen dann vorher unbekanntes und potenziell nützliches Wissen über das Modell abgeleitet werden konnte. Somit wurde gezeigt, dass durch die Anwendung des Konzeptes neues Wissen über das Modell bzw. das modellierte System generiert werden kann. In zwei Feldstudien wurde dann die praktische Anwendbarkeit des Konzeptes aufgezeigt. Hierbei wurde in beiden Feldstudien erfolgreich nützliches Wissen über die modellierten Systeme generiert, welches jeweils in entscheidungsunterstützende Maßnahmen umgesetzt werden kann. Die Plausibilität und Nützlichkeit der Erkenntnisse wurde von den Systemexperten bestätigt. Da die Modelle der Feldstudien zudem sehr unterschiedliche Anwendungsbereiche abdecken, kann hieraus eine allgemeine Anwendbarkeit und Nützlichkeit des Konzepts geschlussfolgert werden. Durch die Anwendung von intelligenten Experimentdesignmethoden und sehr breiter Parallelisierung von Simulationsexperimenten konnte das jeweilige Verhalten der unterschiedlichen Simulationsmodelle über einen sehr großen Faktorraum abgebildet werden. Mit Hilfe von Data Mining sowie visuell gestützten, interaktiven Methoden wurde erfolgreich Wissen generiert. Hierbei konnte sowohl naheliegendes und offensichtliches Modellverhalten bestätigt bzw. validiert werden als auch neues, unbekanntes und potenziell nützliches Wissen extrahiert werden. Allerdings ist anzumerken, dass der interaktive und iterative Charakter einer solchen Untersuchung schriftlich schwer dargestellt werden kann, sodass die Ausführungen sich jeweils auf relevante Teil- und Zwischenergebnisse beschränken. Aufgrund heterogener Schnittstellen und Datenformate der verwendeten Simulatoren (Siemens Plant Simulation[33], Wolverine SLX[34]) und Analysewerkzeuge (MATLAB[35], R[36], Apache Spark[37]) haben sich beim Durchführen der Fallstudien zwei Hauptschwierigkeiten herausgestellt. Das Verteilen von Simulationsexperimenten und Zusammenführen der Simulationsergebnisse bei Verwendung einer sehr großen Zahl von parallelen Simulatorinstanzen sowie das darauffolgende Einsammeln der Simulationsergebnisse stellen große Herausforderungen an die Organisation der technischen Infrastruktur. Insbesondere muss hier auch die Konsistenz der Daten durchgängig gewährleistet werden. Das Organisieren und das Verwalten von Analysen und Analyseergebnissen sind ebenso große Herausforderungen, um die Durchführung der Analysen und den damit zusammenhängenden Erkenntnisgewinn transparent und nachvollziehbar zu gestalten. Dies begründet die Notwendigkeit eines integrierten Softwareframeworks für die Durchführung von Wissensentdeckungsstudien in Simulationsdaten. Dies wird im nächsten Kapitel unter Hinzunahme der gewonnenen Erkenntnisse über Anwendung und technische Durchführung des Konzepts aus den Fallstudien ausgearbeitet und prototypisch implementiert.

[33] https://www.plm.automation.siemens.com/store/de-de/plant-simulation/
[34] http://www.wolverinesoftware.com/
[35] https://mathworks.com/matlab
[36] https://www.r-project.org/
[37] https://spark.apache.org/

6 Implementierung des Gesamtkonzeptes in einem integrierten Framework

Im Folgenden wird ein Softwareframework vorgestellt, welches das im vorherigen Kapitel ausgearbeitete Konzept in einem prototypischen Artefakt integriert. Hierzu werden zunächst die allgemeine Grobarchitektur vorgestellt sowie notwendige Anforderungen und Schnittstellen beschrieben. Darauf aufbauend wird die begleitend zu dieser Arbeit erstellte, prototypische Implementierung des Frameworks vorgestellt.

6.1 Konzeptionelle Architektur, Schnittstellen und Anforderungen

Abbildung 84 zeigt ein Komponentendiagramm der Grobarchitektur des Frameworks.

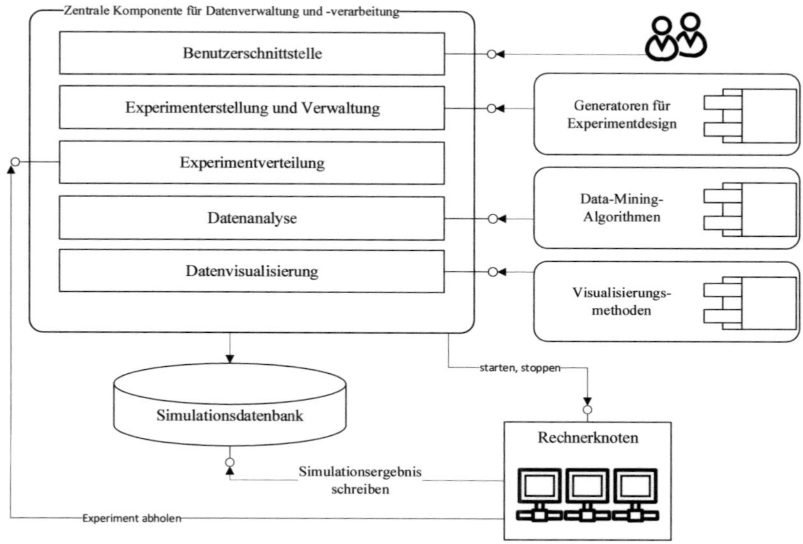

Abbildung 84: Komponentendiagramm Grobarchitektur.

Im Zentrum steht hierbei eine zentrale Steuerungskomponente. Über eine Benutzerschnittstelle soll diese das Erstellen von Experimentdesigns, das Verteilen, Starten und Stoppen von Experimenten sowie die interaktive Datenanalyse der Simulationsergebnisse ermöglichen. Hierzu sind einige Schnittstellen und Anforderungen notwendig, die im Folgenden definiert werden.

Die Erstellung und Verwaltung von Experimenten wird durch die in Abbildung 85 gezeigte Datenstruktur ermöglicht. Oberste Ebene der Kapselung ist ein Data-Farming-Projekt (Klasse *Project*). In diesem laufen sämtliche benötigte Daten zu Experimenten, Modellen und Ergebnissen einer jeweiligen Data-Farming-Studie zusammen. Es ist hierbei möglich, dass in einer Studie sowohl verschiedene Varianten eines Simulationsmodells (zum Beispiel, wenn Fehler im Modell beseitigt wurden) als auch verschiedene Experimentpläne verwendet werden. Die Kombination einer bestimmten Modellversion mit einem Experimentplan bildet somit eine in sich geschlossene Einheit (Klasse *ExperimentAction*), die dann für die tatsächliche Versuchsdurchführung auf den Rechenknoten (im Folgenden auch Klienten genannt) verteilt und mit entsprechenden Ergebnisdaten zusammengeführt wird. Für die Erstellung eines Experimentplans soll der Nutzer eine Liste mit Faktoren anlegen können. Diese beinhaltet jeweils auch die dazugehörigen Variablenskalierungen sowie Faktorlimits bzw. Faktorausprägungen bei nicht-metrischen Faktoren. Verschiedene Generatoren für unterschiedliche Experimentdesigns können dann an das System angebunden werden und erhalten Zugriff auf diese Daten. Aus den vorhandenen Designgeneratoren kann der Nutzer dann auswählen. Der generierte Versuchsplan mit allen durchzuführenden Designpunkten soll der Designgenerator dann in der Simulationsdatenbank abspeichern. Hierfür empfiehlt sich ein einfaches, flaches Format wie z. B. Comma Separated Values (CSV)[38], da keine Anforderungen hinsichtlich relationaler Beziehungen vorhanden sind und sich Daten in diesem Format für die spätere Verteilung der Experimente einfach aufteilen lassen. Eine eindeutige Identifikationsnummer für jeden durchzuführenden Simulationslauf sowie das entsprechende Nummerieren der einzelnen Experimente von Teilversuchsplänen bei gekreuzten Designs ist ebenfalls notwendig. Die Verknüpfung eines bestimmten Versuchsplans zu einer ExperimentAction-Entität kann z. B. über einen eindeutigen Speicherpfad und/oder Dateinamen der CSV-Datei implementiert werden. Dem Nutzer kann zudem auf diese Weise ermöglicht werden, auch manuell erstellte Experimentpläne einzufügen, sowie beliebige Simulationsmodelle für ein Data-Farming-Projekt zu hinterlegen.

[38] Zur Dokumentation von CSV siehe [Sh2005].

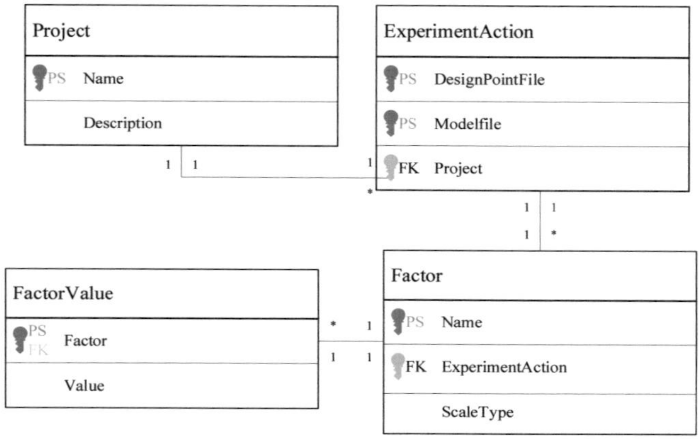

Abbildung 85: Datenstruktur zur Projektverwaltung.

Zur Durchführung der Experimente sollen diese dann auf verteilten Klienten ausgeführt werden. Auf jedem Klienten laufen dazu eine oder mehrere Instanzen des jeweiligen Simulators. Eine Netzwerkkommunikation ist hierfür zwangsläufig erforderlich und lässt sich in zwei Bereiche unterteilen: Steuern des Simulators (Verteilen der Simulationsmodelle, Starten und Stoppen des Simulators) und die eigentliche Simulationsdurchführung (Abfragen der Experimente und Schreiben der Ergebnisse). Das Steuern des Simulators muss über eine Zwischenapplikation erfolgen, die auf dem jeweiligen Klienten ausgeführt wird. Diese muss in der Lage sein, über eine TCP-Schnittstelle (z. B. HTTP oder WebSocket) Kontakt zur zentralen Steuerungskomponente aufzunehmen und entsprechende Nutzerbefehle entgegenzunehmen. Erforderliche Aktionen sind hierbei, ein Simulationsmodell herunterzuladen sowie das Ausführen und Stoppen des Simulators. Das Abfragen von auszuführenden Experimenten sowie das Schreiben der Ergebnisse kann direkt über den Simulator erfolgen, sofern dieser eine TCP-Schnittstelle oder das Einbinden von externen Bibliotheken unterstützt. Dies bietet einen Flexibilitätsvorteil, da so der Simulator auch manuell ohne das Vorhandensein der Zwischenapplikationen gestartet werden kann. Voraussetzung hierfür ist, dass sich das Simulationsmodell mittels Kommandozeilenaufruf starten und ohne weitere Nutzerinteraktion automatisiert ausführen lässt. Horne et al. bezeichnen dies auch „Headless Mode [Ho+2014b, S. 87]“. Sanchez und Sanchez stellten dies bereits generell als Grundvoraussetzung für Data Farming fest [SS2017, S. 168]. Auf der TCP-Schnittstelle kann dann eine einfache HTTP-Kommunikation aufgesetzt werden. Als Austauschformat für

Experimente bzw. Experimentergebnisse eignet sich ein strukturiertes, textbasiertes Format wie z. B. JavaScript Object Notation (JSON)[39] oder CSV, welches im Nachrichtenrumpf der HTTP-Nachrichten eingebettet werden kann. Die Simulationsergebnisse können dann per HTTP direkt in die Simulationsdatenbank geschrieben werden. Diese sollte deshalb eine geeignete Schnittstelle unterstützen. Bietet der Simulator keine TCP-Schnittstelle an, muss das Laden und Schreiben der Experimente ebenfalls über die Zwischenapplikation erfolgen. Das Verteilen der Experimente auf die Klienten (Experiment-Scheduling) wird durch die zentrale Steuerungskomponente geregelt. Den Ablauf des Experiment-Schedulings zeigt das Aktivitätsdiagramm in Abbildung 86.

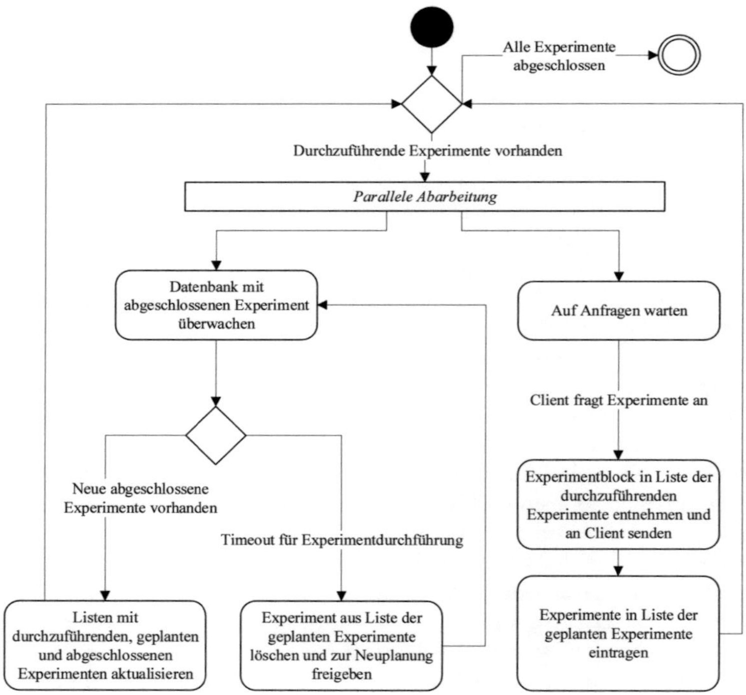

Abbildung 86: Ablauf des Experimentscheduling.

[39] http://json.org

Wie bereits erwähnt, muss je Modelldatei bzw. Experimentplan-Kombination ein separater Experiment-Scheduler erzeugt werden. Zunächst werden die Experimente des gesamten Experimentplans in drei Listen aufgeteilt: Durchzuführende Experimente, bereits geplante Experimente und abgeschlossene Experimente. Die zentrale Steuerungskomponente benötigt dafür Zugriff auf die Simulationsdatenbank, um den Experimentplan abzurufen und mit bereits abgeschlossenen Experimenten abzugleichen. Fragt ein Klient nun ein neues Experiment an, wird dieses gesendet und als geplant markiert. Die Anfrage des Klienten muss dabei den Namen des Simulationsmodells und des Versuchsplans beinhalten, damit der Anfrage der passende Experiment-Scheduler zugeordnet werden kann. Sobald der Client ein Experiment durchgeführt hat, fragt er das nächste Experiment an, was dazu führt, dass sich die Rechenlast im Hinblick auf die Gesamtsimulationszeit bestmöglich über alle Klienten verteilt. Dies ist insbesondere dann von Vorteil, wenn die Klienten unterschiedliche Rechenleistungen aufweisen. Möglich ist auch, dass bei Anfrage des Klienten mehrere Experimente als Block gesendet werden, die dieser dann iterativ abarbeitet, bevor er den nächsten Block anfragt. Dieses Vorgehen verringert die Menge an Anfragen an den Scheduler.

Die Größe des Experimentblocks sollte abhängig von der zu erwartenden Laufzeit des einzelnen Experiments abhängig gemacht werden. Je kleiner die Laufzeit, desto größer kann der angefragte Block ausfallen. Gleichzeitig steigt die Gefahr, dass Experimente durch einen abgestürzten oder hängenden Klienten blockiert sind und somit andere Klienten leerlaufen, was die Gesamtlaufzeit unnötig verlängert. Um diesen Effekt abzumildern, sollte der Nutzer daher ein Zeitlimit festlegen können, innerhalb dessen geplante Experimente in der Simulationsdatenbank vorliegen müssen. Andernfalls werden diese vom Experiment-Scheduler wieder zur erneuten Planung freigegeben. Der Klient ist somit im Prinzip zustandslos, d. h., er kann an beliebiger Stelle einsteigen, da die Verteilung der Experimente zentral gesteuert wird. Auf der anderen Seite werden Simulationsergebnisse nicht lokal gespeichert, sodass keine Ergebnisse verloren gehen, wenn ein Klient abstürzt oder anderweitig aussteigt. Durch Benachrichtigung des Nutzers über aufgetretene Überschreitungen des Zeitlimits kann dieser abgestürzte oder fehlerhafte Klienten ermitteln, ohne dass der Status des Simulators permanent und direkt kontrolliert werden muss.

Die Datenanalyse und -visualisierung erfolgt ebenfalls per Nutzerinteraktion über die zentrale Steuerungskomponente. Die Simulationsergebnisse liegen, wie bereits erwähnt, in einem flachen Format (JSON oder CSV) vor. Somit lassen sich über die zentrale Steuerungskomponente Bibliotheken für verschiedenste Data-Mining-Algorithmen einbinden, die dieses Format verarbeiten können. Analog dazu lassen sich Bibliotheken für die Visualisierung und Interaktion der

Daten verwenden. Gemäß der in Abbildung 40 (siehe S. 117) aufgeführten Zuordnung von Darstellungsformen für die jeweiligen Data-Mining-Verfahren kann der Nutzer dann einfach das gewünschte Verfahren mit der gewünschten Darstellungsform aus einer Liste auswählen. Für die manuelle Erkundung der Daten, zum Beispiel für Klassendiskriminierung und Klassenvergleich (siehe Kapitel 4.3.4.8, S. 112) ist die Einbindung einer SQL-ähnlichen, Big-Data-fähigen Querysprache[40] empfehlenswert, die dann ebenfalls Zugriff auf die Simulationsdatenbank hat und das gewählte Datenformat verarbeiten können muss. Wichtig ist hierbei, dass der Nutzer bereits durchgeführte Schritte und Visualisierungen chronologisch nachvollziehen und bei Bedarf erneut abrufen kann. Zudem sollten aus Gründen der Zeitersparnis direkt nach Abschluss der Experimente einige Berechnung automatisiert durchgeführt werden. Dies beinhaltet das Berechnen von statistischen Kennzahlen sowie das Optimieren von Hyperparametern der Data-Mining-Methoden. Dies kann zum Beispiel die optimale Parametrisierung des Clustering-Algorithmus durch Bestimmung des Silhouettenkoeffizienten sein, was üblicherweise viel Zeit in Anspruch nimmt.

---

[40] Wie z. B. Pig-Latin, Apache Spark, Apache Hive, Cloudera Impala.
http://pig.apache.org/
https://spark.apache.org/
http://hive.apache.org/
http://impala.apache.org/

6.2 Prototypische Umsetzung

Abbildung 87 zeigt die schematische Struktur der tatsächlichen, prototypischen Umsetzung des zuvor ausgearbeiteten Frameworks.

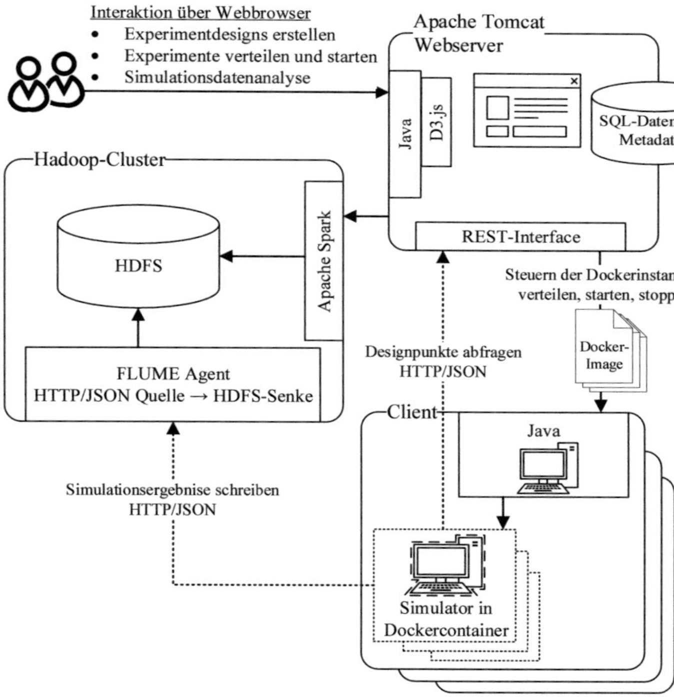

Abbildung 87: Übersicht über die prototypische Implementierung des Frameworks.

Als zentrale Steuerungskomponente fungiert ein Apache-Tomcat-Webserver[41], auf welchem eine Java-basierte Webanwendung aufgesetzt wurde. Die Benutzerschnittstelle ist somit im Webbrowser angelegt, um größtmögliche Flexibilität zu gewährleisten. Abbildung 88 zeigt exemplarisch einen Screenshot der Weboberfläche.

[41] https://tomcat.apache.org/

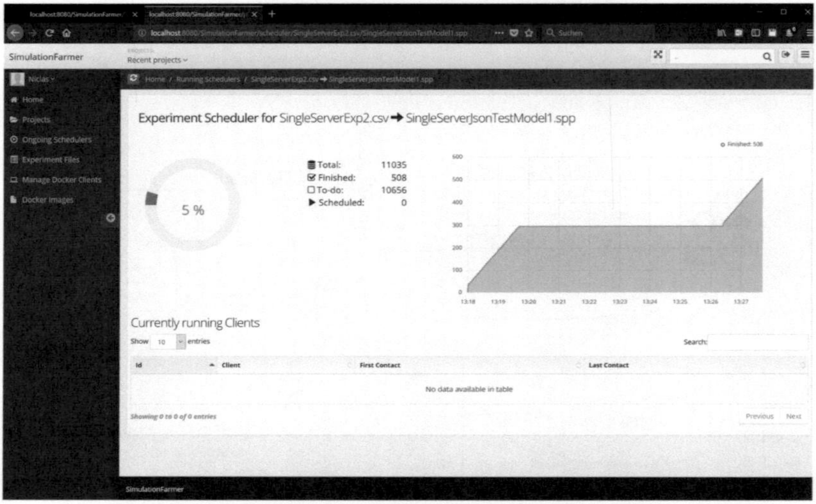

Abbildung 88: Screenshot der Weboberfläche für die Überwachung des Experimentierungsfortschritts.

Für das Persistieren der Metadaten von Data-Farming-Projekten (siehe Abbildung 85) wurde eine SQL-Datenbank aufgesetzt, welche direkt in die Webapplikation eingebunden wurde. Eine Nutzer- und Zugriffsverwaltung kann bei Bedarf ebenfalls über diese Datenbank realisiert werden. Für die Speicherung der Experimentpläne und Simulationsergebnisse wird ein Hadoop-Cluster[42] genutzt. Das Hadoop Distributed Filesystem (HDFS) ermöglicht die verteilte Speicherung großer Datenmengen und ist zudem sehr gut skalierbar. Die Experimentpläne werden als einfache CSV-Dateien gespeichert, die Simulationsergebnisdaten als JSON-Dateien. JSON bietet für die Übertragung einzelner Designpunkte den Vorteil gegenüber CSV, dass das Schema immer explizit mitübertragen wird und die Reihenfolge der Parameter keine Rolle spielt. Die Summe der JSON-Dateien kann nach Abschluss der Experimente jederzeit und problemlos in eine einheitliche CSV-Datei überführt werden. Der Zugriff der Tomcat-Webapplikation auf das HDFS erfolgt über Apache Spark, welches sich auf dem Hadoop-Cluster aufsetzen lässt und gleichzeitig eine Java-API anbietet, die entsprechend in der Java-Webapplikation eingebunden werden kann. Genutzt wird hierbei sowohl SparkSQL für die schnelle, SQL-ähnliche Verarbeitung großer Datenmen-

42 https://hadoop.apache.org/

gen, als auch die Spark-MLlib-Bibliothek, welche viele der benötigten Data-Mining-Methoden anbietet. Für die Datenvisualisierung im Browser wurde die JavaScript-Bibliothek D3.js[43] verwendet. Das Erzeugen der Experimentpläne wurde mittels Java implementiert. Der Zugriff auf die gespeicherten Simulationsdaten erfolgt über SparkSQL. Auf der Klientenseite wurde eine leichtgewichtige Java-Applikation entwickelt und eingesetzt. Diese ermöglicht die HTTP-Kommunikation mit dem Tomcat-Server über ein implementiertes Representational State Transfer Interface (REST-Interface)[44].

Das Verteilen und Steuern des Simulators auf den Klienten wurde mithilfe der Containervirtualisierungssoftware Docker[45] ermöglicht. So kann der Simulator und das dazugehörige Simulationsmodell mit seinen spezifischen Installations-, Konfigurations- und Ausführungseigenschaften einmalig in einem Docker-Container verpackt werden, der dann beliebig oft und parallel auf einem Klienten gestartet werden kann. Einzige Anforderung ist, das auf diesem die Docker-Virtualisierungssoftware installiert und lauffähig ist. Zudem muss der Simulator bzw. das Simulationsmodell kommandozeilenbasiert und ohne jede weitere Nutzerinteraktion ausgeführt werden können, was unabhängig von der Containervirtualisierung eine allgemein wichtige Anforderung an Simulatoren für Data Farming ist [SS2017; Ho+2014b].

Die Java-Klientapplikation ist in der Lage, Docker-Container vom Server zu laden, in die Virtualisierungssoftware zu importieren sowie diese zu starten und wieder zu beenden. Die Installation und Konfiguration der Simulationssoftware direkt auf den Klienten ist somit nicht mehr notwendig. Tritt innerhalb eines Docker-Containers ein Fehler auf, kann der betroffene Container binnen sehr kurzer Zeit einfach beendet und durch einen neuen Container ersetzt werden. Exemplarisch wurden Virtualisierungscontainer für Siemens Plant Simulation erstellt, aber auch die Virtualisierung anderer Simulatoren ist denkbar. Da das Anfragen der Experimente und das Schreiben der Simulationsergebnisse direkt vom Simulator übernommen wird, ist aber auch ein manuelles Ausführen des Simulators ohne umgebenden Virtualisierungscontainer und ohne Vorhandensein der Klientenapplikation möglich. Abbildung 89 und Abbildung 90 zeigen Screenshots der Weboberfläche zur Verwaltung von Klienten und Simulationsinstanzen mittels Docker-Container.

[43] http://d3js.org/

[44] Für die Dokumentation zum Thema REST-Interface siehe [Fi2000].

[45] http://www.docker.com/

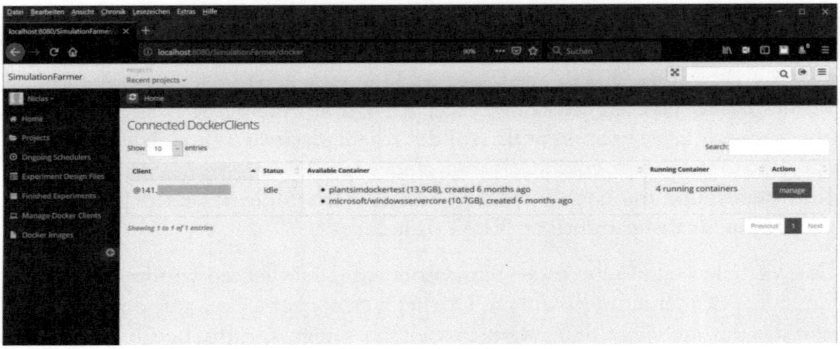

Abbildung 89: Weboberfläche für die Übersicht verbundener Klienten.

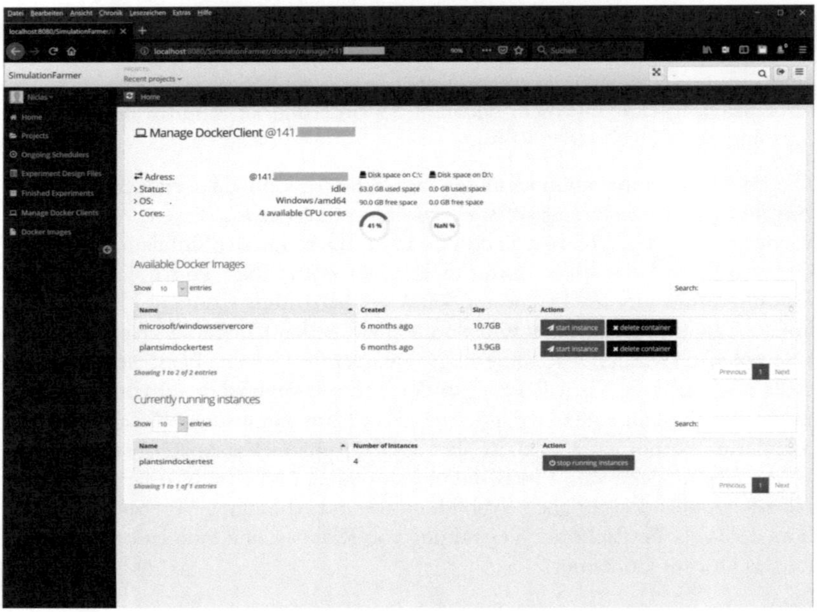

Abbildung 90: Weboberfläche für die Steuerung von Dockercontainern auf einem Klienten.

Um neue, durchzuführende Experimente zu erhalten, fragt der Simulator mittels HTTP-GET mit Nennung von Modellnamen und Experimentplan am Tomcat-Server an und bekommt die entsprechenden Designpunkte im JSON-Format zurückgeliefert. Hierfür wurden exemplarisch für SLX und Plant Simulation eine entsprechende HTTP-Schnittstelle sowie ein JSON-Interpreter implementiert. Für das Interpretieren von JSON-Dateien wurde für SLX die C-Bibliothek JSMN[46] genutzt und für Plant Simulation mittels Sim Talk implementiert (Anhang C). Die Implementierungen der HTTP-REST-Abfragen für Plant Simulation und SLX finden sich in Anhang C und Anhang D.

Das Setzen der Faktoren bzw. Faktorwerte im Modell ist stark modellspezifisch und muss jeweils einmalig vom Anwender für das jeweilige Simulationsmodell implementiert werden. Für das Schreiben der Simulationsergebnisse wurden ebenfalls HTTP und JSON genutzt. Hierfür wurde Apache Flume[47] eingesetzt. Flume ist eine Software für das Sammeln und Speichern von Streaming-Daten. Dies sind Daten, die in hoher, unregelmäßiger und potentiell unbegrenzter Menge anfallen [Ba+2002]. Für den Fall, dass Daten mit so hoher Frequenz geschrieben werden, dass dies die parallelen Schreibkapazitäten der Datenbank überfordert, kann ein sog. Flume-Agent die Daten zwischenspeichern und für einen Lastenausgleich innerhalb des Clusters sorgen. Das parallele Ausführen einer sehr großen Zahl von Simulationsklienten ist somit problemlos möglich. Der Flume-Agent wurde als HTTP/JSON-Interface konfiguriert, welches eintreffende Simulationsergebnisse dann als JSON-Datei auf dem Hadoop-Dateisystem (HDFS) mit der jeweiligen Nummer des Simulationsexperiments direkt im Dateinamen ablegt. Der Simulations-Scheduler kann dann mit einem HDFS-Befehl die Dateinamen der JSON-Dateien auslesen und so schnell und effizient einen Abgleich mit den als geplant markierten Experimenten durchführen, ohne dazu die JSON-Dateien öffnen und auslesen zu müssen.

Wie bereits erwähnt, wird die algorithmische Analyse der Simulationsdaten mittels der auf Apache Spark basierenden Bibliothek MLLib durchgeführt, die visuelle und interaktive Analyse mittels der Javascript Bibliothek D3.js direkt im Webbrowser. Die Metadaten der Analyse werden über die SQL-Datenbank gespeichert. Damit der Nutzer den Überblick über seine durchgeführten Analysen behält, wird der vollzogene Analysepfad entsprechend dem Konzept des Interaktionspfads nach Huang und Nyguyen [HN2008, S. 255] in einem hierarchischen Baum angezeigt. Über den Baum können zum einen bereits durchgeführte Analysen wieder abgerufen werden. Zum anderen werden hier je nach verwendeter Data-Mining-Methode zulässige, darauf aufbauende Analysen und Visua-

[46] https://zserge.com/jsmn.html
[47] https://flume.apache.org/

lisierungen angezeigt. Dies entspricht der in Kapitel 4.3.3.4 (S. 79) und Kapitel 4.3.6 (S. 116) ausgearbeiteten Vorgehensmodelle. Abbildung 91 zeigt einen Screenshot der Weboberfläche zur Durchführung der Analysen.

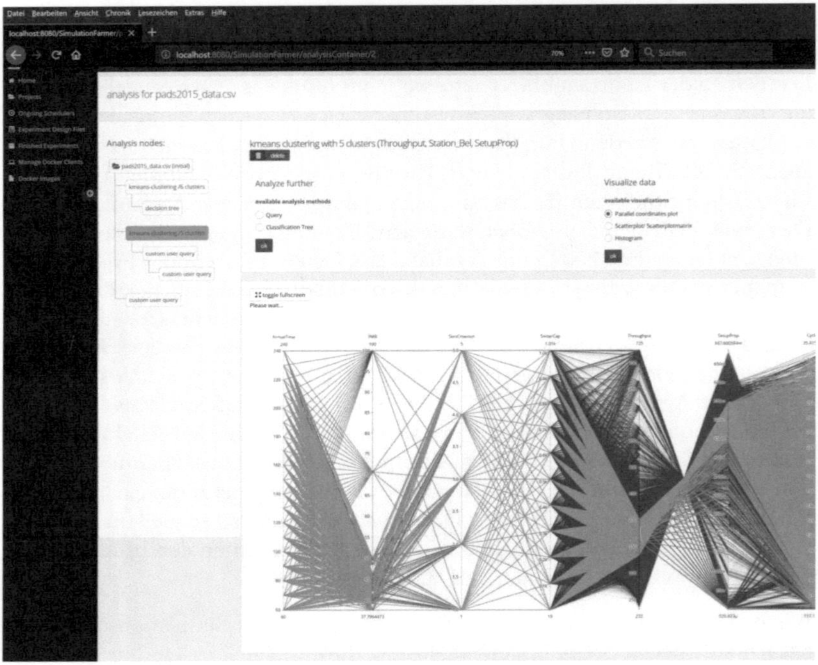

Abbildung 91: Screenshot der Weboberfläche zur Durchführung der Analysen.

Wie die gezeigten Screenshots belegen, ist der implementierte Prototyp lauffähig und nutzbar. Der Prototyp zeigt als Proof-of-Concept die Machbarkeit der technischen Umsetzung des Konzepts in einem integrierten und praktisch nutzbaren Softwareframework auf, sodass dies die Forschungsfrage bezüglich der technischen Umsetzung beantwortet.

7 Zusammenfassung und Ausblick

7.1 Zusammenfassung und kritische Würdigung

In dieser Arbeit wurde ein Konzept zur Wissensentdeckung in Simulationsdaten im Kontext von Produktionssimulation entwickelt. Hierzu wurden Methoden aus den Disziplinen Data Farming, Data Mining und Visual Analytics in einem ganzheitlichen Konzept integriert. Der Stand der Forschung hierzu wurde in Kapitel 3 ausgearbeitet. Infolge dessen wurde in Kapitel 3.4 der Forschungsbedarf eines solchen Konzeptes aufgezeigt.

Das ganzheitliche Konzept zur Wissensentdeckung in Simulationsdaten wurde in Kapitel 4 umfassend ausgearbeitet. Zunächst wurden zwei relevante Hauptebenen identifiziert, und zwar Datenerzeugung und Datenanalyse. Auf der Hauptebene der Datenerzeugung wurden zunächst die für Produktionssimulationen übliche Daten analysiert, sowohl bezüglich Faktoren als auch bezüglich Ergebnisdaten. Ein weiteres wichtiges Thema in diesem Kontext war das Design von Experimenten. Methoden für Experimentdesign sind im Forschungsfeld Data Farming bereits sehr breit erforscht. Hier wurde eine umfassende Literaturrecherche durchgeführt und auf deren Grundlage ein Vorgehensmodell für die Auswahl passender Experimentdesignmethoden für Wissensentdeckungsstudien erarbeitet (Kapitel 4.2.2.2). Zu Experimentdesigns speziell für komplexe oder abhängige Faktoren wie beispielsweise einen Produktmix existiert neben den klassischen, simplex-basierenden Verfahren (welche aber entweder wenig Raumabdeckung bieten oder einen nicht vertretbaren Umfang von Designpunkten annehmen) wenig praktikabel nutzbare Forschung für Data-Farming-Studien. Einen möglichen Ansatz liefern die constrained Latin Hypercubes. Dieses Thema wurde in dieser Arbeit nicht weiter vertieft und es gibt in diesem Bereich noch weiteren Forschungsbedarf. Für die Abbildung von Produktmixen in den Fallstudien wurden auf Zeilensumme 1 angepasste LHS benutzt. In Fallstudie 4 wurde eine Randomisierung eines historisch gegebenen Produktmixes durchgeführt.

Auf der Hauptebene der Datenanalyse wurde ein dreistufiges Vorgehen ausgearbeitet (Kapitel 4.3.1). Es setzt sich zusammen aus der Charakterisierung der Ergebnisdaten, Mustererkennung und Klassenbildung sowie der Untersuchung der Beziehungen zwischen Eingangs- und Ergebnisdaten. Letzteres erfolgt durch die Hinzunahme der Faktoren und durch die Verbindung dieser mit den gefundenen Mustern und Klassen der Ergebnisdaten.

Bevor geeignete Data-Mining-Methoden hinsichtlich ihrer Eignung untersucht wurden, wurde zunächst der Begriff Data Mining bzw. das damit zusammenhängende Methodenspektrum um klassische, deskriptive statistische Methoden und um Methoden des maschinellen Lernens erweitert. Dadurch stand ein großes Methodenportfolio für die Analyse von Simulationsdaten zur Verfügung (Kapitel 4.3.2). Dies sollte zudem auch der aktuellen Diskussion um den Begriff Data Science Rechnung tragen (siehe dazu auch Kapitel 2.4).

Zu jeder der drei oben genannten Analyseschritte wurden dann passende Data-Mining-Methoden zugeordnet und hinsichtlich einer konkreter Ausgestaltung und Anwendung ausgearbeitet (Kapitel 4.3.3). Das Konzept wurde abgeschlossen mit der Auswahl passender Visualisierungs- sowie Gestaltungsmöglichkeiten für interaktive Visualisierungsaufgaben. Bei den Visualisierungsmethoden wurden die gängigsten, in der relevanten Literatur genannten Methoden verwendetet. Subjektive Einflussfaktoren bezüglich der Nutzbarkeit der Visualisierungsformen, wie beispielsweise Farbauswahl oder Erfahrungswerte bei der visuellen Analyse von Diagrammen, wurden allerdings nicht berücksichtigt bzw. als gegeben vorausgesetzt.

Nach dem Entwurf des theoretischen Konzepts wurde dieses in Kapitel 5 anhand von vier Fallstudien validiert. In den Fallstudien konnte erfolgreich Wissen über das modellierte System entdeckt bzw. generiert werden, was die Anwendbarkeit und Nützlichkeit des Konzeptes unter Beweis gestellt hat. In der ersten Fallstudie wurde ein einfaches Singe-Server-Modell betrachtet. Die hier im Vorhinein bekannten Zusammenhänge im Modell konnten durch die Anwendung des Konzeptes der Wissensentdeckung bestätigt werden, was die Anwendbarkeit des Konzeptes validierte. In einer weiteren, umfangreicheren Fallstudie konnten dann komplexere Wirkzusammenhänge entdeckt und daraus neues, potenziell nützliches Wissen generiert werden. Anschließend wurde das entwickelte Konzept in zwei Praxisfallstudien angewendet. Hierbei konnte in beiden Fällen entscheidungsunterstützendes Wissen über die modellierten Systeme generierten werden. Die Nützlichkeit des generierten Wissens wurde durch die Systemexperten bestätigt. Die Fallstudien waren zudem heterogen, sodass eine allgemeine praktische Anwendbarkeit des Konzeptes unter Beweis gestellt werden konnte.

Das generierte Wissen war insbesondere in den Laborstudien nicht immer vorher unbekannt, allerdings kann das Entdecken von bereits bekanntem Wissen auch zur Validierung und Steigerung der Glaubwürdigkeit des Simulationsmodells beitragen. Die Nützlichkeit des entdeckten Wissens ist zudem auch abhängig vom konkreten Anwender. In diesem Kontext hat sich zusätzlich gezeigt, dass ein gewisses Hintergrundwissen über das modellierte System hilft, generiertes Wissen besser verstehen, interpretieren und einordnen zu können.

Im entwickelten Konzept wird das Simulationsmodell zu einem gewissen Grad als Black Box betrachtet, welches die Designpunkte des Experimentdesigns in Ergebnisdatensätze transformiert. Eine Validität des Modells wird hierbei vorausgesetzt. Bei der Durchführung der Fallstudien hat sich jedoch gezeigt, dass diese Voraussetzung manchmal schwer zu erfüllen ist. So hat sich in beiden Praxisfallstudien gezeigt, dass ein Modell, das aus einer klassischen Simulationsstudie stammt und dementsprechend als valide aufgefasst wurde, plötzlich invalides Verhalten aufweist, wenn sehr ungewöhnliche oder extreme Faktorwertkombinationen zur Simulation herangezogen werden. In diesem Kontext hat sich allerdings auch gezeigt, dass das Konzept der Wissensentdeckung in Simulationsdaten hervorragend geeignet ist, invalides bzw. ungewöhnliches Modellverhalten aufzudecken. Dennoch sollten solche Fehler nach Möglichkeit vor der Durchführung eines groß angelegten Data-Farming-Experimentplans beseitigt werden, da sonst die sehr umfangreichen und zeitintensiven Experimente im ungünstigsten Fall erneut durchgeführt werden müssen. Dies ist sicherlich ein Nachteil des Konzeptes, welcher beim klassischen Data Farming im militärischen Bereich nicht so schwer wiegt. Hier ist die Modellentwicklung bereits Bestandteil der Data-Farming-Studie, sodass invalides Verhalten bei ungewöhnlichen Faktorwertkombinationen schon während der Entwicklungsphase entdeckt und behoben werden kann. Der Zeitaufwand für die Entwicklung, Durchführung und Analyse vieler Prototypen muss hier allerdings ebenfalls berücksichtigt werden und ist zudem auf den Kontext von Produktions- und Logistiksimulation nicht übertragbar. Hier steht zum einen das Grundszenario von Anfang an fest, zum anderen sind oftmals Modelle schon vorhanden, z. B. aus Planungsprojekten oder automatisch generiert aus vorhandenen Datenquellen.

Auf Grundlage der durch die durchgeführten Fallstudien gewonnen Erkenntnisse wurde in Kapitel 6 ein Konzept für ein integriertes Softwareframework ausgearbeitet und prototypisch implementiert. Kernbestandteil ist hierbei der Datenaustausch mittels Netzwerkkommunikation über TCP bzw. HTTP-Protokoll, was eine Quasi-Grundvoraussetzung an den Simulator darstellt. Sofern ein Simulator diese Schnittstelle nicht unterstützt, kann jedoch als Notlösung eine speziell angepasste Software als Mittler zwischen proprietärer Simulatorschnittstelle und HTTP-Protokoll implementiert werden. Für die generische Parallelisierung und Verteilung von Simulatorinstanzen wurde die Nutzung einer Containervirtualisierung, wie beispielsweise Docker, vorgeschlagen. Voraussetzung hierfür ist, dass sich das Simulationsmodell mittels Kommandozeilenaufruf starten und ohne weitere Nutzerinteraktion automatisiert ausführen lässt. Der implementierte Prototyp zeigt als Proof-of-Concept die Anwendbarkeit und Integrationsmöglichkeit des Konzeptes in einem praktisch nutzbaren Softwareframework auf.

Zusammenfassend wurde somit die übergeordnete Zielstellung erreicht, ein Konzept zur Wissensentdeckung in Simulationsdaten im Kontext der Produktionssimulation zu entwickeln und zu implementieren. Hierzu wurde nicht nur das ursprüngliche Data-Farming-Konzept auf den Anwendungskontext von Produktionssimulation übertragen und angepasst, sondern es wurde zudem die aufgezeigte Forschungslücke im Bereich der Datenauswertung in Data-Farming-Studien weitestgehend geschlossen. Hier bestand Forschungsbedarf sowohl für automatisierte, algorithmisch unterstütze Analysen mittels Data Mining als auch bezüglich passender Visualisierungsmethoden. Das hierfür entwickelte Konzept beschreibt erstmals ein Vorgehen zur Nutzung von Data Mining in Kombination mit Visualisierungsmethoden zur Analyse großer Mengen von Simulationsdaten und ermöglicht dabei die Analyse des Systemverhaltens in multidimensionalen Strukturen.

7.2 Ausblick und anschließende Forschungsfragen

Im vorherigen Kapitel wurden bereits einige Limitationen festgestellt, aus denen sich weitere Forschungsarbeiten ableiten lassen. Anknüpfungspunkte für weitere Forschung werden nun im Folgenden näher dargestellt.

Im Rahmen der Datenerzeugung besteht noch Forschungsbedarf für die Ausarbeitung eines Best-Practice-Vorgehens für Data-Farming-Studien mit komplexen, abhängigen Faktoren. Das Erproben der Anwendbarkeit von constrained-Latin-Hypercube-Sampling-Verfahren ist hier an erster Stelle zu nennen. Nachteile des Konzepts sind der zum Teil erhebliche zeitliche Aufwand für die Durchführung der Experimente sowie die Tastsache, dass invalides Verhalten im Modell erst nach Abschluss der Experimente gefunden werden kann. Dieses Problem lässt sich angehen, indem Ergebnisdaten abgeschlossener Experimente als Datenstrom aufgefasst werden, welcher dann mit stream-fähigen Data-Mining-Algorithmen analysiert werden kann. Diese spezielle Klasse von Algorithmen ist in der Lage, das zugrundeliegende mathematische Analysemodell iterativ aufzubauen. Eine große Herausforderung hierbei ist allerdings, den durch die Reihenfolge der Experimente entstehenden Bias unter Kontrolle zu halten. Eine erste prototypische Fallstudie hierzu wurde bereits durchgeführt [FBS2017]. Auch eine dynamische Manipulation des Experimentplans könnte so bei Bedarf noch während der Laufzeit vorgenommen werden.

Eine Erweiterung des Konzepts auf Ereignisse und Ergebnisdaten innerhalb eines Simulationslaufs ist ebenfalls denkbar. So können zum Beispiel Produktsequenzen analysiert werden. Hierbei muss allerdings die Simulationszeit als Faktor berücksichtigt werden, was bei der Betrachtung von in sich abgeschlossenen Simulationsläufen nicht der Fall ist. Dies stellt andere bzw. neue Anforderungen an die verwendeten Data-Mining-Algorithmen. Hierzu könnte beispielsweise das eigentlich im Konzept ausgeschlossene Sequential Pattern Mining verwendet werden, welches Muster und Regeln in zeitbasierten Daten auffinden kann.

Die interaktive, visuelle Exploration der Data-Mining-Ergebnisse ist ein kreativer Prozess, in dessen Mittelpunkt der Mensch als Mittler zwischen Data-Mining-Algorithmus und Visualisierung steht. Weitere Studien hinsichtlich Benutzerfreundlichkeit und Wahrnehmung wären daher zielführend, um langfristig zuverlässigere Analyseergebnisse, unabhängig vom konkreten Anwender, zu erhalten. Eine Unterstützung oder Vorverarbeitung der Analyse durch auf künstlicher Intelligenz basierende Verfahren ist ebenso denkbar, zum Beispiel durch Bilderkennung oder Recommender Systeme [KSH2012; Ri+2011a].

Data-Mining-Verfahren wie beispielsweise künstliche neuronale Netze, die als Black Box fungieren und ihr inneres Modell zur Regelbildung nicht offenlegen, sind für die Anwendbarkeit in der Wissensentdeckung nicht geeignet. Da diese Verfahren für die Prädiktion von Ergebnissen gedacht sind, werden sie auch häufig für die Metamodellierung eingesetzt. Turner präsentiert eine interessante Methode für die Offenlegung der logischen Entscheidungsregeln von Black-Box-Klassifikationsalgorithmen [Tu2016]. Dies könnte ein Ansatz sein, um die Methoden der Metamodellierung für die Wissensentdeckung nutzbar zu machen und beide Disziplinen enger zusammenzuführen.

Die Heterogenität der Fallstudien zeigt, dass das Konzept nicht nur für die Anwendung auf Daten im Kontext von Produktionssimulation geeignet ist. Es bietet das Potenzial zur Nutzung in anderen Anwendungskontexten von Simulation. Denkbar sind hier beispielsweise Agenten- und/oder netzwerkbasierte Systeme, wie etwa in der Verkehrssimulation. Eine Übertragbarkeit des Konzeptes könnte dahingehend in weiteren Forschungsarbeiten überprüft werden.

Literaturverzeichnis

[AC2006] ACM SIGKDD: *Data Mining Curriculum.* 2006. *Abruf am* 15.04.2015, http://www.kdd.org/sites/default/files/CURMay06.pdf.

[Ag2014] Aggarwal, C. C.: *An Introduction to Frequent Pattern Mining.* In (Aggarwal, C. C.; Han, J. Hrsg.): Frequent Pattern Mining. Springer International Publishing, Cham, Heidelberg, New York, Dordrecht, London, 2014, S. 1–17.

[AIS1993] Agrawal, R.; Imieliński, T.; Swami, A.: *Mining Association Rules between Sets of Items in Large Databases.* In (Buneman, P.; Jajodia, S. Hrsg.): Proceedings of the 1993 ACM SIGMOD International Conference on Management of Data. 26.-28.05.1993, Washington DC, S. 207–216.

[Al1992] Altman, N. S.: *An Introduction to Kernel and Nearest-Neighbor Nonparametric Regression.* In: The American Statistician. 46(3), 1992, S. 175–185.

[AL2001] Alavi, M.; Leidner, D. E.: *Knowledge Management and Knowledge Management Systems: Conceptual Foundations and Research Issues.* In: MIS Quarterly. 25(1), 2001, S. 107–136.

[AN1995] Aamodt, A.; Nygård, M.: *Different roles and mutual dependencies of data, information, and knowledge — An AI perspective on their integration.* In: Data & Knowledge Engineering. 16(3), 1995, S. 191–222.

[Ar+2013] Arbelaitz, O.; Gurrutxaga, I.; Muguerza, J.; Pérez, J. M.; Perona, I.: *An extensive comparative study of cluster validity indices.* In: Pattern Recognition. 46(1), 2013, S. 243–256.

[AS1993] Agrawal, R.; Srikant, R.: *Mining Sequential Patterns.* In (Yu, P. S.; Chen, A. L. P. Hrsg.): Proceedings of the Eleventh International Conference on Data Engineering. 06.-10.03.1993, Tapei, Taiwan, S. 3–14.

[Ay2016] Aygar, E.: *Interactive Visual Analytics for Large-scale Particle Simulations.* Masterthesis. University of New Hampshire, Durham, 2016.

[Ba+1997] Barbara, D.; DuMouchel, W.; Faloutsos, C.; Haas, P. J.; Hellerstein, J. M.; Ioannidis, Y.; Jagadish, H. V.; Johnson, T.; Ng, R.; Poosala, V.; Ross, K. A.; Sevcik, K. C.: *The New Jersey Data Reduction Report.* In: IEEE Data Engineering. 20(4), 1997, S. 3–46.

[Ba+2002] Babcock, B.; Babu, S.; Datar, M.; Motwani, R.; Widom, J.: *Models and Issues in Data Stream Systems.* In (Abiteboul, S.; Kolaitis, P. G.; Popa, L. Hrsg.): Proceedings of the twenty-first ACM SIGMOD-SIGACT-SIGART Symposium on Principles of Database Systems. 03.-06.06.2002, Madison, Wisconsin, USA, S. 1–16.

[Ba+2005] Banks, J.; Carson, J. S.; Nelson, B. L.; Nicol, D. M.: *Discrete-Event System Simulation.* Pearson Prentice Hall, Upper Saddle River, New Jersey, USA, 2005.

[Ba1998a] Banks, J.: *Handbook of simulation: Principles, methodology, advances, applications, and practice.* Wiley; Co-published by Engineering & Management Press, New York, Norcross, GA, 1998.

[Ba1998b] Barton, R. R.: *Simulation Metamodels.* In (Medeiros, D. J.; Watson, E. F.; Carson, J. S.; Manivanan, M. S. Hrsg.): Proceedings of the 1998 Winter Simulation Conference. 13.-16.12.1998, Washington, DC, USA, S. 167–174.

[Ba2009] Barton, R. R.: *Simulation Optimization using Metamodels.* In (Rosetti, M. D.; Hill, R. R.; Johansson, B.; Dunkin, A.; Ingalls, R. G. Hrsg.): Proceedings of the 2009 Winter Simulation Conference. 13.-16.12.2009, Austin, TX, USA, S. 230–238.

[Ba2012] Bangsow, S.: *Use Cases of Discrete Event Simulation.* Springer Berlin Heidelberg, Berlin, Heidelberg, 2012.

[Ba2015] Barton, R. R.: *Tutorial: Simulation Metamodeling.* In (Yilmaz, L.; Chan, W. K. V.; Moon, I.; Roeder, T. M. K.; Macal, C.; Rossetti, M. D. Hrsg.): Proceedings of the 2015 Winter Simulation Conference. 07.-09.12.2015, Huntington Beach, S. 1765–1779.

[BD1975] Box, G. E. P.; Draper, N. R.: *Robust designs.* In: Biometrika. 62(2), 1975, S. 347–352.

[BD1987] Box, G. E. P.; Draper, N. R.: *Empirical model-building and response surfaces.* Wiley, New York, 1987.

[BDH2003] Barroso, L. A.; Dean, J.; Holzle, U.: *Web search for a planet: the google cluster architecture.* In: IEEE Micro. 23(2), 2003, S. 22–28.

[Be+1999] Beyer, K.; Goldstein, J.; Ramakrishnan, R.; Shaft, U.: *When Is "Nearest Neighbor" Meaningful?* In (Beeri, C.; Buneman, P. Hrsg.): Database Theory – ICDT'99: 7th International Conference. 10.-12.01.1999, Jerusalem, Israel, S. 217–235.

[Be2005] Ben-Gal, I.: *On the Use of Data Compression Measures to Analyze Robust Designs.* In: IEEE Transactions on Reliability. 54(3), 2005, S. 381–388.

[Be2007] Ben-Gal, I. E.: *Bayesian Networks.* In (Ruggeri, F. Hrsg.): Encyclopedia of Satistics in Quality and Reliability. Wiley, Chichester, 2007, S. 1–6.

[Be2014] Bergmann, S.: *Automatische Generierung adaptiver Modelle zur Simulation von Produktionssystemen.* Universitätsverlag Ilmenau, Ilmenau, 2014.

[BFS2016] Bergmann, S.; Feldkamp, N.; Straßburger, S.: *Gestaltungsmöglichkeiten selbst-adaptierender Simulationsmodelle.* In (Nissen, V.; Stelzer, D.; Straßburger, S.; Fischer, D. Hrsg.): Multikonferenz Wirtschaftsinformatik (MKWI) 2016. 09.-11.03, Ilmenau, S. 1713–1724.

[BFS2017] Bergmann, S.; Feldkamp, N.; Straßburger, S.: *Emulation of control strategies through machine learning in manufacturing simulations.* In: Journal of Simulation. 11(1), 2017, 38-50.

[BH1998] Brandstein, A. G.; Horne, G. E.: *Data Farming: A Meta-technique for Research in the 21st Century*. In (Hoffman, F. G.; Horne, G. E. Hrsg.): Maneuver Warfare Science. Marine Corps Combat Development Command, Quantico, Virginia, USA, 1998, S. 93–99.

[BHH2005] Box, G. E. P.; Hunter, J. S.; Hunter, W. G.: *Statistics for experimenters: Design, innovation, and discovery*. Wiley-Interscience, Hoboken, NJ, 2005.

[Bi1995] Bishop, C. M.: *Neural networks for pattern recognition*. Oxford University Press; Clarendon Press, Oxford, 1995.

[Bi2009] Bishop, C. M.: *Pattern Recognition and Machine Learning*. Springer, New York, New York, USA, 2009.

[BK1988] Bettonvil, B.; Kleijnen, J.: *Measurement scales and resolution IV designs: A note (Version 3)*. In: Tilburg University, Department of Economics, Research Memorandum. 1988.

[BK1997] Bettonvil, B.; Kleijnen, J. P.C.: *Searching for important factors in simulation models with many factors*. In: European Journal of Operational Research. 96(1), 1997, S. 180–194.

[BL2007] Bishop, C. M.; Lasserre, J.: *Generative or Discriminative? Getting the Best of Both Worlds*. In (Bernardo, J. M.; Bayarri, M. J.; Berger, J. O.; Dawid, A. P.; Heckerman, D.; Smith, A. F. M.; West, M. Hrsg.): Bayesian statistics 8: Proceedings of the Eighth Valencia International Meeting. 02.-06.06.2007, S. 3–24.

[BL2015] Blanken, L. J.; Lepore, J. J.: *Performance Measurement in Military Operations: Information Versus Incentives*. In: Defence and Peace Economics. 26(5), 2015, S. 516–535.

[BM2006] Barton, R. R.; Meckesheimer, M.: *Metamodel-Based Simulation Optimization*. In (Nelson, B. L.; Henderson, S. G. Hrsg.): Simulation. Elsevier, Amsterdam, Boston, 2006, S. 535–574.

[BM2013] Brehmer, M.; Munzner, T.: *A Multi-Level Typology of Abstract Visualization Tasks*. In: IEEE Transactions on Visualization and Computer Graphics. 19(12), 2013, S. 2376–2385.

[BN2004] Borgelt, C.; Nürnberger, A.: *Experiments in Document Clustering using Cluster Specific Terms Weights*. In (Stein, B.; Meyer zu Eißen, S.; Nürnberger, A. Hrsg.): Proc. Workshop Machine Learning and Interaction for Text-based Information Retrieval. 2004, S. 55–68.

[Bo+2012] Bogon, T.; Timm, I. J.; Jessen, U.; Schmitz, M.; Wenzel, S.; Lattner, A.; Paraskevopoulos, D.; Spieckermann, S.: *Towards Assisted Input and Output Data Analysis in Manufacturing Simulation: The EDASim Approach*. In (Laroque, C.; Himmelspach, R.; Pasupathy, R.; Rose, O.; Uhrmacher, A. M. Hrsg.): Proceedings of the 2012 Winter Simulation Conference. 10.-12.12.2012, Berlin.

[Bo2006] Bosché, K. N.: *An Empirical Evaluation of a Factor Effects Screening Procedure for Exploring Complex Simulation Models.* Dissertation. Naval Postgraduate School, Monterey, California, 01.06.2006.

[BO2011] Braun, M. T.; Oswald, F. L.: *Exploratory regression analysis*. In: Behavior research methods. 43(2), 2011, S. 331–339.

[Br+1999] Breiman, L.; Friedman, J. H.; Stone, C. J.; Olshen, R. A.: *Classification and Regression Trees.* CRC Press, New York, 1999.

[Br+2007] Brun, M.; Sima, C.; Hua, J.; Lowey, J.; Carroll, B.; Suh, E.; Dougherty, E. R.: *Model-based Evaluation of Clustering Validation Measures*. In: Pattern Recognition. 40(3), 2007, S. 807–824.

[BS2006] Bursztyn, D.; Steinberg, D. M.: *Comparison of Designs for Computer Experiments*. In: Journal of Statistical Planning and Inference. 136(3), 2006, S. 1103–1119.

[BS2010] Bergmann, S.; Straßburger, S.: *Challenges for the Automatic Generation of Simulation Models for Production Systems*. In: Proceedings of the 2010 Summer Computer Simulation Conference. 11.-15.07.2010, Ottawa, Canada, S. 545–549.

[BS2015] Bandyopadhyay, S.; Saha, S.: *Unsupervised Classification: Similarity Measures, Classical and Metaheuristic Approaches, and Applications.* Springer Berlin, Berlin, 2015.

[BST2004] Bates, S.; Sienz, J.; Toropov, V.: *Formulation of the Optimal Latin Hypercube Design of Experiments Using a Permutation Genetic Algorithm.* In (American Institute of Aeronautics and Astronautics Hrsg.): 45th AIAA/ASME/ASCE/AHS/ASC Structures, Structural Dynamics & Materials Conference. 19.-22.04.2004, Palm Springs, California, S. 1–7.

[BT1994] Büning, H.; Trenkler, G.: *Nichtparametrische statistische Methoden.* W. de Gruyter, Berlin, New York, 1994.

[Bu+2006] Burl, M. C.; DeCoste, D.; Enke, B. L.; Mazzoni, D.; Merline, W. J.; Scharenbroich, L.: *Automated Knowledge Discovery from Simulators*. In (Ghosh, J.; Lambert, D.; Skillicorn, D.; Srivastava, J. Hrsg.): Proceedings of the 2006 SIAM International Conference on Data Mining. Society for Industrial and Applied Mathematics, Philadelphia, PA, 2006, S. 82–93.

[Bu2011] Bundesvereinigung Logistik e. V.: *Ermittlung von Systemlastkomponenten und Systemlastgrenzen in robusten Distributionssystemen*, 21.12.2011.

[Ca2003] Carr, N. G.: *IT doesn't matter*. In: Harvard Business Review. 81(5), 2003, S. 41–49.

[Ca2016] Cao, L.: *Data Science*. In: IEEE Intelligent Systems. 31(5), 2016, S. 66–75.

[Ca2017] Cao, L.: *Data science*. In: Communications of the ACM. 60(8), 2017, S. 59–68.

[CC2005] Craft, B.; Cairns, P.: *Beyond Guidelines: What Can We Learn from the Visual Information Seeking Mantra?* In (Banissi, E. Hrsg.): Proceedings of the Ninth International Conference on Information Visualisation. 06.-08.07.2005, S. 110–118.

[CE2012] Casali, A.; Ernst, C.: *Discovering Correlated Parameters in Semiconductor Manufacturing Processes*. In: IEEE Transactions on Semiconductor Manufacturing. 25(1), 2012, S. 118–127.

[CG1995] Celeux, G.; Govaert, G.: *Gaussian parsimonious clustering models*. In: Pattern Recognition. 28(5), 1995, S. 781–793.

[Ch+2000] Cheung, D. W.; Hwang, H. Y.; Fu, A. W.; Han, J.: *Efficient Rule-Based Attribute-Oriented Induction for Data Mining*. In: Journal of Intelligent Information Systems. 15(2), 2000, S. 175–200.

[CH1967] Cover, T.; Hart, P.: *Nearest neighbor pattern classification*. In: IEEE Transactions on Information Theory. 13(1), 1967, S. 21–27.

[Ch1997] Cheng, R. C.: *Searching For Important Factors: Sequential Bifurcation Under Uncertainty*. In (Andradóttir, S.; Healy, K. J.; Withers, D. H.; Nelson, B. L. Hrsg.): Proceedings of the 1997 Winter Simulation Conference. 07.-10.12.1997, Atlanta, GA, S. 275–280.

[Ch2018] Cheng, R.: *Creating a Real Impression: Visual Statistical Analysis*. In (Rabe, M.; Juan, A., A.; Mustafee, N.; Skoogh, A.; Jain, S.; Johansson, B. Hrsg.): Proceedings of the 2018 Winter Simulation Conference. 09.12-12.12., Göteborg, Schweden.

[Ci+2007] Cios, K. J.; Kurgan, L. A.; Pedrycz, W.; Swiniarski, R. W.: *Data Mining: A Knowledge Discovery Approach.* Springer Science+Business Media LLC, Boston, MA, 2007.

[Ci2002] Cioppa, T. M.: *Efficient Nearly Orthogonal And Space-Filling Experimental Designs for High-Dimensional Complex Models.* Dissertation. Naval Postgraduate School, Monterey, California, 2002.

[CL2007] Cioppa, T. M.; Lucas, T. W.: *Efficient Nearly Orthogonal and Space-Filling Latin Hypercubes*. In: Technometrics. 49(1), 2007, S. 45–55.

[Cl2012] Claussen, P.: *Die Fabrik als soziales System: Wandlungsfähigkeit durch systemische Fabrikplanung und Organisationsentwicklung - ein Beispiel aus der Automobilindustrie.* Springer, Wiesbaden, 2012.

[Co2002] Cornell, J. A.: *Experiments with mixtures: Designs, models, and the analysis of mixture data.* Wiley, New York, 2002.

[Co2011] Cornell, J. A.: *A primer on experiments with mixtures.* Wiley, Hoboken, NJ, 2011.

[CT2005] Cook, K. K.; Thomas, J. J.: *Illuminating the Path: The Research and Development Agenda for Visual Analytics.* National Visualization and Analytics Center, Portland, 2005.

[CT2006] Cover, T. M.; Thomas, J. A.: *Elements of Information Theory.* Wiley-Interscience, Hoboken, NJ, 2006.

[CV1995] Cortes, C.; Vapnik, V.: *Support-vector networks.* In: Machine Learning. 20(3), 1995, S. 273–297.

[CXC2009] Chen, S.; Xiong, Y.; Chen, W.: *Multiresponse and Multistage Metamodeling Approach for Design Optimization.* In: AIAA Journal. 47(1), 2009, S. 206–218.

[Cz1999] Czitrom, V.: *One-Factor-at-a-Time versus Designed Experiments.* In: The American Statistician. 53(2), 1999, S. 126–131.

[DE1984] Day, W. H. E.; Edelsbrunner, H.: *Efficient Algorithms for Agglomerative Hierarchical Clustering Methods.* In: Journal of Classification. 1(1), 1984, S. 7–24.

[De1999] Dent, B. D.: *Cartography: Thematic Map Design.* WCB/McGraw-Hill, Boston, MA, USA, 1999.

[Dh2013] Dhar, V.: *Data Science and Prediction.* In: Communications of the ACM. 56(12), 2013, S. 64–73.

[DK1974] Dénes, J.; Keedwell, A. D.: *Latin squares and their applications.* Academic Press, New York, 1974.

[Dr+2010] Dransch, D.; Köthur, P.; Schulte, S.; Klemann, V.; Dobslaw, H.: *Assessing the quality of geoscientific simulation models with visual analytics methods – a design study.* In: International Journal of Geographical Information Science. 24(10), 2010, S. 1459–1479.

[DS1998] Draper, N. R.; Smith, H.: *Applied regression analysis.* Wiley, New York, 1998.

[DV1999] Dean, A.; Voss, D.: *Design and analysis of experiments.* Springer, New York, 1999.

[Dy1994] Dyckhoff, H.: *Betriebliche Produktion: Theoretische Grundlagen einer umweltorientierten Produktionswirtschaft.* Springer, Berlin, Heidelberg, 1994.

[Dy2006] Dyckhoff, H.: *Produktionstheorie: Grundzüge industrieller Produktionswirtschaft.* Springer, Berlin, Heidelberg, 2006.

[EDF2008] Elmqvist, N.; Dragicevic, P.; Fekete, J.-D.: *Rolling the Dice: Multidimensional Visual Exploration using Scatterplot Matrix Navigation.* In: IEEE Transactions on Visualization and Computer Graphics. 14(6), 2008, S. 1141–1148.

[El+2007] El Tabach, E.; Lancelot, L.; Shahrour, I.; Najjar, Y.: *Use of Artificial Neural Network Simulation Metamodelling to Assess Groundwater Contamination in a Road Project.* In: Mathematical and Computer Modelling. 45(7-8), 2007, S. 766–776.

[En2003] Endres, A.: *Die Wissensgesellschaft und ihr Bezug zur Informatik.* In: Informatik Spektrum. 26(3), 2003, S. 195–200.

[Es+1996] Ester, M.; Kriegel, H.-P.; Sander, J.; Xu, X.: *A Density-based Algorithm for Discovering Clusters in Large Spatial Databases with Noise*. In (Simoudis, E.; Han, J.; Fayyad, U. Hrsg.): Proceedings of the Second International Conference on Knowledge Discovery and Data Mining. 02.-04.08.1996, Portland, Oregon, USA, S. 226–231.

[ES2000] Ester, M.; Sander, J.: *Knowledge Discovery in Databases: Techniken und Anwendungen.* Springer Berlin Heidelberg, Berlin, Heidelberg, 2000.

[ESS2014] Elmegreen, B. G.; Sanchez, S. M.; Szalay, A. S.: *The Future of Computerized Decision Making*. In (Tolk, A.; Diallo, S. D.; Ryzhov, I. O.; Yilmaz, L.; Buckley, S.; Miller, J. A. Hrsg.): Proceedings of the 2014 Winter Simulation Conference. 07.-10.12.2014, Savanah, GA, USA, S. 943–949.

[Fa+1996] Fayyad, U.; Piatetsky-Shapiro, G.; Smyth, P.; Uthurusamy, R.: *Advances in Knowledge Discovery and Data Mining.* AAAI Press, Menlo Park, CA, USA, 1996.

[Fa+2000] Fang, K.-T.; Lin, D. K. J.; Winker, P.; Zhang, Y.: *Uniform Design: Theory and Application.* In: Technometrics. 42(3), 2000, S. 237–248.

[FBS2015a] Feldkamp, N.; Bergmann, S.; Straßburger, S.: *Visual Analytics of Manufacturing Simulation Data.* In (Yilmaz, L.; Chan, W. K. V.; Moon, I.; Roeder, T. M. K.; Macal, C.; Rossetti, M. D. Hrsg.): Proceedings of the 2015 Winter Simulation Conference. 07.-09.12.2015, Huntington Beach, CA, USA, S. 779–790.

[FBS2015b] Feldkamp, N.; Bergmann, S.; Straßburger, S.: *Knowledge Discovery in Manufacturing Simulations*. In (Taylor, S. J.E.; Mustafee, N.; Son, Y.-J. Hrsg.): Proceedings of the 3rd ACM SIGSIM Conference on Principles of Advanced Discrete Simulation. 10.06-12.06.2015, London, United Kingdom, S. 3–12.

[FBS2016] Feldkamp, N.; Bergmann, S.; Strassburger, S.: *Innovative Analyse- und Visualisierungsmethoden für Simulationsdaten.* In (Nissen, V.; Stelzer, D.; Straßburger, S.; Fischer, D. Hrsg.): Multikonferenz Wirtschaftsinformatik (MKWI) 2016. 09.-11.03, Ilmenau, S. 1737–1748.

[FBS2017] Feldkamp, N.; Bergmann, S.; Strassburger, S.: *Online Analysis of Simulation Data with Stream-based Data Mining.* In (Cai, W.; Meng, T. Y.; Wilsey, P.; Jin, K. Hrsg.): Proceedings of the 2017 ACM SIGSIM Conference on Principles of Advanced Discrete Simulation - SIGSIM-PADS '17. 24.-26.05.2017, Singapore, Republic of Singapore, S. 241–248.

[Fe+2016] Feldkamp, N.; Bergmann, S.; Strassburger, S.; Schulze, T.: *Knowledge discovery in simulation data: A case study of a gold mining facility*. In (Roeder, T. M.K.; Frazier, P. I.; Szechtman, R.; Zhou, E.; Huschka, T.; Chick, S. E. Hrsg.): Proceedings of the 2016 Winter Simulation Conference. 11.12.2016 - 14.12.2016, Washington, DC, USA, S. 1607–1618.

[Fe+2017a] Feldkamp, N.; Bergmann, S.; Strassburger, S.; Schulze, T.; Akondi, P.; Lemessi, M.: *Knowledge Discovery in Simulation Data — A Case Study for a Backhoe Assembly Line*. In (Chan, V.; D'Ambrogio, A.; Zacharewicz, G.; Mustafee, N.; Wainer, G.; Page, E. Hrsg.): Proceedings of the 2017 Winter Simulation Conference. 03.12.-06.12.2017, Las Vegas, NV, USA, S. 4456–4458.

[Fe+2017b] Feldkamp, N.; Bergmann, S.; Straßburger, S.; Schulze, T.: *Knowledge Discovery and Robustness Analysis in Manufacturing Simulations*. In (Chan, V.; D'Ambrogio, A.; Zacharewicz, G.; Mustafee, N.; Wainer, G.; Page, E. Hrsg.): Proceedings of the 2017 Winter Simulation Conference. 03.12.-06.12.2017, Las Vegas, NV, USA, S. 3952–3963.

[Fe+2017c] Feldkamp, N.; Bergmann, S.; Straßburger, S.; Schulze, T.: *Data Farming im Kontext von Produktion und Logistik*. In (Wenzel, S.; Peter, T. Hrsg.): Simulation in Produktion und Logistik 2017. 20.-22.09.2017, Kassel, S. 169–178.

[FH2005] Friman, H.; Horne, G. E.: *Using Agent Models and Data Farming to Explore Network Centric Operations*. In (Kuhl, M. E.; Steiger, N. M.; Armstrong, F. B.; Joines, J. A. Hrsg.): Proceedings of the 2005 Winter Simulation Conference. 04.-07.12.2005, Orlando, FL, USA.

[FHT1996] Fahrmeir, L.; Hamerle, A.; Tutz, G.: *Multivariate statistische Verfahren*. Walter de Gruyter, Berlin, 1996.

[FHU2005] Forsyth, A. J.; Horne, G. E.; Upton, S. C.: *Marine Corps Applications of Data Farming*. In (Kuhl, M. E.; Steiger, N. M.; Armstrong, F. B.; Joines, J. A. Hrsg.): Proceedings of the 2005 Winter Simulation Conference. 04.-07.12.2005, Orlando, FL, USA.

[Fi1971] Fisher, R. A.: *The Design of Experiments*. Hafner Publishing Company, Inc., New York, NY, 1971 [1935].

[Fi2000] Fielding, R. T.: *Architectural Styles and the Design of Network-based Software Architectures*. Dissertation. University of California, Irvine, 2000.

[Fi2011] Fischer, H.: *A History of the Central Limit Theorem*. Springer New York, New York, NY, 2011.

[Fi2013] Fishman, G. S.: *Discrete-Event Simulation: Modeling, Programming, and Analysis*. Springer, New York, New York, USA, 2013.

[FNM2003] Fonseca, D. J.; Navaresse, D. O.; Moynihan, G. P.: *Simulation metamodeling through artificial neural networks*. In: Engineering Applications of Artificial Intelligence. 16(3), 2003, S. 177–183.

[FPM1992] Frawley, W. J.; Piatetsky-Shapiro, G.; Matheus, C. J.: *Knowledge Discovery in Databases: An Overview*. In: AI Magazine. 13(3), 1992, S. 57–70.

[FPS1996a] Fayyad, U.; Piatetsky-Shapiro, G.; Smyth, P.: *From Data Mining to Knowledge Discovery in Databases*. In: AI Magazine. 17(3),1996, S. 37–54.

[FPS1996b] Fayyad, U.; Piatetsky-Shapiro, G.; Smyth, P.: *The KDD process for extracting useful knowledge from volumes of data*. In: Communications of the ACM. 39(11), 1996, S. 27–34.

[FPS1996c] Fayyad, U.; Piatetsky-Shapiro, G.; Smyth, P.: *Knowledge Discovery and Data Mining: Towards a Unifying Framework*. In (Simoudis, E.; Han, J.; Fayyad, U. Hrsg.): Proceedings of the Second International Conference on Knowledge Discovery and Data Mining. 02.-04.08.1996, Portland, Oregon, USA, S. 82–88.

[Fr1992] Friendly, M.: *Visualizing Categorical Data: Data, Stories, and Pictures*. In (Hutchinson, J. E. Hrsg.): Proceedings of the Seventeenth Annual SAS Users Group International Conference. 12.-15.04.1992, Honolulu, Hawaii, S. 190–200.

[FR2007] Fraley, C.; Raftery, A. E.: *Bayesian Regularization for Normal Mixture Estimation and Model-Based Clustering*. In: Journal of Classification. 24(2), 2007, S. 155–181.

[Fu2015] Fu, M. C.: *Handbook of simulation optimization*. Springer Science+Business Media, New York, 2015.

[GBC2016] Goodfellow, I.; Bengio, Y.; Courville, A.: *Deep Learning*. MIT Press, Cambridge, Massachusetts, London, England, 2016.

[GH2006] Geng, L.; Hamilton, H. J.: *Interestingness Measures for Data Mining: A Survey*. In: ACM Computing Surveys (CSUR). 38(3), 2006.

[Gi2010] Giabbanelli, P. J.: *Impact of Complex Network Properties on Routing in Backbone Networks*. In (Makki, K.; Znati, T.; Meyerson, M. Hrsg.): 2010 IEEE Global Telecommunications Conference. 06.-10.12.2010, Miami, FL, USA, S. 389–393.

[GK2007] Gordon, D. M.; Kemper, P.: *On Clustering Simulation Traces*. In (Cloth, L.; Hiltunen, M.; Moorsel van, A. Hrsg.): Proceedings of the 8th International Workshop on Performability Modelling of Computer and Communication Systems. 20.-21.09.2007, Edinburgh, Scotland, UK.

[GL2016] Golchi, S.; Loeppky, J. L.: *Space Filling Designs for Constrained Domains*. In (Aggarwal, M.; George, E. O. Hrsg.): International Conference on Design of Experiments (ICODOE-2016). 10.-13.05.2016, Memphis, TN, USA.

[GR2016] Gómez, D.; Rojas, A.: *An Empirical Overview of the No Free Lunch Theorem and Its Effect on Real-World Machine Learning Classification*. In: Neural computation. 28(1), 2016, S. 216–228.

[Ha1975] Hartigan, J. A.: *Printer Graphics for Clustering*. In: Journal of Statistical Computing and Simulation. 4(3), 1975, S. 187–213.

[Ha1991] Hall, R. W.: *Queueing Methods for Services and Manufacturing*. Prentice Hall, Englewood Cliffs, New Jersey, USA, 1991.

[Ha1998] Hayashi, C.: *What is Data Science? Fundamental Concepts and a Heuristic Example*. In (Hayashi, C.; Yajima, K.; Bock, H.-H.; Ohsumi, N.; Tanaka, Y.; Baba, Y. Hrsg.): Proceedings of the Fifth Conference on International Federation of Classification Societies. 27.-30.03.1998, Kobe, Japan, S. 40–51.

[Ha2009] Hamel, L.: *Knowledge discovery with support vector machines*. John Wiley & Sons, Hoboken, NJ, 2009.

[HBV2001] Halkidi, M.; Batistakis, Y.; Vazirgiannis, M.: *On Clustering Validation Techniques*. In: Journal of Intelligent Information Systems. 17(2-3), 2001, S. 107–145.

[HC2011] Hahsler Michael; Chelluboina, S.: *Visualizing Association Rules: Introduction to the R-extension Package arulesViz*. 2011. *Abruf am 24.03.2016*, https://cran.r-project.org/web/packages/arulesViz/vignettes/arulesViz.pdf.

[He1996] Heckerman, D.: *Bayesian Networks for Knowledge Discovery*. In (Fayyad, U.; Piatetsky-Shapiro, G.; Smyth, P.; Uthurusamy, R. Hrsg.): Advances in Knowledge Discovery and Data Mining. AAAI Press, Menlo Park, CA, USA, 1996, S. 273–305.

[He1999] Henriksen, J. O.: *SLX – The X is for eXtensibility*. In (Farrington, P. A.; Nembhard, H. B.; Evans, G. W.; Sturrock, D. T. Hrsg.): Proceedings of the 31st Conference on Winter Simulation. 05.-08.12.1999, Phoenix, Arizona, USA, S. 167–175.

[He2009] He, J.: *Advances in Data Mining*. In (Lou, Q.; Zhu, M. Hrsg.): Third International Symposium on Intelligent Information Technology Application. 21.-22.11.2009, Nanchang, China, S. 634–636.

[Hi1998] Hickernell, F. J.: *A Generalized Discrepancy and Quadrature Error Bound*. In: Mathematics of Computation of the American Mathematical Society. 67(221), 1998, S. 299–322.

[HK2006] Han, J.; Kamber, M.: *Data mining: Concepts and techniques*. Elsevier; Morgan Kaufmann, Amsterdam, Boston, San Francisco, CA, 2006.

[HM2005] Horne, G. E.; Meyer, T. E.: *Data Farming: Discovering Surprise*. In (Kuhl, M. E.; Steiger, N. M.; Armstrong, F. B.; Joines, J. A. Hrsg.): Proceedings of the 2005 Winter Simulation Conference. 04.-07.12.2005, Orlando, FL, USA, S. 1082–1087.

[HM2010] Horne, G. E.; Meyer, T. E.: *Data farming and defense applications*. In: MODSIM World Conference and Expo. 13.10.2010, Hampton, VA, USA.

[HM2016] Horne, G. E.; Meyer, T.: *Data Farming Process and Initial Network Analysis Capabilities*. In: Axioms. 5(1), 2016, Artikelnummer 4.

[HN2008] Huang, M. L.; Nyguyen, Q. V.: *Context Visualization for Visual Data Mining*. In (Simoff, S. J.; Böhlen, M. H.; Mazeika, A. Hrsg.): Visual Data Mining. Springer Berlin Heidelberg, Berlin, Heidelberg, 2008, S. 248–263.

[Ho+2010] Houle, M. E.; Kriegel, H.-P.; Kröger, P.; Schubert, E.; Zimek, A.: *Can Shared-Neighbor Distances Defeat the Curse of Dimensionality?* In (Gertz, M.; Ludäscher, B. Hrsg.): Scientific and Statistical Database Management: 22nd International Conference, SSDBM 2010. 30.06.-02.07.2010, Heidelberg, Germany, S. 482–500.

[Ho+2014a] Horne, G. E.; Åkesson, B.; Meyer, T.; Anderson, S.: *Analysis and Visualization.* In (Horne, G. E. et al. Hrsg.): Data farming in support of NATO: Final Report of Task Group MSG-088. NATO Science and Technology Office (STO), Paris, France, 2014, S. 109–140.

[Ho+2014b] Horne, G. E.; Åkesson, B.; Meyer, T.; Anderson, S.: *High Performance Computing.* In (Horne, G. E. et al. Hrsg.): Data farming in support of NATO: Final Report of Task Group MSG-088. NATO Science and Technology Office (STO), Paris, France, 2014, S. 85–108.

[Ho+2014c] Horne, G. E.; Åkesson, B.; Meyer, T.; Anderson, S.: *Overview of Data Farming.* In (Horne, G. E. et al. Hrsg.): Data farming in support of NATO: Final Report of Task Group MSG-088. NATO Science and Technology Office (STO), Paris, France, 2014, S. 23–27.

[Ho+2014d] Horne, G. E.; Åkesson, B.; Meyer, T.; Anderson, S.: *Design of Experiments.* In (Horne, G. E. et al. Hrsg.): Data farming in support of NATO: Final Report of Task Group MSG-088. NATO Science and Technology Office (STO), Paris, France, 2014, S. 59–83.

[Ho+2014e] Horne, G. E.; Åkesson, B.; Meyer, T.; Anderson, S.: *Case Study on Humanitarian Assistance and Disaster Relief.* In (Horne, G. E. et al. Hrsg.): Data farming in support of NATO: Final Report of Task Group MSG-088. NATO Science and Technology Office (STO), Paris, France, 2014, S. 173–192.

[Ho+2014f] Horne, G. E.; Åkesson, B.; Meyer, T.; Anderson, S.: *Model Development.* In (Horne, G. E. et al. Hrsg.): Data farming in support of NATO: Final Report of Task Group MSG-088. NATO Science and Technology Office (STO), Paris, France, 2014, S. 37–58.

[Ho+2014g] Horne, G. E.; Åkesson, B.; Meyer, T.; Anderson, S.: *Rapid Scenario Prototyping.* In (Horne, G. E. et al. Hrsg.): Data farming in support of NATO: Final Report of Task Group MSG-088. NATO Science and Technology Office (STO), Paris, France, 2014, S. 29-36.

[Ho+2014h] Horne, G. E.; Åkesson, B.; Meyer, T.; Anderson, S.: *Case Study on Force Protection.* In (Horne, G. E. et al. Hrsg.): Data farming in support of NATO: Final Report of Task Group MSG-088. NATO Science and Technology Office (STO), Paris, France, 2014, S. 193–222.

[Ho1999] Horne, G. E.: *Maneuver Warfare Distillations: Essence not Verisimilitude.* In (Farrington, P. A.; Nembhard, H. B.; Evans, G. W.; Sturrock, D. T. Hrsg.): Proceedings of the 31st Conference on Winter Simulation. 05.-08.12.1999, Phoenix, Arizona, USA, S. 1147–1151.

[Ho2001] Horne, G. E.: *Beyond Point Estimates: Operational Synthesis and Data Farming*. In (Horne, G. E.; Leonardi, M. Hrsg.): Maneuver Warfare Science 2001. Marine Corps Combat Development Command, Quantico, Virginia, USA, 2001, S. 1–7.

[Ho2006] Hoos, H.: *Space-Filling Designs for Computer Experiments.* 2006. *Abruf am* 14.08.2017, https://www.cs.ubc.ca/~hoos/Courses/Trento-06/module-6.2-slides.pdf.

[HR1997] Holthaus, O.; Rajendran, C.: *Efficient dispatching rules for scheduling in a job shop*. In: International Journal of Production Economics. 48(1), 1997, S. 87–105.

[HR1998] Hasenkamp, U.; Roßbach, P.: *Wissensmanagement*. In: WISU. 27(8/9), 1998, S. 956–964.

[HS2006] Hinton, G. E.; Salakhutdinov, R. R.: *Reducing the Dimensionality of Data with Neural Networks*. In: Science. 313(5786), 2006, S. 504–507.

[HS2008] Horne, G. E.; Schwierz, K.-P.: *Data Farming around the World Overview*. In (Mason, S. J.; Hill, R. R.; Mönch, L.; Rose, O.; Jefferson, T.; Fowler, J. W. Hrsg.): Proceedings of the 2008 Winter Simulation Conference. 07.-10.12.2008, Miami, FL, USA, S.1442–1447.

[HS2011] Hopp, W. J.; Spearman, M. L.: *Factory Physics: Foundations of Manufacturing Management.* Waveland Press, Long Grove, Illinois, USA, 2011.

[HS2016] Horne, G. E.; Schwierz, K.-P.: *Summary of Data Farming*. In: Axioms. 5(1), 2016, Artikelnummer 8.

[Hu+2006] Hu, J.; Yin, J.; Peng, Y.; Li, D.: *Knowledge Discovery from Multidisciplinary Simulation to Support Concurrent and Collaborative Design*. In: 2006 10th International Conference on Computer Supported Cooperative Work in Design. 03.05.2006, Nanjing, China, S. 1–6.

[In1985] Inselberg, A.: *The plane with parallel coordinates*. In: The Visual Computer. 2(1), 1985, S. 69–91.

[JD1988] Jain, A. K.; Dubes, R. C.: *Algorithms for Clustering Data.* Prentice-Hall, Englewood Cliffs, New Jersey, USA, 1988.

[Je1967] Jenks, G.: *The Data Model Concept in Statistical Mapping*. In (Frenzel, K. Hrsg.): International Yearbook of Cartography. Bertelsmann, Gütersloh, 1967, S. 107–117.

[JMF1999] Jain, A. K.; Murty, M. N.; Flynn, P. J.: *Data Clustering. A Review*. In: ACM Computing Surveys. 31(3), 1999, S. 264–323.

[Jo2006] Joshua, A. K.-E.: *Extending Orthogonal and Nearly Orthogonal Latin Hypercube Designs for Computer Simulation and Experimentation.* Thesis. Naval Postgraduate School, Monterey, California, 2006.

[JS2014] Jain, S.; Shao, G.: *Virtual Factory Revisited for Manufacturing Data Analytics*. In (Tolk, A.; Diallo, S. D.; Ryzhov, I. O.; Yilmaz, L.; Buckley, S.; Miller, J. A. Hrsg.): Proceedings of the 2014 Winter Simulation Conference. 07.-10.12.2014, Savanah, GA, USA, S. 887–898.

[Ka+2017] Kalid, S.; Syed, A.; Mohammad, A.; Halgamuge, M. N.: *Big-Data NoSQL Databases*. In: 2017 IEEE 2nd International Conference on Big Data Analysis (ICBDA). 10.-12.03.2017, Beijing, China, S. 89–93.

[KB2003] Kelton, D. W.; Barton, R. R.: *Experimental Design for Simulation.* In (Chick, S.; Sanchez, P. J.; Ferrin, D.; Morrice, D. J. Hrsg.): Proceedings of the 2003 Winter Simulation Conference. 07.-10.12.2003, New Orleans, LA, USA, S. 59–65.

[Ke+2006] Keim, D. A.; Mansmann, F.; Schneidewind, J.; Zielger, H.: *Challenges in Visual Data Analysis*. In (Banissi, E. Hrsg.): Proceedings of the Information Visualization '06. 05.-07.07.2006, London, UK, S. 11–16.

[Ke+2008a] Keim, D. A.; Mansmann, F.; Schneidewind, J.; Thomas, J.; Ziegler, H.: *Visual Analytics: Scope and Challenges*. In (Simoff, S. J.; Böhlen, M. H.; Mazeika, A. Hrsg.): Visual Data Mining. Springer Berlin Heidelberg, Berlin, Heidelberg, 2008, S. 76–90.

[Ke+2008b] Keim, D. A.; Andrienko, G.; Fekete, J. D.; Kohlhammer, J.; Melancon, G.: *Visual Analytics: Definition, Process and Challenges*. In (Kerren, A.; Stasko, J. T.; Fekete, J. D.; North, C. Hrsg.): Information Visualization. Springer, Berlin, Heidelberg, 2008, S. 154–175.

[Ke+2010] Keim, D.; Kohlhammer, J.; Ellis, G.; Mansmann, F.: *Mastering the Information Age: Solving Problems with Visual Analytics.* Eurographics Association, Goslar, 2010.

[Ke2000] Kelton, D. W.: *Designing Simulation Experiments.* 2000. *Abruf am* 05.08.2017, https://courses.vcu.edu/MATH-jrm/OPER641/Papers/DesigningSimulationExperiments.pdf.

[Ke2007] Kemper, P.: *A Trace-Based Visual Inspection Technique to Detect Errors in Simulation Models*. In (Henderson, S. G.; Biller, B.; Hsieh, M.-H.; Shortle, J.; Tew, J. D.; Barton, R. R. Hrsg.): Proceedings of the 2007 Winter Simulation Conference. 09.-12.12.2007, Washington, DC, USA.

[KH2013] Kehrer, J.; Hauser, H.: *Visualization and Visual Analysis of Multifaceted Scientific Data*. In: IEEE Transactions on Visualization and Computer Graphics. 19(3), 2013, S. 495–513.

[KI1985] Kittler, J.; Illingworth, J.: *On Threshold Selection using Clustering Criteria*. In: IEEE Transactions on Systems, Man, and Cybernetics. SMC-15(5), 1985, S. 652–655.

[Ki2003] Kiang, M. Y.: *A Comparative Assessment of Classification Methods*. In: Decision Support Systems. 35(4), 2003, S. 441–454.

[Ki2008] Kirch, W.: *Level of Measurement*. In (Kirch, W. Hrsg.): Encyclopedia of Public Health. Springer Netherlands, Dordrecht, 2008, S. 851–852.

[KJ2016] Kuhn, M.; Johnson, K.: *Measuring Predictor Importance*. In (Kuhn, M.; Johnson, K. Hrsg.): Applied predictive modeling. Springer, New York, 2016, S. 463–485.

[KKZ2009] Kriegel, H.-P.; Kröger, P.; Zimek, A.: *Clustering High-dimensional Data*. In: ACM Trans. Knowl. Discov. Data. 3(1), 2009, S. 1:1-1:58.

[Kl+2005] Kleijnen, J. P. C.; Sanchez, S. M.; Lucas, T. W.; Cioppa, T. M.: *State-of-the-Art Review: A User's Guide to the Brave New World of Designing Simulation Experiments*. In: INFORMS Journal on Computing. 17(3), 2005, S. 263–289.

[Kl1975] Kleijnen, J. P. C.: *Statistical techniques in simulation*. M. Dekker, New York, 1975.

[Kl1987] Kleijnen, J. P. C.: *Statistical tools for simulation practitioners*. M. Dekker, New York, 1987.

[Kl1992] Kleijnen, J. P. C.: *Regression Metamodels for Simulation with Common Random Numbers: Comparison of Validation Tests and Confidence Intervals*. In: Management Science. 38(8), 1992, S. 1146–1185.

[Kl1998] Kleijnen, J. P. C.: *Experimental Design for Sensitivity Analysis, Optimization, and Validation of Simulation Models*. In (Banks, J. Hrsg.): Handbook of Simulation. John Wiley & Sons, Inc, Hoboken, NJ, USA, 1998, S. 173–223.

[Kl2008] Kleijnen, J. P.C.: *Design and Analysis of Simulation Experiments*. Springer Science+Business Media LLC, Boston, MA, USA, 2008.

[Kl2015] Kleijnen, J. P. C.: *Regression and Kriging Metamodels with Their Experimental Designs in Simulation*. In: CentER Discussion Paper Series. 2015-035, 2015, S. 1–33.

[KMT2009] Keim, D.; Mansmann, F.; Thomas, J.: *Visual analytics*. In: SIGKDD Explorations. 11(2), 2009, S. 5–8.

[KO1996] Koehler, J. R.; Owen, A. B.: *Computer Experiments*. In: Handbook of Statistics. 13, 1996, S. 261–308.

[Kr+2011] Kriegel, H.-P.; Kröger, P.; Sander, J.; Zimek, A.: *Density-based Clustering*. In: Wiley Interdisciplinary Reviews: Data Mining and Knowledge Discovery. 1(3), 2011, S. 231–240.

[Kr+2014] Krol, D.; Orzechowski, M.; Kitowski, J.; Niethammer, C.; Sulisto, A.; Wafai, A.: *A Cloud-Based Data Farming Platform for Molecular Dynamics Simulations*. In (Antonopoulos, N.; Rana, O. Hrsg.): 2014 IEEE/ACM 7th International Conference on Utility and Cloud Computing. 08.-11.12.2014, London, United Kingdom, S. 579–584.

[KR2009] Kaufman, L.; Rousseeuw, P. J.: *Finding Groups in Data. An Introduction to Cluster Analysis*. John Wiley & Sons Inc, Hoboken, NJ, USA, 2009.

[KS2000] Kleijnen, J. P.C.; Sargent, R. G.: *A Methodology for Fitting and Validating Metamodels in Simulation*. In: European Journal of Operational Research. 120(1), 2000, S. 14–29.

[KS2012a] Kerren, A.; Schreiber, F.: *Toward the Role of Interaction in Visual Analytics*. In (Laroque, C.; Himmelspach, R.; Pasupathy, R.; Rose, O.; Uhrmacher, A. M. Hrsg.): Proceedings of the 2012 Winter Simulation Conference. 10.-12.12.2012, Berlin.

[KS2012b] Kallfass, D.; Schlaak, T.: *NATO MSG-088 Case Study Results to Demonstrate the Benefit of Using Data Farming for Military Decision Support*. In (Laroque, C.; Himmelspach, R.; Pasupathy, R.; Rose, O.; Uhrmacher, A. M. Hrsg.): Proceedings of the 2012 Winter Simulation Conference. 10.-12.12.2012, Berlin.

[KSH2012] Krizhevsky, A.; Sutskever, I.; Hinton, G. E.: *ImageNet Classification with Deep Convolutional Neural Networks*. In (Pereira, F.; Burges, C. J. C.; Bottou, L.; Weinberger, K. Q. Hrsg.): Advances in Neural Information Processing Systems 25. Curran Associates, Inc, Red Hook, NY, USA, 2012, S. 1097–1105.

[KT2005] Kemper, P.; Tepper, C.: *Trace Based Analysis of Process Interaction Models*. In (Kuhl, M. E.; Steiger, N. M.; Armstrong, F. B.; Joines, J. A. Hrsg.): Proceedings of the 2005 Winter Simulation Conference. 04.-07.12.2005, Orlando, FL, USA.

[KT2009] Kemper, P.; Tepper, C.: *Automated Trace Analysis of Discrete-Event System Models*. In: IEEE Transactions on Software Engineering. 35(2), 2009, S. 195–208.

[Ku1995] Kuhlen, R.: *Informationsmarkt. Chancen und Risiken der Kommerzialisierung von Wissen.* UVK Universitätsverlag, Konstanz, 1995.

[KU1999] Konduk, B. A.; Ucisik, A. H.: *Determination of Primary Parameters relevant to the Adequacy of Haemodialysis through Taguchi Method.* In (Blanchard, S.; Eckstein, E.; Fouke, J. Hrsg.): Proceedings of the first Joint BMES/EMBS Conference. 13.-16.10.1999, Atlanta, GA, USA, S. 627.

[La2003] Law, A. M.: *How to Conduct a Successful Simulation Study*. In (Chick, S.; Sanchez, P. J.; Ferrin, D.; Morrice, D. J. Hrsg.): Proceedings of the 2003 Winter Simulation Conference. 07.-10.12.2003, New Orleans, LA, USA, S. 66–70.

[La2007] Law, A. M.: *Simulation Modeling and Analysis.* McGraw-Hill, Boston, 2007.

[La2009] Law, A. M.: *How to build valid and credible Simulation Models*. In (Rosetti, M. D.; Hill, R. R.; Johansson, B.; Dunkin, A.; Ingalls, R. G. Hrsg.): Proceedings of the 2009 Winter Simulation Conference. 13.-16.12.2009, Austin, TX, USA, S. 24–33.

[La2014] Law, A. M.: *Simulation Modeling and Analysis.* . McGraw-Hill, Boston, 2014.

[Le+2013] Ledi, T.; Spagon, P.; del Castillo, E.; Moore, T.; Hartley, S.; Hurwitz, A.: *e-Handbook of Statistical Methods,* http://www.itl.nist.gov/div898/handbook/pri/pri.htm.

[Le2001] Leonardi, M. L.: *Coevolution: A Decision Making Approach.* In (Horne, G. E.; Leonardi, M. Hrsg.): Maneuver Warfare Science 2001. Marine Corps Combat Development Command, Quantico, Virginia, USA, 2001, S. 63–82.

[Li+2002] Liu, H.; Hussain, F.; Tan, C. L.; Dash, M.: *Discretization: An Enabling Technique*. In: Data Mining and Knowledge Discovery. 6(4), 2002, S. 393–423.

[LSA2001] Limpert, E.; Stahel, W. A.; Abbt, M.: *Log-normal Distributions across the Sciences*. In: BioScience. 51(5), 2001, S. 341.

[LSF2006] Li, X.; Sudarsanam, N.; Frey, D. D.: *Regularities in Data from Factorial Experiments: Research Articles*. In: Complex. 11(5), 2006, S. 32–45.

[LSW2007] Lampe, T. A.; Schwarz, G. J.; Wagner, G.: *PAX Designed for Peace Support Operations*. In: Scythe(2), 2007, S. 43–48.

[LT2015] Lin, D. C.; Tang, B.: *Latin Hypercubes and Space-filling Designs*. In (Dean, A.; Morris, M.; Stufken, J.; Bingham, D. Hrsg.): Handbook of design and analysis of experiments. CRC Press, Boca Raton, 2015, S. 17.

[Lu+2012a] Luboschik, M.; Rybacki, S.; Ewald, R.; Schwarze, B.; Schumann, H.; Uhrmacher, A. M.: *Interactive Visual Exploration of Simulator Accuracy: A Case Study for Stochastic Simulation Algorithms*. In (Laroque, C.; Himmelspach, R.; Pasupathy, R.; Rose, O.; Uhrmacher, A. M. Hrsg.): Proceedings of the 2012 Winter Simulation Conference. 10.-12.12.2012, Berlin.

[Lu+2012b] Luboschik, M.; Tominski, C.; Bittig, A.; Uhrmacher, A.; Schumann, H.: *Towards Interactive Visual Analysis of Microscopic-Level Simulation Data*. In (Kerren, A.; Seipel, S. Hrsg.): Proceedings of SIGRAD 2012. 29.-30.11.2012, S. 91–94.

[Lu+2015] Lucas, T. W.; Kelton, W. D.; Sánchez, P. J.; Sanchez, S. M.; Anderson, B. L.: *Changing the Paradigm*. In: Naval Research Logistics. 62(4), 2015, S. 293–303.

[LWZ2016] Lange, P.; Weller, R.; Zachmann, G.: *Knowledge Discovery for Pareto Based Multiobjective Optimization in Simulation.* In (Fujimoto, R.; Unger, B.; Carothers, C. Hrsg.): Proceedings of the 2016 annual ACM Conference on SIGSIM Principles of Advanced Discrete Simulation - SIGSIM-PADS '16. 15.-18.05.2016, Banff, Alberta, Canada, S. 35–46.

[Ma+2010] May, R.; Hanrahan, P.; Keim, D. A.; Shneiderman, B.; Card, S.: *The State of Visual Analytics: Views on what Visual Analytics is and where it is going.* In (Fischer, B.; Pike, W.; MacEachren, A.; Miksch, S. Hrsg.): 2010 IEEE Symposium on Visual Analytics Science and Technology (VAST). Salt Lake City, UT, USA, S. 257–259.

[Mä+2011] März, L.; Krug, W.; Rose, O.; Weigert, G.: *Simulation und Optimierung in Produktion und Logistic.* Springer, Heidelberg, 2011.

[Ma+2014] Matković, K.; Gračanin, D.; Splechtna, R.; Jelović, M.; Stehno, B.; Hauser, H.; Purgathofer, W.: *Visual Analytics for Complex Engineering Systems*. In: IEEE Transactions on Visualization and Computer Graphics. 20(12), 2014, S. 1803–1812.

[Ma+2015] Matkovic, K.; Gračanin, D.; Jelović, M.; Hauser, H.: *Interactive Visual Analysis of Large Simulation Ensembles*. In (Yilmaz, L.; Chan, W. K. V.; Moon, I.; Roeder, T. M. K.; Macal, C.; Rossetti, M. D. Hrsg.): Proceedings of the 2015 Winter Simulation Conference. 07.-09.12.2015, Huntington Beach, S. 517–528.

[Ma2002] Mannila, H.: *Local and Global Methods in Data Mining: Basic Techniques and Open Problems*. In (Widmayer, P.; Ruiz, F.; Morales, R.; Hennessy, M.; Eidenbenz, S.; Conejo, R. Hrsg.): Proceedings of the 29th International Colloquium on Automata, Languages and Programming. Malaga, Spanien, S. 57–68.

[Ma2007] Maranell, G. M.: *Scaling: A Sourcebook for Behavioral Scientists.* Aldine Transaction, New Brunswick, NJ, 2007.

[Ma2017] MathWorks Inc.: *MATLAB Documentation.* 2017. *Abruf am* 20.6.2017, https://de.mathworks.com/help/stats/lhsdesign.html.

[Ma2018] MathWorks Inc.: *MATLAB Documentation.* 2018. *Abruf am* 12.12.2018, https://de.mathworks.com/help/stats/stepwiselm.html.

[Ma2019a] MathWorks Inc.: *MATLAB Documentation.* 2019. *Abruf am* 01.02.2019, https://de.mathworks.com/help/stats/kmeans.html#buefs04-Distance.

[Ma2019b] MathWorks Inc.: *MATLAB Documentation.* 2019. *Abruf am* 30.01.2019, https://de.mathworks.com/help/stats/kmeans.html#bueftl4-1.

[MBC1979] McKay, M. D.; Beckman, R. J.; Conover, W. J.: *A Comparison of Three Methods for Selecting Values of Input Variables in the Analysis of Output from a Computer Code*. In: Technometrics. 21(2), 1979, S. 239.

[Mc2004] McLachlan, G. J.: *Discriminant Analysis and Statistical Pattern Recognition.* Wiley, New York, 2004.

[Mc2008] McDonald, M.: *The Use of Agent-Based Modeling and Data Farming for Planning System of Systems Test in Koint Envoriments,* New London, CT, USA, 2008.

[Me+2013] Menzies, T.; Brady, A.; Keung, J.; Hihn, J.; Williams, S.; El-Rawas, O.; Green, P.; Boehm, B.: *Learning Project Management Decisions*. In: IEEE Transactions on Software Engineering. 39(12), 2013, S. 1698–1713.

[MF2007] Matthews, D. E.; Farewell, V. T.: *Using and understanding medical statistics.* Karger, Basel, New York, 2007.

[MG2004] Malhi, A.; Gao, R. X.: *PCA-Based Feature Selection Scheme for Machine Defect Classification*. In: IEEE Transactions on Instrumentation and Measurement. 53(6), 2004, S. 1517–1525.

[MG2012] MacDonald, C.; Gunn, E. A.: *Allocation of Simulation Effort For Neural Network Vs. Regression Metamodels*. In (Laroque, C.; Himmelspach, R.; Pasupathy, R.; Rose, O.; Uhrmacher, A. M. Hrsg.): Proceedings of the 2012 Winter Simulation Conference. 10.-12.12.2012, Berlin.

[MGH2018] Matković, K.; Gračanin, D.; Hauser, H.: *Visual Analytics for Simulation Ensembles*. In (Rabe, M.; Juan, A., A.; Mustafee, N.; Skoogh, A.; Jain, S.; Johansson, B. Hrsg.): Proceedings of the 2018 Winter Simulation Conference. 09.12-12.12., Göteborg, Schweden, S. 321–335.

[Mi1989] Mingers, J.: *An Empirical Comparison of Pruning Methods for Decision Tree Induction*. In: Machine Learning. 4(2), 1989, S. 227–243.

[MJ2001] Meyer, T. E.; Johnson, S. K.: *Visualization for Data Farming: A Survey of Methods*. In (Horne, G. E.; Leonardi, M. Hrsg.): Maneuver Warfare Science 2001. Marine Corps Combat Development Command, Quantico, Virginia, USA, 2001, S. 15–30.

[MM1995] Morris, M. D.; Mitchell, T. J.: *Exploratory Designs for Computational Experiments*. In: Journal of Statistical Planning and Inference. 43(3), 1995, S. 381–402.

[MMA2016] Myers, R. H.; Montgomery, D. C.; Anderson-Cook, C. M.: *Response Surface Methodology: Process and Product Optimization Using Designed Experiments.* Wiley, Hoboken, NJ, 2016.

[MNP2003] McLachlan, G. J.; Ng, S. K.; Peel, D.: *On Clustering by Mixture Models*. In (Schwaiger, M.; Opitz, O. Hrsg.): Exploratory Data Analysis in Empirical Research: Proceedings of the 25th Annual Conference of the Gesellschaft für Klassifikation e.V. 14.-16.03.2001, München, S. 141–148.

[Mo1987] Moses, L. E.: *Graphical Methods in Statistical Analysis*. In: Annual Review of Public Health. 81987, S. 309–353.

[Mo2013] Montgomery, D. C.: *Design and Analysis of Experiments.* Wiley, Hoboken, NJ, 2013.

[Mo2014] Mockus, A.: *Engineering Big Data Solutions*. In (Herbsleb, J.; Dwyer, M. B. Hrsg.): Proceedings of the on Future of Software Engineering - FOSE 2014. 31.05.-07.06.2014, Hyderabad, India, S. 85–99.

[MS2003] Müller, W.; Schumann, H.: *Visualization Methods for Time-Dependent Data - An Overview*. In (Chick, S.; Sanchez, P. J.; Ferrin, D.; Morrice, D. J. Hrsg.): Proceedings of the 2003 Winter Simulation Conference. 07.-10.12.2003, New Orleans, LA, USA, S. 737–745.

[NB2015] Neves, P. C.; Bernardino, J.: *Big Data in the Cloud: A Survey*. In: Open Journal of Big Data (OJBD). 1(2), 2015, S. 1–18.

[NGG1983] Nigam, A. K.; Gupta, S. C.; Gupta, S.: *A New Algorithm for Extreme Vertices Designs for Linear Mixture Models*. In: Technometrics. 25(4), 1983, S. 367.

[NJ2002] Ng, A. Y.; Jordan, M. I.: *On Discriminative vs. Generative Classifiers*. In (Dietterich, T. G.; Becker, S.; Ghahramani, Z. Hrsg.): Advances in Neural Information Processing Systems 14. MIT Press, 2002, S. 841–848.

[Ös+2010] Österle, H.; Becker, J.; Frank, U.; Hess, T.; Karagiannis, D.; Krcmar, H.; Loos, P.; Mertens, P.; Oberweis, A.; Sinz, E. J.: *Memorandum zur gestaltungsorientierten Wirtschaftsinformatik*. In: Zeitschrift für betriebswirtschaftliche Forschung. 62(6), 2010, S. 664–672.

[Ow1992] Owen, A. B.: *Orthogonal Arrays for Computer Experiments, Integration and Visualization*. In: Statistica Sinica. 2(2), 1992, S. 439–452.

[Pa+2006a] Park, G.-J.; Lee, T.-H.; Lee, K. H.; Hwang, K.-H.: *Robust Design*. In: AIAA Journal. 44(1), 2006, S. 181–191.

[Pa+2006b] Painter, M. K.; Erraguntla, M.; Hogg, G. L.; Beachkofski, B.: *Using Simulation, Data Mining, and Knowledge Discovery Techniques for Optimized Aircraft Engine Fleet Management*. In (Perrone, L. F.; Wieland, F. P.; Liu, J.; Lawson, B. G.; Nicol, D. M.; Fujimoto, R. M. Hrsg.): Proceedings of the 2006 Winter Simulation Conference. 03.-06.12.2006, Monterey, CA, USA, S. 1253–1260.

[Pa2015] Pauly, M.: *Statistische Versuchsplanung: Design of Experiments*. 2015. *Abruf am* 09.08.2017, https://www.uni-ulm.de/fileadmin/_migrated/content_uploads/DOI_01.pdf.

[PB1946] Plackett, R. L.; Burman, J. P.: *The Design of Optimum Multifactorial Experiments*. In: Biometrika. 33(4), 1946, S. 305–325.

[Pe+2010] Petelet, M.; Looss, B.; Asserin, O.; Loredo, A.: *Latin Hypercube Dampling with Inequality Constraints*. In: AStA Advances in Statistical Analysis. 94(4), 2010, S. 325–339.

[Ph1989] Phadke, M. S.: *Quality Engineering Using Robust Design*. Prentice Hall, Englewood Cliffs, NJ, 1989.

[PPV2017] Pousi, J.; Poropudas, J.; Virtanen, K.: *Simulation Metamodelling with Bayesian Networks*. In: Journal of Simulation. 7(4), 2017, S. 297–311.

[Qu1986] Quinlan, J. R.: *Induction of Decision Trees*. In: Machine Learning. 1(1), 1986, S. 81–106.

[Qu1999] Quinlan, J. R.: *Simplifying Decision Trees*. In: International Journal of Human-Computer Studies. 51(2), 1999, S. 497–510.

[Ra+2008] Rao, R. S.; Kumar, C. G.; Prakasham, R. S.; Hobbs, P. J.: *The Taguchi Methodology as a Statistical Tool for Biotechnological Applications: A Critical Appraisal*. In: Biotechnology journal. 3(4), 2008, S. 510–523.

[RA2014] Ramzan, M.; Ahmad, M.: *Evolution of Data Mining - An Overview*. In (Mishra, D. K.; Sheikh, R. Hrsg.): 2014 Conference on IT in Business, Industry and Government. 08.-09.03.2014, Indore, India, S. 1–4.

[RD2001] Reynolds, W. N.; Dixon, D. S.: *Archimedes: A Prototype Distillation*. In (Horne, G. E.; Leonardi, M. Hrsg.): Maneuver Warfare Science 2001. Marine Corps Combat Development Command, Quantico, Virginia, USA, 2001, S. 119–143.

[Ri+2011a] Ricci, F.; Rokach, L.; Shapira, B.; Kantor, P. B.: *Recommender Systems Handbook*. Springer, New York, 2011.

[Ri2001] Rish, I.: *An Empirical Study of the Naive Bayes Classifier*. In: IJCAI 2001 Workshop on Empirical Methods in Artificial Intelligence. 3(22), 2001, S. 1–6.

[Ri2011b] Richardson, J. T.E.: *Eta squared and partial eta squared as measures of effect size in educational research*. In: Educational Research Review. 6(2), 2011, S. 135–147.

[RJ1986] Rabiner, L.; Juang, B.: *An Introduction to Hidden Markov Models*. In: IEEE ASSP Magazine. 3(1), 1986, S. 4–16.

[RJ2013] Reiterer, H.; Jetter, H.-C.: *Informationsvisualisierung*. In (Kuhlen, R.; Semar, W.; Strauch, D. Hrsg.): Grundlagen der praktischen Information und Dokumentation. Walter de Gruyter, Berlin, 2013, S. 192–206.

[RK1996] Rehäuser, J.; Krcmar, H.: *Wissensmanagement im Unternehmen*. In (Schreyögg, G.; Conrad, P. Hrsg.): Managementforschung 6: Wissensmanagement. De Gruyter, Berlin, 1996, S. 1–40.

[Ro+2016] Ross, C.; Carothers, C. D.; Mubarak, M.; Carns, P.; Ross, R.; Li, J. K.; Ma, K.-L.: *Visual Data-Analytics of Large-Scale Parallel Discrete-Event Simulations*. In: 2016 7th International Workshop on Performance Modeling, Benchmarking and Simulation of High Performance Computer Systems (PMBS). 14.11.2016, Salt Lake City, UT, USA, S. 87–97.

[Ro1987] Rousseeuw, P. J.: *Silhouettes: A Graphical Aid to the Interpretation and Validation of Cluster Analysis*. In: Journal of Computational and Applied Mathematics. 20, 1987, S. 53–65.

[Ro2000] Rohrer, M. W.: *Seeing is Believing: The Importance of Visualization in Manufacturing Simulation*. In (Joines, J. A.; Barton, R. R.; Kang, K.; Fishwick, P. A. Hrsg.): Proceding of the 2000 Winter Simulation Conference. 10.-13.12.2000, Orlando, FL. USA.

[Ro2004] Robinson, S.: *Simulation: The Practice of Model Development and Use*. Wiley, Chichester, Eng., Hoboken, NJ, 2004.

[RPD2001] Rawlings, J. O.; Pantula, S. G.; Dickey, D. A.: *Applied Regression Analysis: A Research Tool*. Springer, New York, NY, 2001.

[RS2004] Raileanu, L. E.; Stoffel, K.: *Theoretical Comparison between the Gini Index and Information Gain Criteria*. In: Annals of Mathematics and Artificial Intelligence. 41(1), 2004, S. 77–93.

[RS2015] Rabe, M.; Scheidler, A. A.: *Farming for Mining – Entscheidungsunterstützung mittels Simulation im Supply Chain Management*. In (Rabe, M.; Clausen, U. Hrsg.): Simulation in Production and Logistics 2015. Fraunhofer IRB Verlag, Stuttgart, 2015, S. 671–679.

[RSW2008] Rabe, M.; Spieckermann, S.; Wenzel, S.: *Verifikation und Validierung für die Simulation in Produktion und Logistik: Vorgehensmodelle und Techniken.* Springer, Berlin, Heidelberg, 2008.

[Sa2000] Sanchez, S. M.: *Robust Designs: Seeking the best of all possible Worlds*. In (Joines, J. A.; Barton, R. R.; Kang, K.; Fishwick, P. A. Hrsg.): Proceding of the 2000 Winter Simulation Conference. 10.-13.12.2000, Orlando, FL. USA, S. 69-76.

[Sa2007a] Sanchez, S. M.: *Work Smarter, Not Harder: Guidelines for Designing Simulation Experiments*. In (Henderson, S. G.; Biller, B.; Hsieh, M.-H.; Shortle, J.; Tew, J. D.; Barton, R. R. Hrsg.): Proceedings of the 2007 Winter Simulation Conference. 09.-12.12.2007, Washington, DC, USA, S. 84–94.

[Sa2007b] Sargent, R. G.: *Verification and Validation of Simulation Models*. In (Henderson, S. G.; Biller, B.; Hsieh, M.-H.; Shortle, J.; Tew, J. D.; Barton, R. R. Hrsg.): Proceedings of the 2007 Winter Simulation Conference. 09.-12.12.2007, Washington, DC, USA, S. 124–137.

[Sa2011a] Sargent, R. G.: *Verification and Validation of Simulation Models*. In (Jain, S.; Creasey, R. R.; Himmelspach, J.; White, K. P.; Fu, M. Hrsg.): Proceedings of the 2011 Winter Simulation Conference. 11.-14.12.2011, Phoenix, AZ, USA, S. 183–198.

[Sa2011b] Sanchez, S. M.: *NOLHdesigns spreadsheet.* 2011. *Abruf am* 30.09.2017, http://harvest.nps.edu.

[Sa2013] Sargent, R. G.: *Verification and Validation of Simulation Models*. In: Journal of Simulation. 7(1), 2013, S. 12–24.

[Sa2014] Sanchez, S. M.: *Simulation Experiments: Better Data, not just Big Data.* In (Tolk, A.; Diallo, S. D.; Ryzhov, I. O.; Yilmaz, L.; Buckley, S.; Miller, J. A. Hrsg.): Proceedings of the 2014 Winter Simulation Conference. 07.-10.12.2014, Savanah, GA, USA, S. 805–816.

[SAW2015] Shirkhorshidi, A. S.; Aghabozorgi, S.; Wah, T. Y.: *A Comparison Study on Similarity and Dissimilarity Measures in Clustering Continuous Data*. In: PloS one. 10(12), 2015.

[Sc+2011] Schoder, D.; Bichler, M.; Buhl, U.; Hess, T.; Krcmar, H.; Sinz, E.: *Ergebnis der Arbeitsgruppe Profil der Wirtschaftsinformatik. 2011.*

[Sc+2018] Schulze, T.; Feldkamp, N.; Bergmann, S.; Straßburger, S.: *Data Farming und simulationsbasierte Robustheitsanalyse für Fertigungssysteme.* In (Deatcu, C.; Schramm, T.; Zobel, K. Hrsg.): ASIM 2018 – 24. Symposium Simulationstechnik. 04.10.-05.10.2018, Hamburg, S. 243–252.

[Sc1967] Schweitzer, M.: *Methodologische und entscheidungstheoretische Grundfragen der betriebswirtschaftlichen Prozeßstrukturierung*. In: Zeitschrift für betriebswirtschaftliche Forschung. 19, 1967, S. 279–296.

[Sc2003] Schapire, R. E.: *The Boosting Approach to Machine Learning*. In (Bickel, P.; Diggle, P.; Fienberg, S.; Krickeberg, K.; Olkin, I.; Wermuth, N.; Zeger, S.; Denison, D. D.; Hansen, M. H.; Holmes, C. C.; Mallick, B.; Yu, B. Hrsg.): Nonlinear Estimation and Classification: *An Overview*. Springer New York, New York, NY, 2003, S. 149–171.

[Se1967] Seal, H. L.: *Studies in the History of Probability and Statistics. XV: The Historical Development of the Gauss Linear Model*. In: Biometrika. 54(1/2), 1967, S. 1–24.

[Sh1996] Shneiderman, B.: *The Eyes Have It*. In (van Zee, P.; Burnett, M.; Chesire, M. Hrsg.): Proceedings of the 1996 IEEE Symposium on Visual Languages. 03.-06.09.1996, Boulder, Colorado, USA, S. 336–343.

[SH1999] Stahlknecht, P.; Hasenkamp, U.: *Einführung in die Wirtschaftsinformatik.* Springer, Berlin, Heidelberg, 1999.

[SH2002] Schulze, T.; Henriksen, J. O.: *Simulation Needs SLX.* Otto-von-Guericke Universität, Magdeburg, 2002.

[Sh2005] Shafranovich, Y.: *rfc4180: Common Format and MIME Type for Comma-Separated Values (CSV) Files.* 2005. *Abruf am* 18.02.2019, https://tools.ietf.org/html/rfc4180.

[SJ2007] Skoogh, A.; Johansson, B.: *Time-Consumption Analysis of Input Data Activties in Discrete Event Simulation Projects*. In: Proceedings of The Swedish Production Symposium. 28.-30.08.2007, Göteborg, Schweden.

[SJH2015] Schubert, J.; Johansson, R.; Hörling, P.: *Skewed Distribution Analysis in Simulation-Based Operation Planning*. In (Carson, N.; Williams, A. Hrsg.): Ninth Operations Research and Analysis Conference. 22.-23.10.2015, Ottobrunn, Germany.

[SL2002] Sanchez, S. M.; Lucas, T. W.: *Exploring the World of agent-based Simulations: Simple models, Complex Analyses*. In (Yucesan, E.; Chen, C.-H.; Snowdon, L.; Charnes, J. M. Hrsg.): Proceedings of the Winter Simulation Conference 2002. 08.-11.12. 2002, San Diego, CA, USA, S. 116–126.

[SL2010] Shi, H.-b.; Li, W.-b.: *Detection Technology for unknown Virus based on Data Farming*. In (Smits, P.; Germain, K. Hrsg.): 2010 Second IITA International Conference on Geoscience and Remote Sensing. 28.-31.08.2010, Qingdao, China, S. 96–99.

[Sm1956] Smith, W. E.: *Various Optimizers for Single-Stage Production*. In: Naval Research Logistics. 3(1-2), 1956, S. 59–66.

[SM1974] Snee, R. D.; Marquardt, D. W.: *Extreme Vertices Designs for Linear Mixture Models*. In: Technometrics. 16(3), 1974, S. 399–408.

[So+2016] Soban, D.; Thornhill, D.; Salunkhe, S.; Long, A.: *Visual Analytics as an Enabler for Manufacturing Process Decision-making*. In: Procedia CIRP. 56, 2016, S. 209–214.

[Sp+2015] Splechtna, R.; Matkovic, K.; Gračanin, D.; Jelović, M.; Hauser, H.: *Interactive Visual Steering of Hierarchical Simulation Ensembles*. In: 2015 IEEE Conference on Visual Analytics Science and Technology (VAST). 25.10.2015 - 30.10.2015, Chicago, IL, USA, S. 89–96.

[SRB2007] Székely, G. J.; Rizzo, M. L.; Bakirov, N. K.: *Measuring and Testing Dependence by Correlation of Distances*. In: The Annals of Statistics. 35(6), 2007, S. 2769–2794.

[SS2005] Sanchez, S. M.; Sanchez, P. J.: *Very Large Fractional Factorial and Central Composite Designs*. In: ACM Trans. Model. Comput. Simul. 15(4), 2005, S. 362–377.

[SS2006] Sumathi, S.; Sivanandam, S. N.: *Introduction to Data Mining and its Applications.* Springer, Berlin, Heidelberg, 2006.

[SS2009] Santos, P.; Santos, I.: *Design Experiments For The Construction Of Simulation Metamodels*. In (Otamendi, J. Hrsg.): Proceedings of the 23rd European Conference on Modelling and Simulation. Nottingham, UK, S. 338–344.

[SS2017] Sanchez, S. M.; Sanchez, P. J.: *Better Big Data via Data Farming Experiments*. In (Tolk, A.; Fowler, J.; Shao, G.; Yucesan, E. Hrsg.): Advances in Modeling and Simulation. Springer, Cham, 2017, S. 159–179.

[SSJ2014] Shao, G.; Shin, S.-J.; Jain, S.: *Data Analytics using Simulation for Smart Manufacturing*. In (Tolk, A.; Diallo, S. D.; Ryzhov, I. O.; Yilmaz, L.; Buckley, S.; Miller, J. A. Hrsg.): Proceedings of the 2014 Winter Simulation Conference. 07.-10.12.2014, Savanah, GA, USA, S. 2192–2203.

[St+2016] Steenkiste v., T.; Herten v. d., J.; Couckuyt, I.; Dhaene, T.: *Sensitivity Analysis of Expensive Black Box Systems using Metamodels*. In (Roeder, T. M.K.; Frazier, P. I.; Szechtman, R.; Zhou, E.; Huschka, T.; Chick, S. E. Hrsg.): Proceedings of the 2016 Winter Simulation Conference. 11.12.2016 - 14.12.2016, Washington, DC, USA, S. 578–589.

[St1946] Stevens, S. S.: *On the Theory of Scales of Measurement*. In: Science. 103(2684), 1946, S. 677–680.

[St2014] Stelzer, D.: *Wissen*. In (Kurbel, K.; Becker, J.; Gronau, N.; Sinz, E.; Suhl, L. Hrsg.): Enzyklopädie der Wirtschaftsinformatik. Online-Lexikon, München, 2014.

[SUS2011] Schulz, H.-J.; Uhrmacher, A. M.; Schumann, H.: *Visual Analytics for Stochastic Simulation in Cell Biology*. In (Lindstaedt, S.; Granitzer, M. Hrsg.): Proceedings of the 11th International Conference on Knowledge Management and Knowledge Technologies - i-KNOW '11. 07.-09.09.2011, Graz, Austria, S. 1.

[SW2009a] Sanchez, S. M.; Wan, H.: *Better Than a Petaflop: The Power of Efficient Experimental Design.* In (Rosetti, M. D.; Hill, R. R.; Johansson, B.; Dunkin, A.; Ingalls, R. G. Hrsg.): Proceedings of the 2009 Winter Simulation Conference. 13.-16.12.2009, Austin, TX, USA, S. 60–74.

[SW2009b] Shen, H.; Wan, H.: *Controlled Sequential Factorial Design for Simulation Factor Screening.* In: European Journal of Operational Research. 198(2), 2009, S. 511–519.

[SW2012] Sanchez, S. M.; Wan, H.: *Work Smarter, Not Harder: A Tutorial on Designing and Conducting Simulation Experiments.* In (Laroque, C.; Himmelspach, R.; Pasupathy, R.; Rose, O.; Uhrmacher, A. M. Hrsg.): Proceedings of the 2012 Winter Simulation Conference. 10.-12.12.2012, Berlin.

[SW2014] Schreyögg, G.; Werder v., A.: *Handwörterbuch Unternehmensführung und Organisation.* Schäffer-Poeschel, Stuttgart, 2014.

[SWH2014] Shen, W.; Wang, J.; Han, J.: *Sequential Pattern Mining.* In (Aggarwal, C. C.; Han, J. Hrsg.): Frequent Pattern Mining. Springer International Publishing, Cham, Heidelberg, New York, Dordrecht, London, 2014, S. 261–282.

[SWL2005] Sanchez, S. M.; Wan, H.; Lucas, T. W.: *A Two-phase Screening Procedure for Simulation Experiments.* In (Kuhl, M. E.; Steiger, N. M.; Armstrong, F. B.; Joines, J. A. Hrsg.): Proceedings of the 2005 Winter Simulation Conference. 04.-07.12.2005, Orlando, FL, USA, S. 223–230.

[SWL2009] Sanchez, S. M.; Wan, H.; Lucas, T. W.: *Two-Phase Screening Procedure for Simulation Experiments.* In: ACM Transactions on Modeling and Computer Simulation. 19(2), 2009, S. 1–24.

[SWN2003] Santner, T. J.; Williams, B. J.; Notz, W. I.: *The Design and Analysis of Computer Experiments.* Springer New York, New York, NY, 2003.

[SWS2009] Shen, H.; Wan, H.; Sanchez, S. M.: *A Hybrid Method for Simulation Factor Screening.* In: Naval Research Logistics. 57(1), S. 45–57, 2009.

[Ta+2009] Tang, Z.; Xue, Q.; Zhao, M.; Wei, Y.: *Decision Tree Algorithm for Tank Damage Analysis in Combat Simulation Tests.* In (Cui, J. Hrsg.): 9th International Conference on Electronic Measurement & Instruments (ICEMI 2009). 16.-19.08.2009, Beijing, China, S. 3-830–3-835.

[Ta1988] Taguchi, G.: *System of Experimental Design.* Unipub, White Plains, New York, 1988.

[Ta1993] Tang, B.: *Orthogonal Array-Based Latin Hypercubes.* In: Journal of the American Statistical Association. 88(424), 1993, S. 1392–1397.

[Ta1995] Taguchi, G.: *Quality Engineering (Taguchi Methods) for the Development of Electronic Circuit Technology.* In: IEEE Transactions on Reliability. 44(2), 1995, S. 225–229.

[Te+2016] Tercan, H.; Khawli, T. A.; Eppelt, U.; Büscher, C.; Meisen, T.; Jeschke, S.: *Use of Classification Techniques to Design Laser Cutting Processes.* In: Procedia CIRP. 52, 2016, S. 292–297.

[TKS2002] Tan, P.-N.; Kumar, V.; Srivastava, J.: *Selecting the Right Interestingness Measure for Association Patterns*. In (Zaïane, O. R.; Goebel, R.; Hand, D.; Keim, D.; Ng, R. Hrsg.): Proceedings of the Eighth ACM SIGKDD International Conference on Knowledge Discovery and Data Mining. 23.-26.07.2002, Edmonton, Alberta, Canada, S. 32–41.

[TMB2008] Trivellato, D.; Mazeika, A.; Böhlen, M. H.: *Using 2D Hierarchical Heavy Hitters to Investigate Binary Relationships*. In (Simoff, S. J.; Böhlen, M. H.; Mazeika, A. Hrsg.): Visual Data Mining. Springer Berlin Heidelberg, Berlin, Heidelberg, 2008, S. 215–235.

[TSD2014] Turban, E.; Sharda, R.; Delen, D.: *Decision Support and Business Intelligence Systems.* Pearson, Harlow, 2014.

[TSK2005] Tan, P.-N.; Steinbach, M.; Kumar, V.: *Introduction to Data Mining.* Pearson Addison-Wesley, Boston, 2005.

[Tu1977] Tukey, J. W.: *Exploratory Data Analysis.* Addison-Wesley Pub. Co, Reading, MA, 1977.

[Tu2016] Turner, R.: *A model explanation system*. In: 2016 IEEE 26th International Workshop on Machine Learning for Signal Processing (MLSP). 13.-16.09.2016, Vietri sul Mare, Salerno, Italy, S. 1–6.

[TWH2001] Tibshirani, R.; Walther, G.; Hastie, T.: *Estimating the Number of Clusters in a Data Set via the Gap Statistic*. In: Journal of the Royal Statistical Society: Series B (Statistical Methodology). 63(2), 2001, S. 411–423.

[Va+2007a] van Dam, E. R.; Husslage, B.; den Hertog, D.; Melissen, H.: *Maximin Latin Hypercube Designs in Two Dimensions*. In: Operations Research. 55(1), 2007, S. 158–169.

[Va+2007b] Viana, F. A. C.; Steffen, V.; Venter, G.; Balabanov, V.: *On How to Implement an Affordable Optimal Latin Hypercube*. In (Associação Brasileira de Engenharia e Ciências Mecânicas Hrsg.): COBEM 2007. 05.-08.11.2007, Brasília, Brasilien.

[VDI3633-1] Verein Deutscher Ingenieure: *VDI3633 - Blatt 1, Simulation von Logistik-, Materialfluß- und Produktionssystemen, Grundlagen.* Beuth-Verlag, Berlin, 2000.

[VDI3633-11] Verein Deutscher Ingenieure: *VDI3633 - Blatt 11, Simulation von Logistik-, Materialfluß- und Produktionssystemen: Simulation und Visualisierung.* Beuth-Verlag, Berlin, 2003.

[VDI3633-2] Verein Deutscher Ingenieure: *VDI3633 - Blatt 2, Lastenheft / Pflichtenheft und Leistungsbeschreibung für die Simulationsstudie.* Beuth-Verlag, Berlin, 1997.

[VDI3633-3] Verein Deutscher Ingenieure: *VDI3633 - Blatt 3, Simulation von Logistik-, Materialfluß- und Produktionssystemen: Experimentplanung und -auswertung.* Beuth-Verlag, Berlin, 1993.

[Vi+2010] Vincent, P.; Larochelle, H.; Lajoie, I.; Bengio, Y.; Manzagol, P.-A.: *Stacked Denoising Autoencoders*. In: J. Mach. Learn. Res. 11, 2010, S. 3371–3408.

[Vi+2011] Vieira, H.; Sanchez, S. M.; Kienitz, K. H.; Belderrain, M. C. N.: *Improved Efficient, Nearly Orthogonal, Nearly Balanced Mixed Designs*. In (Jain, S.; Creasey, R. R.; Himmelspach, J.; White, K. P.; Fu, M. Hrsg.): Proceedings of the 2011 Winter Simulation Conference. 11.-14.12.2011, Phoenix, AZ, USA, S. 3600–3611.

[Vi+2012a] Vieira, H.; Sanchez, S. M.; Kienitz, K. H.; Belderrain, M. C. N.: *Conducting trade-off analyses via simulation: Efficient nearly orthogonal nearly balanced mixed designs.* Working Paper. Naval Postgraduate School, Monterey, California, USA, 2012.

[Vi+2013a] Vieira, H.; Sanchez, S. M.; Kienitz, K. H.; Belderrain, M. C. N.: *Efficient, nearly orthogonal-and-balanced, mixed designs*. In: Journal of Simulation. 7(S4), 2013, S. 264–275.

[Vi2012b] Vieira, H.: *NOB Mixed 512 Design Points Template.* 2012. *Abruf am* 30.09.2017, http://harvest.nps.edu.

[Vi2013b] Viana, F. A. C.: *Things you wanted to know about the Latin hypercube design and were afraid to ask.* In: 10th World Congress on Structural and Multidisciplinary Optimization. 19.-24.05.2013, Orlando, Florida, USA, S. 1–9.

[Vo1994] Vollebregt, T. A. J.: *Experimental Design Theory for Automated Simulation Studies*. In (Operational Research Society of New Zealand Hrsg.): New Zealand Operational Research – Conference Proceedings of the 15th Annnual Conference. 23.-24.08.1994, Wellington, S. 68–73.

[Vo1996] Vollebregt, T. A. J.: *Experimental Design for Simulation.* Dissertation. University of Canterbury, Canterbury, 1996.

[VVB2009] Viana, F. A. C.; Venter, G.; Balabanov, V.: *An algorithm for fast optimal Latin hypercube design of experiments*. In: International Journal for Numerical Methods in Engineering. 2009.

[Wa+2007] Walpole, R. E.; Myers, R. H.; Myers, S. L.; Ye, K.: *Probability & Statistics for Engineers & Scientists.* Pearson Prentice Hall, Upper Saddle River, NJ, USA, 2007.

[WAN2003] Wan, H.; Ankenman, B.; Nelson, B. L.: *Controlled Sequential Bifurcation: A new Factor-Screening Method for Discrete-Event Simulation.* In (Chick, S.; Sanchez, P. J.; Ferrin, D.; Morrice, D. J. Hrsg.): Proceedings of the 2003 Winter Simulation Conference. 07.-10.12.2003, New Orleans, LA, USA, S. 565–573.

[WBJ2003] Wenzel, S.; Bernhard, J.; Jessen, U.: *A Taxonomy of Visualization Techniques for Simulation in Production and Logistics*. In (Chick, S.; Sanchez, P. J.; Ferrin, D.; Morrice, D. J. Hrsg.): Proceedings of the 2003 Winter Simulation Conference. 07.-10.12.2003, New Orleans, LA, USA, S. 729–736.

[We1990] Wegman, E. J.: *Hyperdimensional Data Analysis Using Parallel Coordinates*. In: Journal of the American Statistical Association. 85(441), 1990, S. 664–675.

[WF2005] Witten, I. H.; Frank, E.: *Data Mcining: Practical Machine Learning Tools and Techniques.* Morgan Kaufman, Amsterdam, Boston, MA, 2005.

[WF2009] Wilkinson, L.; Friendly, M.: *The History of the Cluster Heat Map.* In: The American Statistician. 63(2), 2009, S. 179–184.

[WH2006] Wilde, T.; Hess, T.: *Methodenspektrum der Wirtschaftsinformatik Überblick und Portfoliobildung.* Institut für Wirtschaftsinformatik und Neue Medien: Arbeitsbericht, München, 2006.

[WH2007] Wilde, T.; Hess, T.: *Forschungsmethoden der Wirtschaftsinformatik.* In: WIRTSCHAFTSINFORMATIK. 49(4), 2007, S. 280–287.

[WI2002] Weiss, S. M.; Indurkhya, N.: *Predictive Data Mining: A Practical Guide.* Morgan Kaufmann, San Francisco, CA, 2002.

[Wo1996] Wolpert, D. H.: *The Lack of A Priori Distinctions Between Learning Algorithms.* In: Neural computation. 8(7), 1996, S. 1341–1390.

[WP1991] Wild, R. H.; Pignatiello, J. J.: *An experimental design strategy for designing robust systems using discrete-event simulation.* In: SIMULATION. 57(6), 1991, S. 358–368.

[WR2011] Weigert, G.; Rose, O.: *Stell- und Zielgrößen.* In (März, L.; Krug, W.; Rose, O.; Weigert, G. Hrsg.): Simulation und Optimierung in Produktion und Logistik: Praxisorientierter Leitfaden mit Fallbeispielen. Springer, Berlin, Heidelberg, 2011, S. 29–39.

[WVT2009] Wustmann, D.; Vasyutynskyy, V.; Thorsten, S.: *Ansätze zur automatischen Analyse und Diagnose von komplexen Materialflusssytemen.* In (Scheid, W. M. Hrsg.): 5. Fachkolloquium der Wissenschaftlichen Gesellschaft für Technische Logistik. Universitäsverlag, Ilmenau, 2009, S. 1–20.

[XW2005] Xu, R.; Wunsch, D.: *Survey of Clustering Algorithms.* In: IEEE transactions on neural networks. 16(3), 2005, S. 645–678.

[Ya+2007] Yang, H.-c.; Dasdan, A.; Hsiao, R.-L.; Parker, D. S.: *Map-Reduce-Merge: Simplified Relational Data Processing on Large Clusters.* In: Proceedings of the 2007 ACM SIGMOD International Conference on Management of Data. 11.-14.06.2007, Beijing, China, S. 1029–1040.

[Ye1998] Ye, K. Q.: *Orthogonal Column Latin Hypercubes and Their Application in Computer Experiments.* In: Journal of the American Statistical Association. 93(444), 1998, S. 1430–1439.

[Yi+2004] Yin, J.-L.; Li, D.-Y.; Wang, Y.-C.; Peng, Y.-H.: *Knowledge Discovery from Finite Element Simulation Data.* In: Proceedings of 2004 International Conference on Machine Learning and Cybernetics (IEEE Cat. No.04EX826). 26.-29.08.2004, Shanghai, China, S. 1335–1340.

[Ze+2011] Zeng, F.; Decraene, J.; Low, M. Y. H.; Wentong, C.; Hingston, P.; Zhou, S.: *High-dimensional objective-based data farming.* In (Piuri, V.; Galichet, S. Hrsg.): 2011 IEEE Symposium on Computational Intelligence for Security and Defense Applications (CISDA). 11.-15.04.2011, Paris, France, S. 80–87.

[Zh+2016] Zhong, G.; Wang, L.-N.; Ling, X.; Dong, J.: *An Overview on Data Representation Learning*. In: The Journal of Finance and Data Science. 2(4), 2016, S. 265–278.

[ZP1996] Zhang, N. L.; Poole, D.: *Exploiting Causal Independence in Bayesian Network Inference*. In: J. Artif. Int. Res. 5(1), 1996, S. 301–328.

Anhang

A Übersicht über stochastische Verteilungen und zugehörige Parameter

Die Tabelle zeigt die wichtigsten Verteilungsfunktionen. Zusätzlich ist ersichtlich, welche Parameter und Bedingungen an diese bei der Parameterzerlegung für stochastische Faktoren zu beachten sind [Be2014, S. 110–114; Fi2013, S. 330–395]. Während beispielsweise bei der Zerlegung der Exponentialfunktion ein Faktor gebildet wird, entstehen bei der Zerlegung der Dreiecksverteilung drei Faktoren, die untereinander Bedingungen bzw. Abhängigkeiten aufweisen, was die Erstellung des Experimentdesigns deutlich komplexer gestaltet und dementsprechend zu berücksichtigen ist.

	Parameter	Dichte	Verteilung
Gleichverteilung	<u>Parameter:</u> a, b <u>Bedingungen:</u> $-\infty < a < b < \infty$	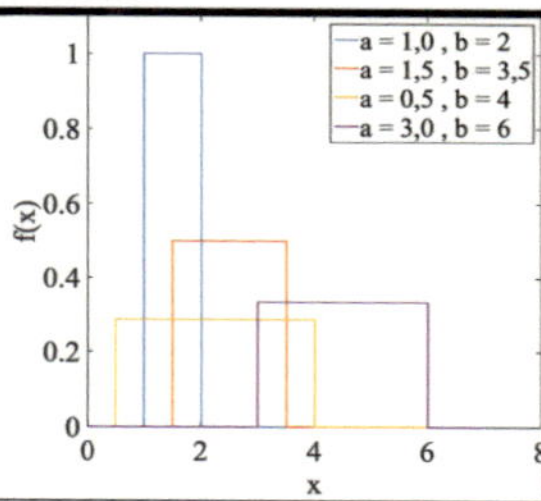	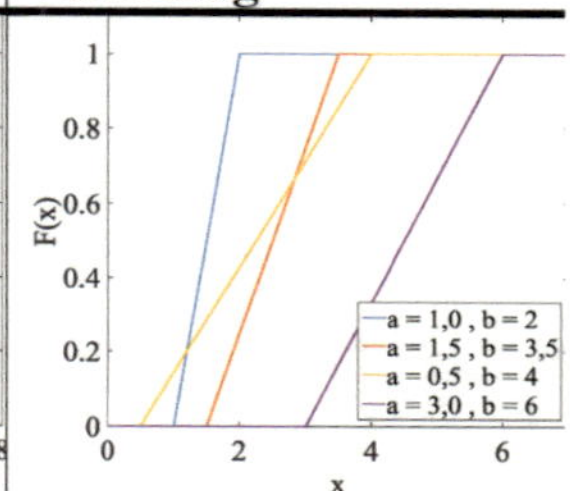
Dreiecksverteilung	<u>Parameter:</u> a, b, c <u>Bedingungen:</u> $a \in]-\infty, \infty[$ $a \leq b \leq c$	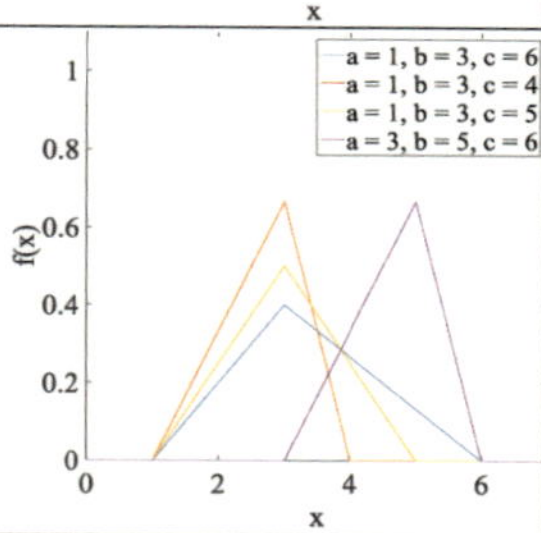	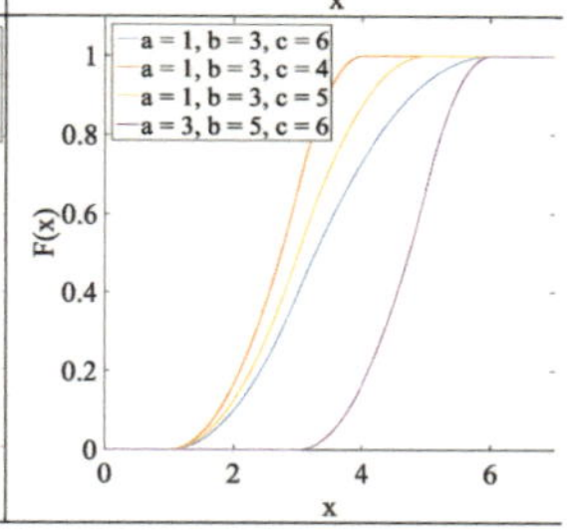

Verteilung	Parameter / Bedingungen	f(x)	F(x)
Normalverteilung	<u>Parameter:</u> μ, σ^2 <u>Bedingungen:</u> $\mu \in]-\infty, \infty[$ $\sigma^2 \in [0, \infty[$	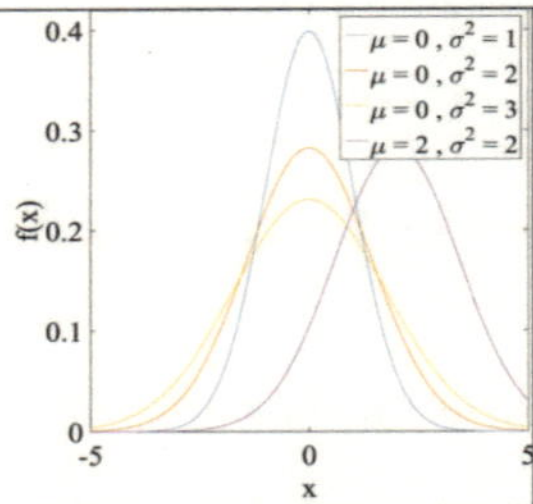	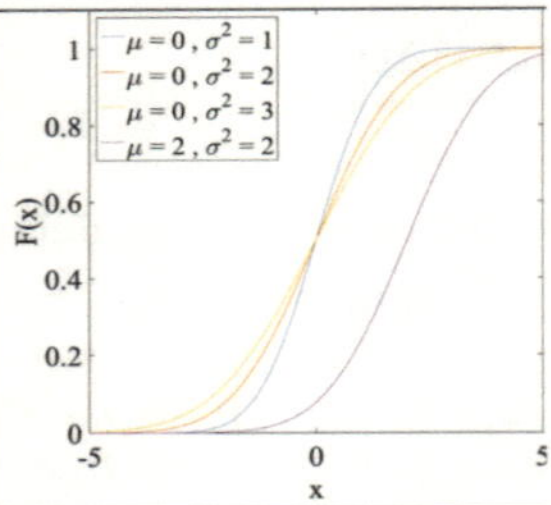
Exponentialverteilung	<u>Parameter:</u> λ <u>Bedingungen:</u> $\lambda \in]0, \infty[$	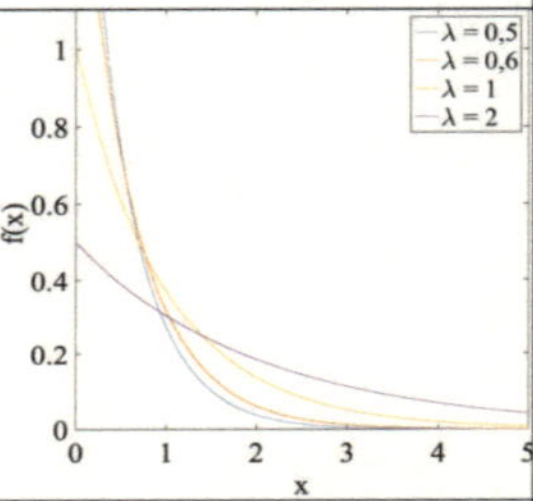	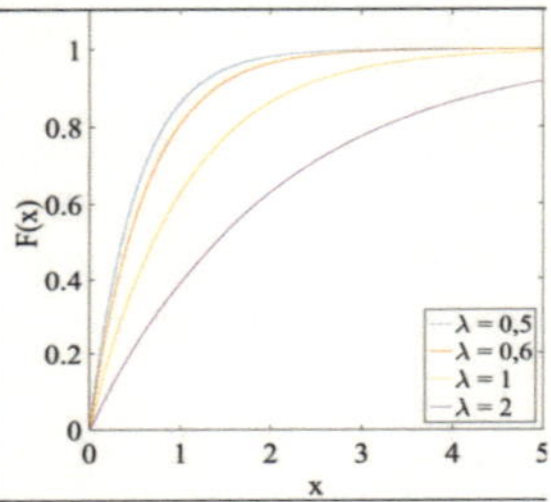
Logarithmische Normalverteilung	<u>Parameter:</u> μ, σ <u>Bedingungen:</u> $\mu \in]-\infty, \infty[$ $\sigma^2 \in [0, \infty[$	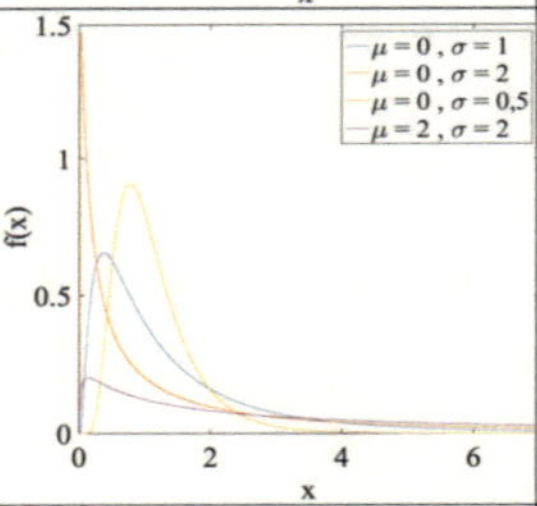	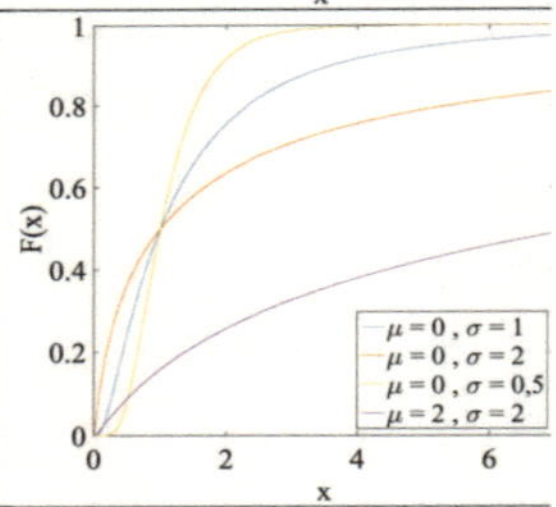
Weibull-Verteilung	<u>Parameter:</u> λ, k <u>Bedingungen:</u> $\lambda, k \in [0, \infty[$	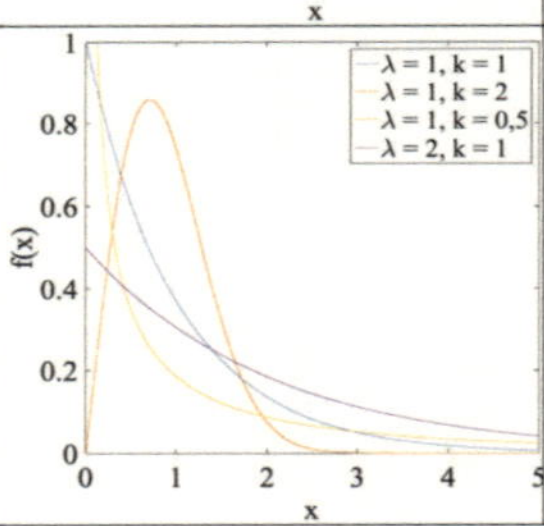	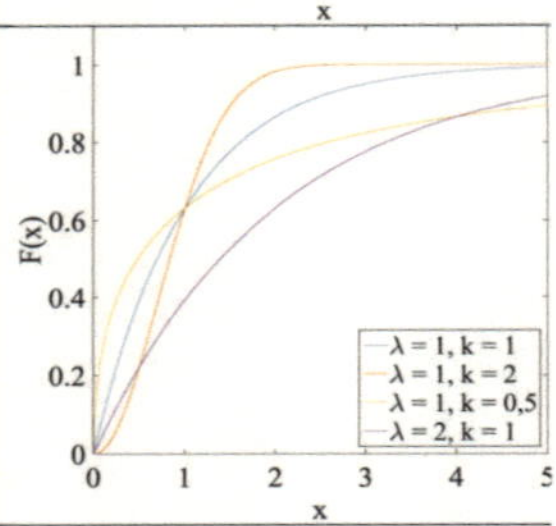

Erlang	<u>Parameter:</u> μ, k <u>Bedingungen:</u> $\mu \in [0, \infty[$ $k > 0$ & *Ganzzahl*	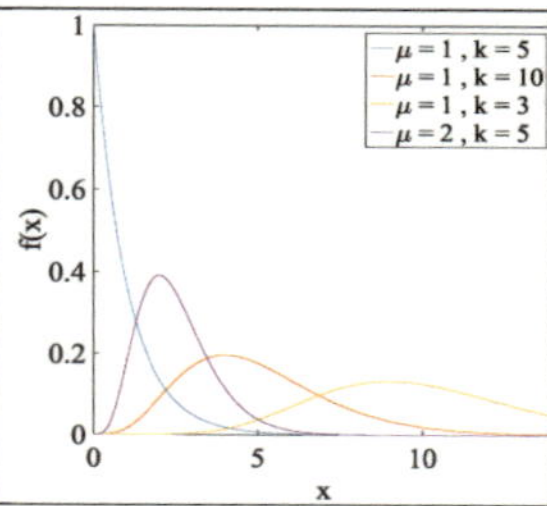	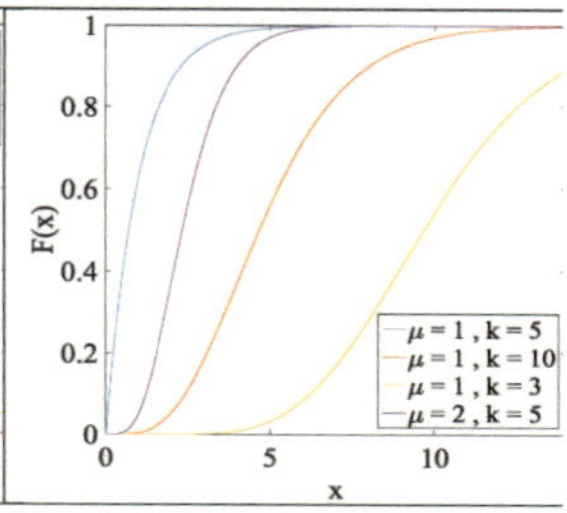

B Übersicht Skalensystematik

Diese Tabelle gibt einen Überblick über Skalensystematik in Anlehnung an [St1946; Ma2007; Ki2008]).

Skalenniveau	Beschreibung messbarer Eigenschaften	Zulässige Operationen	Beispiel	Zulässige Aussage
Nominalskala	o Häufigkeit o Gleich- und Ungleichheit o keine Rangfolge	=, ≠	Maschinenzustände, Staatsangehörigkeit	„Zustand A unterscheidet sich von Zustand B"
Ordinalskala	o Häufigkeit o Gleich- und Ungleichheit o Rangfolge	=, ≠,<, >	Schulnoten, Dienstgrad	„Die Note *Gut* ist besser als die Note *Befriedigend*"
Intervallskala	o Häufigkeit o Gleich- und Ungleichheit o Rangfolge o Differenzbildung o Relativer (willkürlicher) Nullpunkt	=, ≠,<, >, +, -	Temperatur in Celsius, Zeit	„Der Abstand zwischen Zeitpunkt A und B beträgt 2 Stunden"
Verhältnisskala	o Häufigkeit o Gleich- und Ungleichheit o Rangfolge o Differenzbildung o Absoluter (natürlicher) Nullpunkt o Verhältnisbildung	=, ≠,<, >, +, -, ÷, ×	Fläche, Länge, Preis, Temperatur in Kelvin	„Produkt A ist doppelt so teuer wie Produkt B"

C SimTalk-Methoden für JSON-Abfrage via HTTP

```
var Text : string;
var geturi :=
"SimulationFarmer/client/getNext/"+designPointFileName+"/"+modelIdentifier;
if clientId > 0
      geturi := geturi + "/"+clientId;
end

      Text := "GET /"+geturi+" HTTP/1.0"+chr(13)+chr(10)+chr(10);
      print("sending http: "+Text);
      SocketJson.on := false;
      SocketJson.on := true;
      SocketJson.write(0,Text);
```

```
param ChannelNo: integer, Message : string

      resultJson := Message;
      print "received: ",Message;

var regex := "\{(.+)\}";
var json := regex_search(resultJson,regex);
if json = "{}" Or json="";
      print "no Experiment left or Server offline";
else
      json := regex_replace(json,"\"|\{|\}","");
      var splitChar := "{";
      json :=
regex_replace(json,"\,\"experimentblockitem\":","experimentblockitem:");
json := regex_replace(json,"experimentblockitem:",splitChar);

var a :=splitString(json,splitChar);

      Experiments.löschen();

for local i := 1 to a.xDim

      Experiments.push(a[i]);
next

Ereignisverwalter.startohneAnimation;

End
```

```
var currentJsonExp := Experiments.pop();
currentFaktorTable.löschen();
var factorarray := splitString(currentJsonExp,",");
print factorarray;
for local i := 1 to factorarray.xDim
      var keyvalue := splitString(factorarray[i],":");
      currentFaktorTable[0,i]   := keyvalue[1];
      currentFaktorTable[1,i]   := keyvalue[2];
next
```

D SLX-Code für JSON-Abfrage via HTTP[48]

SLX-Prozeduren zum Abfragen und Senden von Experimenten bzw. Ergebnissen

```
procedure getNewExperiments(){

        deleteTempFile(tempFileName);
        print(clientId) "clientId: _ \n";
        string(128) URL ;
        URL = "/SimulationFarmer/client/getNext/";

        getNextExperimentBlock(tomcathost ,tomcatport,"GET " cat URL
        cat DesignPointFileName cat "/" cat ModelIdentifier cat "/" cat clientId
        cat" HTTP/1.1\r\nHost: "cat tomcathost
        cat "\r\nConnection: close\r\n\r\n",tempFileName,FALSE);
}

procedure sendResults(string(*) expnumber , string(*) content){

        string(5000) jsonHeaders ="'pathelement' : '" cat ModelIdentifier cat  "-"
        cat     DesignPointFileName cat "-ExpNr" cat expnumber cat "'";
        string(5000) data = "[{'headers' : {" cat jsonHeaders cat "}, 'body' :  "
        cat "'{"  cat content cat "}'" cat " }]";
        int contentLength= length(data);

        string(5000) message = "POST / HTTP/1.1" cat  "\n" cat "Host: " cat flumehost
        cat ":" cat flumeport cat "\n" cat +"Accept */*" cat "\n"
        cat "Content-Type: application/json; charset=UTF-8" cat "\n" cat "Content-Length: "
        cat intToString(contentLength) cat "\n\n" cat data cat "\r\n\n";

        sendResult(flumehost,flumeport ,message ,FALSE);
}
```

SLX/C-Schnittstelle zum Abfragen von Experimenten (Senden der Ergebnisse analog)

```
//<winsock2.h> benötigt
EXTERN_C EXPORT struct string_header *getNextExperimentBlock(struct string_header
*host, struct string_header *port, struct string_header *text, struct
string_header *tempFileName, bool logDebug)
{


        char    bufferhost[512];
        char    bufferport[128];
        char    buffertext[5000];
```

[48] In Anlehnung an [SH2002] und https://docs.microsoft.com/en-us/windows/desktop/api/winsock/nf-winsock-recv

```
int     len1, len2, len3;
len1 = SLX_GetString(host, bufferhost, sizeof(bufferhost));
len2 = SLX_GetString(port, bufferport, sizeof(bufferport));
len3 = SLX_GetString(text, buffertext, sizeof(buffertext));

remove(tempFileName->string_address);
FILE *f;
fopen_s(&f, tempFileName->string_address, "a+");
int iRes;
SOCKET CSocket;
char buffer[BUFFERSIZE];
int i = 0;
WSADATA wdata;
CSocket = INVALID_SOCKET;
struct addrinfo *result = NULL,
       *ptr = NULL,

iRes = WSAStartup(MAKEWORD(2, 2), &wdata);
ZeroMemory(&hints, sizeof(hints));
hints.ai_family = AF_UNSPEC;
hints.ai_socktype = SOCK_STREAM;
hints.ai_protocol = IPPROTO_TCP;

iRes = getaddrinfo(bufferhost, bufferport, &hints, &result);

if (iRes != 0)
{
       WSACleanup();
}
for (ptr = result; ptr != NULL; ptr = ptr->ai_next) {
       CSocket = socket(ptr->ai_family, ptr->ai_socktype,ptr->ai_protocol);
       if (CSocket == INVALID_SOCKET) {
              WSACleanup();
       }
       iRes = connect(CSocket, ptr->ai_addr, (int)ptr->ai_addrlen);
       if (iRes == SOCKET_ERROR)
       {
              closesocket(CSocket);
              CSocket = INVALID_SOCKET;
       }
}
freeaddrinfo(result);
if (CSocket == INVALID_SOCKET)
{
       WSACleanup();

}
char value = 1;
setsockopt(CSocket, IPPROTO_TCP, TCP_NODELAY, &value, sizeof(value));
send(CSocket, buffertext, strlen(buffertext),0);
string request;
string response;
int resp_leng;
response = "";


while (true)
{
       char recvBuf[BUFFERSIZE];
```

```
            auto nret = recv(CSocket, recvBuf, sizeof(recvBuf), 0);
            if (nret == -1){return false;}
            else if (nret == 0){ break; }
            response.append(recvBuf, nret);
    }
    if (logDebug) {
            FILE *log;
            fopen_s(&log, "logfile.log", "a+");
            fprintf(log, response.c_str());
            fprintf(log, "\n");
            fclose(log);
    }
    std::string data = response;
    std::size_t pos = response.find("\r\n\r");
    if (pos != string::npos) {
            data = response.substr(pos + 3);
    }
    data = StripWhiteSpace(data);
    std:string json = data;
    long firstPos = data.find("[");
    long lastPos = data.find_last_of("]");
    if (firstPos != string::npos && lastPos != string::npos) {
            json = data.substr(firstPos + 1, lastPos - firstPos - 1);
    }
    closesocket(CSocket);
    WSACleanup();
    int r;
    jsmn_parser p;
    jsmntok_t t[128];
    jsmn_init(&p);
    r = jsmn_parse(&p, json.c_str(),  strlen(json.c_str()),t,sizeof(t)/si
    zeof(t[0]));
    if (r < 0) {fprintf(f, "Failed to parse JSON: %d\n", r);}
    if (r < 1 || t[0].type != JSMN_OBJECT) { fprintf(f, "Object expected\n");}
    for (i = 1; i < r; i++) {
            if (jsoneq(json.c_str(), &t[i], "experimentblockitem") == 0) {
                    int j;
                    if (t[i + 1].type != JSMN_OBJECT) {continue;}
                    jsmntok_t *g = &t[i + 1];
                    std::string str2 = json.substr(g->start, g->end - g->start);
                    fprintf(f, str2.c_str());
                    fprintf(f, "\n");
                    i += t[i + 1].size + 1;
            }
    }
    static struct string_headerslxresult;
    static char   result_text[4000000];
    slxresult.string_max_length = 4000000;
    slxresult.string_address = result_text;
    char *cstr = &json[0u];
    SLX_SetString(&slxresult, cstr);
    fclose(f);
    return &slxresult;
}
```